トヨタvs.ベンツvs.ホンダ

前間孝則

トヨタvs.ベンツvs.ホンダ

――世界自動車戦争の構図

前間孝則

講談社+α文庫

文庫版まえがき

一九九〇年前後から顕著《けんちょ》となってきた自動車産業の一連の新たな動きをみわたすとき、車自体はもちろんのこと、それを取り巻く世界は、歴史的あるいはもっと大げさにいえば文明史的な転換期にある。それは五十年もしくは百年に一度ともいえるほどの大変化である。

こうした基本認識があるため、本書はかなり欲張った内容になっている。

まず第一に、いまメーカーが目指そうとしている新たな方向を念頭におきつつ、自動車産業の半世紀を振り返ってみるとき、一見、目新しいと思われる現在の動きも、これまでの歴史の局面で、いたるところに顔をのぞかせていたことを確認しておく必要があった。また、自動車産業の行動様式をいま一度、踏まえておく必要もあった。

それは、とかく自動車にかんしては、目新しさばかりが強調され、ついつい目が奪われて、いつのまにかメーカーサイドが誘導しようとしている方向ばかりをみてしまっている自分に気がつかなくなってしまうからだ。

二番目に、一九九〇年代に、多国籍企業としての巨大自動車メーカーが展開してきた世界レベルでの経営戦略や商品戦略、そして生産体制の変革、さらには劇的までの合併や資本提携を含めた世界的再編についての特徴だった動きをとらえようとしたことである。

三番目には、安全技術や車の情報化、高度化、地球環境やエネルギー問題に対処するための研究開発、次世代車の開発状況を把握しておくことである。

これら一、歴史、二、体制、三、技術の三つを踏まえつつ、総合的かつ有機的にみていかなければ、転換期にある現在の自動車産業のグローバルな動きの全貌《ぜんぼう》をとらえることはできない。

その結果、みえてくる事実の一つは、これまで三者三様でそれぞれの独自性をもっていた日、米、独の自動車メーカーが、いずれも判で押したように同じような道を選ぼうとしていることだ。それほど、リーディング・インダストリーとしての自動車産業の選択肢が狭まり、きびしい時代を迎えているといえよう。

大量生産・大量消費型の文明を生み出したアメリカで花開き、大発展した自動車そして自動車産業には、すべてにおいてその思想が隅々にまで浸透している。いま、そこからの転換を余儀なくされている。

資源のない貧しい島国の日本は、三、四十年前までは節約型の社会で、モノを大事に使い、つつましやかで、きめ細かい気遣いをしながら生きてきたのである。そうした現実の中からトヨタ生産方式などが生み出された。あるいは、モノづくりに対して異常なまでにこだわる日本的な職人気質から出発して、世界企業に発展した本田のような例も生み出した。その意味では、省資源・省エネルギーが求められる節約の時代である二十一世紀は、日本がつちかってきたこうした知恵の強みを発揮することができるだろう。

また、二十一世紀における世界の自動車産業は、日本が生み出したモノづくりの技術を核にしながら展開していくことになるだろうし、日本車メーカーが世界の舞台にさらに進出していくことになろう。

加えて、丈夫で信頼性が高く、堅実な車づくりを続けてきたドイツ車メーカーもまたしかりである。

そして、両国の自動車産業をリードしてきたトヨタ、ベンツ、本田の三社が一九九〇年代から、いち早く方向を大きく転換しはじめているため、本書のタイトルとなった。

歴史を振り返ると、生み出されてくる自動車は時代時代でつねに、浪費型と節約型のあいだでたえず左右に揺れ動きながら今日にいたっている。どうも人は浪費願望と浪費癖が抜けきらないものらしい。と同時に、自動車メーカーの経営者らは、先人たちが何度も失敗してきたにもかかわらず、消費者のための自動車づくりをいつのまにか忘れて、つねに最大の利益を生み出したいとする誘惑にかられて引きずられていく動物らしい。

それにしても、文明史的な転換期にある現在、自動車をとおしてみえてくるさまざまな矛盾は覆いがたいのだが、あと十数年もすれば、エネルギー、地球環境問題によって当然のことのように生じてくる多面的で深刻な問題があまりに隠されすぎている。

国際石油資本や自動車メーカー、自動車産業全体が語るべきことを正面から語らない現在の姿がやけに奇妙に思えてくる。

だから、くるべきものは突然やってくるのかもしれない。だがそれも、自動車百年余の歴史的スパンでみると、現在の転換もなんら大げさなものではなく、自動車とはもともとそうしたものなのかもしれない。

本書をまとめるにあたり、欧米をまわって自動車メーカーを見学し、経営者クラスや技術者らから意見を聞いた。国内では、十数年ほど前から断続的に続けてきた法政大学の「生産管理・労務管理研究会」（松崎義・法大経済学部教授主唱）のメンバーの一員として、完成車メーカーや部品メーカーの工場を見学し、責任者クラスとのディスカッションを行ったりした。

さらに、次世代車あるいは次世代技術については、エポックとなる車や新技術が開発されるたびに、雑誌の取材も兼ねて各メーカーの開発担当者らから話を聞いた。

この時、印象深かったのは、担当した若い技術者らの意欲的な姿だった。

また、入社から二十年近くたつあるエンジン技術者は、それまで既存技術の性能を〇・数パーセント向上させるための細かい改良しか担当できなかったが、ある日、革新的な次世代自動車を開発する機会を与えられたことで「これまでの仕事で、もっともエキサイティングな経験ができた」と熱っぽく語っていた。

技術革新の波が訪れようとしたときにみられる光景といえるだろう。

ところで現在、自動車メーカーは「地球にやさしい車」といったエコロジーを強調するコマーシャルが大流行《おおはや》りで、宣伝合戦を演じている。たしかに、エコロジーが二十一世紀の重要なキーワードであるのは間違いないのだが、こうも大安売りのごとくいたるところに氾濫《はんらん》してくると、ユーザーとして一言いいたくなってくる。

複雑な問題はさておいて、トヨタが大々的にキャンペーンをはっている「エコ・プロジェクト」を借りてあえていえば、自動車の個性や持ち味を犠牲にしたり、たんに切り捨てたかたちでの〝エコ〟優先ではなく、〝エゴ〟までも含み込んでなおかつエコロジーを志向してほしいものだ。

ますますハードルが高くなってきた安全性や低公害、省エネルギーといった車が備えるべき基本要件を満たすことだけに汲々《きゅうきゅう》とするのではない。それらも克服してなおかつ、個性あふれた魅力ある本来の車づくりを貪欲《どんよく》に志向していくメーカーが二十一世紀も生き残っていくであろう。

本書はちょうど三年半前の、ベンツとクライスラーが合併を発表したころにはほぼ原稿ができあがっており、これらにかんする最新情報を盛り込むかたちで発刊した。もちろん、自動車産業が世界的再編を迎えることを予期して念頭におきつつ、原稿をまとめたのだが、その後の三年間はまさしく、あらゆる自動車メーカーを巻き込んでの合従連衡《がっしょうれんこう》の時代であった。

こうした大合併や世界的なグループ化がはじまるときの、先の読みにくい時期にまとめた本書だが、その基本的な認識や視座にかんしては、この激動の三年を経たことで、かえって見誤っていなかったことが立証されたとの思いを強くしている。

そのため本書は、前半部の世界の自動車産業に対する基本的な歴史認識や、後半部の、二十一世紀の主流になるとして紹介した、一九九〇年代に進められた開発リードタイムの短縮やモジュール化、プラットフォームの統合化、安全への取り組み、アジア自動車産業の台頭、代替エネルギー車の開発などの本書の基本構成はそのままとしつつも、これに、最近の三年間に起こってきた新たな出来事や最新ニュース、世界的再編のその後を加えて最新版とした。

三年前に発刊した単行本の文庫化とはいえ、少し古くなったニュースを大幅に削除し、かわって、将来につながる最近の三年間の新たな動きや出来事をできるだけ多く盛り込んで最新版にした。そのため、新たに大量の原稿を書く結果となったのだが、そのことで、少しでも読者の意に沿うものとなっていれば幸いである。重要な最新ニュースは盛り込むことを心がけたため、担当の講談社生活文化局第二出版部古屋信吾、能登康子、青木和子の三氏にはいろいろとご面倒をおかけした。心からお礼を申し上げたい。

二〇〇二年一月

前間《まえま》孝則《たかのり》

目次

第一章　復興、躍進と日本車の台頭

マッカーサーのキャデラック

第二章　問われる企業責任

国民車構想の波紋

第三章　〝ビッグ3〟の憂うつとバブル日本

グローバル・ネットワークの構築

第五章　戦場はアジアへ

夢の燃料電池自動車

終章　自動車時代の文明史的転換

トヨタVS.ベンツVS.ホンダ

——世界自動車戦争の構図

序章　日・米・独のサバイバル戦争

世界市場の最前線

世紀の変わり目となった二〇〇一年の到来と相前後して、なにかと振り返る機会の多かった二十世紀の百年を顧《かえり》みるとき、世界の人々の生活にもっとも大きな影響を与えた工業製品は、自動車、テレビ、コンピュータではなかろうか。

この中で歴史的にもっとも古いのが自動車で、カール・ベンツとゴットリープ・ダイムラーによる発明から数えても、すでに百年以上がたっている。それにもかかわらず、産業としてはいまなお生命力にあふれた発展を続けており、しかも、世界経済を牽引《けんいん》するリーディング・インダストリーとして君臨《くんりん》している。

それは、自動車がこの百年間にわたり、たえず人間とともにあって、私たちを魅了してやまない存在であり続けているからにほかならない。一度、自動車を手に入れた人は、もはや手放すことがない。このことは、自動車産業が容易に衰退するはずがないことを教えている。

ゆったりと腰を降ろしてキーをひねり、軽くアクセルを踏むだけで、エンジン音とともに、自分の身体の何倍も大きくて重量のある車が思いどおりに動きだす。シートから伝わってくる心地よい振動を感じながら、ハンドルを右に左にまわせば、お好みの速さで、自由自在に行きたいところへと向かうことができる。

人間の限界をはるかに超える高速で走らせれば、いつのまにか自分の身の丈《たけ》を忘れ、まつわりつく日常性を振り切って自らの可能性を広げ、膨《ふく》らませてくれるような気分に包まれる。ハンドルを握っているとき、ドライバーは風景の中でいつも主役であり続けることができる。しかも、自動車にはたんなる移動や輸送の道具といった実用性を超えて迫ってくるなにかがひそんでいる。

流れるように優美なフォルム、人の眼を思わせるヘッドランプ、四本足にも見立てられるタイヤなど、私たちは無意識のうちに、あたかも愛玩《あいがん》動物の如《ごと》く、自動車を受け入れている自分に気づくだろう。それは無機質の鉄やプラスチックでつくられた冷たい工業製品であることを忘れさせる。そうした魅力が、巨大な自動車産業を育て、技術を飛躍的に発展させてきたのである。

その自動車産業がいま、文明史的な転換期にある。

一九九八年三月、ベンツ会長のユルゲン・E・シュレンプが自ら「自動車産業を変える歴史的合併」と宣言して、米〝ビッグ3〟の一角であるクライスラーを経営統合して世界に衝撃を与え、ダイムラー・クライスラーに衣替えしたのを皮切りに、以後の二年間で、世界有数の自動車メーカーが熱病に浮かされたかの如く、連鎖反応的に合併や資本提携、技術協力関係を重ねていく陣取りゲームを演じた。

本田の大きな賭《か》け

つい数年前まで、日、米、欧、韓に三十数社あった世界の主要な自動車メーカーがまたたくまに六大グループのGM、フォード、トヨタ、ダイムラー・クライスラー、フォルクスワーゲン、ルノー・日産に統合化されて、いまや残るめぼしい中規模のメーカーといえば、ドイツのBMW、日本の本田、フランスのPSA（プジョー・シトロエン）くらいしかない。

この三社の中では本田がきわ立って異色の存在である。なぜなら、BMWはロールス・ロイスやローバーを買収するなど、巨大化を目指してきたが、功《こう》を奏《そう》さず、中堅メーカーに甘んじてしまっているというのが実状だ。PSAもまた同様で、良縁に恵まれなかっただけである。

ところが本田は、巨大メーカーとなった先の六大グループおよび中規模メーカーのBMW、PSAとも異なり、彼らを向こうにまわして、世界で唯一《ゆいいつ》、合併も資本提携も志向せず、孤高《ここう》のわが道をいくときっぱり宣言しているからだ。いわば、二十一世紀に自動車メーカーが生き残り、発展し続けていくために必要な適正規模は最低限、何百万台の生産かとする問いに対して、本田《ほんだ》宗一郎《そういちろう》の創業精神を引き継ぐ俺流の本田イズムでもって乗り切ろうとする一つの壮大な実験であり、それは大きな賭けでもある。

それはともあれ、わずか三年のあいだに、これほど大規模なスケールで合従連衡《がっしょうれんこう》が起こった例は、主要産業の過去百年の歴史を振り返っても見当たらない。

だが本書で指摘することは、これほど大規模な企業統合による再編が起こったから、いま世界の自動車産業が歴史的あるいは文明史的な転換期にあるというのではない。それはあくまで結果でしかない。それよりもむしろ、百年の歴史を経た自動車そのものが、一九九〇年代にいたって余儀なくされた数々の質的転換こそがその震源であり、地殻《ちかく》変動をなさしめた本質的な問題なのである。

具体的には、安全や排ガス対策、リサイクルだけでなく、性能や乗り心地においても、車に対する要求がよりきびしくなり、開発費が膨らんでくるにもかかわらず、販売競争は熾烈《しれつ》さを増すので、新車開発は頻繁《ひんぱん》にならざるを得ない。こうした中で競争に勝ち抜いて利益を上げるためには、効率的に大量生産してコストを下げなければならず、それに適したモジュール化や開発リードタイムの短縮、プラットフォーム（車台）の統合化などが不可欠になってきた。

より多くを生産するためには、自国内だけに甘んずることなく、少なくとも日、米、欧の三極化した巨大市場への輸出あるいは現地生産をしなければならない。こうなると、部品の現地調達や販売網の整備なども含めて企業の資金力や規模が問われ、海外メーカーとの連携も必要になってくる。

それに加えて、よりハードルが高くなっていく地球環境対策や代替エネルギーへの転換の研究が不可欠となって、ディーゼルエンジン、電気自動車、ハイブリッド・カー、天然ガス車、燃料電池自動車など、数百億円から数千億円単位にもなる代替エネルギー車も開発しなければ、近い将来の競争を勝ち抜いていくことはできない。

もはやこうなってくると、これまでのような中規模程度のメーカーでは、資金面一つをとっても対応しきれず、脱落していくのは目にみえている。このため、中規模あるいは大規模なメーカーでも、合併やグループ化などによってより巨大にならなければ、これらすべての新しい時代の要請にこたえられず、競争に勝てなくなるのである。いわば、二十一世紀に入り、自動車メーカーとして存続していくための条件が大きく変わってきたのである。

空間的にはグローバル化による国際的広がりが、時間的には新車開発などあらゆる面でのスピード化が求められ、規模の面では研究開発費が巨額化し、生産量や生産体制は巨大化しなければ生き残れない時代となったのである。

日、米、独の時代

自動車は、ヨーロッパの誇り高き馬車職人の知恵と腕から生まれた。自らの夢を追い続けた熱狂的な発明家の多くの失敗の果てに生み出されてきた。

草創期、〝馬なし馬車〟〝道路を走る機械〟などと呼ばれていた自動車を所有することができたのは、ほんの一部の上流階級に限られていた。彼らには、移動・輸送手段としての意識など毛頭《もうとう》なかった。スポーツや狩猟などと同じく、享楽《きょうらく》を約束してくれるものとして受け入れていた。それだけに、もうもうと噴き出す排気ガスや轟音《ごうおん》は、今日のF1に似て、むしろ喜ばれたりもした。

そんなヨーロッパの金持ちの乗り物として生まれた自動車が、ほどなくして大西洋を渡り、大衆化社会が到来しつつあった一九二〇年代のアメリカで大きく花開くことになった。フォードシステムの流れ作業による大量生産で価格は一気に下がり、大衆に広く受け入れられたことで、一大産業に成長した。その覇権《はけん》は六十年以上にもわたって続いた。

ところが、第二次大戦後、無に等しいところからスタートした日本の自動車工業が、またたくまに急成長、一躍にして自動車王国を築き上げ、アメリカを脅《おびや》かすまでに力をつけた。その間、熾烈をきわめる世界市場の最前線からは次々と名門メーカーが脱落し、消えていった。一国内において、さらには国家間においても興亡が繰り広げられた。

そして、二十世紀末には、世界の市場をめぐってサバイバル戦争が展開された。生き残った主役たちは、日本、アメリカ、ドイツの三ヵ国を核としたメーカーに絞られた。

自動車先進国のフランス、イタリア、イギリスには、ルノー、プジョー・シトロエン、フィアット、ローバーなど、ファッショナブルで個性あふれる車を生産する伝統あるメーカーがいくつもあり、生産量も日本の中堅メーカーをしのぐほどであるが、品質面ではいまひとつである。

たしかに従来から、ヨーロッパの自動車メーカーは斬新なデザインや新しい技術の発信基地であり、しかも最近、一九九九年の通貨統合（ユーロ）で、よりボーダーレスとなったEU（欧州連合）では、これを機にヨーロッパ市場全体が活気づいて、販売台数を伸ばしていることも事実である。だが、企業の姿勢を示す次世代技術の開発や設備投資、海外展開においても、あまり勢いが感じられない。労働組合などの抵抗もあって合理化がおくれ、生産性や新技術の開発においては、アメリカ、ドイツ、日本のメーカーにとうてい太刀打《たちう》ちできない。

いまでは、四〇〇万〜五〇〇万台分の過剰設備を抱え、工場閉鎖などのリストラが進行中である。域内外の東欧も含めた労賃の安い国、あるいは地理的に有利な国へと工場を移転したり、閉鎖、人員削減などの再編成の動きがはじまっている。

いち早く産業革命を起こして世界を先導したイギリスの自動車メーカーも、現在では無惨《むざん》なまでに落ちぶれて見る影もない。一九九四年には、かろうじて存続していた名門のローバー社がBMWの、一九九八年にはロールス・ロイスがフォルクスワーゲンの支配下に入った。これによって、イギリスの伝統あるメーカーはローバーの一部を残し、すべて外国のメーカーに吸収され、姿を消すことになった。

そのため、フランスとイタリアの政府は、失業対策も含め、国内メーカーを守ろうとして保護政策をとってきたが、これもEU成立とともに取り払われることになった。こうした閉じこもる姿勢を取らざるを得なかった国々の産業は弱体化するとともに、海外へと進出していく道を自ら閉ざすことにもつながる。

グローバルな展開が当たり前となった現代の多国籍企業にとって、もはや国境はなきに等しい。自国や他の先進諸国の既存市場だけに甘んずるメーカーは、企業活力を失い、現在のサバイバル戦争からの脱落を余儀なくされる。

横一線に並ぶ三ヵ国

つい三、四年前まで、アメリカでは、ゼネラルモータース（GM）、フォード、クライスラーのいわゆる〝ビッグ3〟、ドイツでは、高級車のメルセデス・ベンツ、BMW、量産車のフォルクスワーゲン、GMオペル、そして、日本では、小型車を中心とした量産車のトヨタ自動車、日産自動車、本田技研、三菱自動車など一一社がひしめきあっていた。

この三ヵ国の自動車産業は、規模、競争力、成熟の度合い、おかれた条件などで大きく異なっていた。たとえば、アメリカの〝ビッグ3〟は、資本力においても、売上高においても、きわめて巨大であった。老舗《しにせ》の強みを生かしたドイツのベンツは、利益率の高い高級車で他を引き離していた。日本は、国内の販売台数がすでに頭打ちになって久しいアメリカやドイツと違い、バブル経済の崩壊までは、国内需要が増加の一途をたどっていた。

ところが、戦後五十年にわたる興亡とせめぎあいの歴史を経た一九九〇年代半ばになって、この三者のおかれた条件がほぼ横一線に並び、三者が三つ巴《みつどもえ》となって、世界市場でよりいっそう熾烈な競争を展開するようになったのである。

〝ビッグ3〟は巨大な自動車王国アメリカを築き上げ、半世紀以上にもわたって君臨し続けてきた。ところが、七〇年代、八〇年代を通じて、日本とドイツの追い上げにあって苦戦を強《し》いられ、米国内の市場は侵食されて、かつての半分にまで後退した。一九九〇年代に長く続いた空前の好景気に支えられて復活したとはいえ、いま、かつてのような圧倒的なパワーはない。それでも、資本力と底力は相変わらずで、売上高では依然として他を引き離している。グローバルな展開が急務な二十一世紀に入って、七十年におよぶ海外進出の経験と実績、ノウハウ、それに、今後登場してくる代替エネルギー車などのデファクトスタンダード（事実上の業界標準）を決めるとき、超大国アメリカをバックにした国際的な政治力は大きな強みを持っている。

ドイツのメーカーは、生産台数こそ日米の半分ほどだが、いまなおヨーロッパ最大の自動車会社として、その座を長く維持し続けている。EUの成立によって、さらに域内での拡大志向を強め、日、米のメーカーよりも地の利がある。とりわけ、これからさらに重要性を増すであろう環境対策、安全性、リサイクル、ハイクオリティな技術や堅牢《けんろう》な自動車づくりでは定評がある。長い年月をかけて洗練された車を開発する手法は、世界の自動車通《つう》が一様に認めるところである。新しい時代が求める革新的なコンセプトを打ち出す先進性と大胆さに長《た》けており、その信頼性は広く世界にいきわたっている。

日本は後発ながら、ジャスト・イン・タイム生産方式に代表されるように、故障の少ない高品質の大衆車を量産する技術を有し、しかも、ユーザーのニーズに素早く対応し、短期間のうちに多種類の車を同時並行で開発できる柔軟さと機動力を持っている。

もっとも、そうした三者それぞれの長所は、裏を返せば短所にもつながりうるものである。そうした一長一短をもった三者が、新たなステージとなる二十一世紀において、いかなる戦略によってこのサバイバル戦争を勝ち抜いていこうとしているのだろうか……。

それは、たんにビッグ・ビジネスが繰り広げるスリリングなサバイバル・ゲームそのもののおもしろさだけではない。グローバルな時代を迎え、俊敏《しゅんびん》さが市場を制するという時間との競争の中で、IT（情報技術）革命が進行しつつあるマルチメディアをどのように駆使《くし》した経営組織を生み出していくのか。あるいは、文明史的課題の地球環境や代替エネルギーの問題にどう対処していくのかといった関心もある。

敵国への輸出合戦

最近の日本でもみられるように、さまざまな国の車が輸入されるようになり、互いが敵陣に乗り込んで牙城《がじょう》を切り崩そうとするシェア争いも激しさを増している。

かつてアメリカの〝ビッグ3〟は、一台あたりの利益率が低い小型車には見向きもせず、ただガソリンをがぶ飲みする大型車だけを生産していた。ところが、七〇年代後半から、日本やドイツの燃費のいい小型車に国内市場を荒らされ、アメリカ自動車産業の拠点であるデトロイトは、不況の嵐に見舞われた。

米政府はたまらず、輸入を制限し、一方でメーカーは、日本のジャスト・イン・タイム生産方式やカイゼン（改善）運動を学び、これを積極的に導入して、小型車生産にも本腰を入れるようになった。これによって、九〇年代半ばに一応の再生は果たしたが、本質的な問題がすべて解決したわけではない。

一方、日本車メーカーは八〇年代終盤にいたって、それまでドイツのメーカーの独壇場だった高級車分野にも果敢《かかん》に割り込んでいった。トヨタの「セルシオ」（海外でのブランド名は「レクサス」）、日産の「インフィニティ」などは、同時に大型化も図って発売された。小型の大衆車しかつくってこなかった日本の高級車など恐るるに足らずとたかをくくっていたドイツのメーカーだが、価格が安いにもかかわらず、その完成度の高さには一驚《いっきょう》を禁じえなかった。一九八九年にアメリカ市場に投入した「レクサス」だが、二〇〇〇年には二〇万六〇〇〇台を販売し、高級車ブランドでベンツやＢＭＷ、キャデラックを抑えて初の首位に立った。わずか十年余でアメリカのユーザーにこれほど支持されることになったのである。

日本製の高級車が好評をもって受け入れられたことで、シェアを食われたベンツやＢＭＷは危機感をつのらせるにいたった。

ベンツ、BMWの変身

ベンツ、BMWといえば、世界の高級車の代名詞のような存在である。それが驚くことに九〇年代前半ごろから、日本のメーカーが得意とする四〇〇万円以下の大衆車分野に進出するという大胆な経営戦略を打ち出した。

たとえば、ベンツでは、一九九三年六月に発売したコンパクトなCクラスの車が大人気となり、その年だけで一二万台も売って、赤字に陥《おちい》っていた業績の回復に大きく貢献した。

一九九四年に入ると、前年に就任したばかりのヘルムート・ベルナール社長が歴史的決断を発表して世界を驚かせた。百年にわたって踏襲《とうしゅう》してきた、高級車に特化した路線から、量産性を前面に出した小型車のAクラスや二人乗りのコンパクト・カー「スマート」も生産する、いわゆるフルラインメーカーへと脱皮する経営革新をはっきりと打ち出したのである。

「高級車にしがみついていたのではベンツに未来はない」として、なによりも技術を最優先するこれまでの姿勢をあらため、社内にマーケット・インおよびコストダウンの徹底を持ち込んで、企業の体質を大きく変えようと決断したのである。

一九九七年秋から売り出したAクラスは、全長わずか三・五七メートルの小型車である。さらに、スイスの時計メーカーSMH社と組んで、全長二・五メートルしかない、日本の軽自動車よりも小さい二人乗りの超コンパクトなエコロジー・カー「スマート」も、一九九八年からフランスで生産をはじめたが、価格は一三〇万円である。この両コンパクト・カーとも年産二〇万台を目標としており、ベンツは超小型の量産車メーカーとしても名乗りをあげた。

自動車の歴史とともに発展してきたベンツですら、あえてこの時期に自己のアイデンティティーを否定するほどの一大決断を行ったのは、二十一世紀を念頭においての、九〇年代が大きな転換期にあったことを示している。

BMWも九〇年代に入って、従来の価格を大幅に下まわる三〇〇万円台の3シリーズを発売して、日本での販売台数を確実に伸ばしている。

日本車は車にうるさいヨーロッパには浸透できず、アメリカ車は日本でのシェアを伸ばしきれないでいる。ところが、長年つちかってきた機械技術に対する信頼性を背景に、ドイツのベンツやフォルクスワーゲンのブランドが世界のどの地域でもまんべんなく受け入れられ、浸透している。グローバルな展開が急務な現代にあって、それは大きな強みとなっている。

八〇年代半ばごろまでは、アメリカ、ドイツ、日本の三ヵ国が生産する車は、互いにうまく棲《す》み分けができていた。ところが、前述のように、八〇年代末ごろから様相がガラリと変わり、互いが相手の技術を取り込んで、相手の得意分野に殴り込みをかけ、独占市場の切り崩しを図るようになってきた。

もはや、古きよき時代は過ぎ去り、自動車の世界に聖域はなくなった。三者が入り乱れての仁義《じんぎ》なき戦いがはじまったのである。

同時に、世界の自動車産業は、地球規模での新たな合併と再編、グローバル・ネットワークづくりの段階に入った。

いま、各メーカーは〝最適生産〟〝最適調達〟を目指して、世界の各地域をカバーする生産拠点づくり、再配置にとりかかっている。互いの弱点をカバーし、長所を生かし合うメーカー同士の合併や縦横の提携、OEMブランド（相手先商標製品）による相互供給やプラットフォーム（車台）の共通化も盛んになっている。

そのはじまりが日本では、一九九六年四月の、フォードによるマツダの経営権の獲得である。この決断は、フォードのアジア戦略の一環であるとともに、小型車分野の足腰を強くしたいとする世界戦略のあらわれでもある。フォードの世界戦略の網の目の中に組み込まれていくマツダの姿は、二十一世紀における中堅自動車メーカーの近い未来の姿を示している。

トヨタの変貌とその影響

一九九五年六月、日米自動車協議における激しいつばぜりあいの結果、日本側が制裁回避のために発表した「グローバル・ビジネス・プラン」は、日本のメーカーにとってきわめて重要な意味を含んでいた。

従来、日本はオープンなアメリカ市場の恩恵を十分に享受し、洪水的な輸出を行って莫大《ばくだい》な利益をあげ、自らを発展させてきた。そんな手前勝手な甘えがいよいよ許されない段階にいたり、一つのハードルを越える決断を迫られたのである。それは、〝ビッグ3〟と同じ土俵に立って対等にわたり合うという約束であり、国際企業として行動するとの内外に向けた宣言でもあった。

このころから、日本のトップ・メーカーであるトヨタの経営姿勢にはっきりとした変化がみられるようになってきた。社長が豊田達郎から奥田碩《おくだひろし》に交替したこともあるが、それまでの、新しい取り組みにかんしては石橋を叩いてもなお渡らず、なにごとにおいてもつねに二、三番手を走るという堅実《けんじつ》な戦術から、「強さの復活」を掲げつつも、「儲《もう》けても批判されない徳のある会社」と銘打って積極経営へと大きく旋回をはじめたのである。

たとえば、とかく批判の強かった安全性の面に対しても、率先して取り組むようになった。次代をにらんだ技術開発、安全対策、直噴式エンジンや電気自動車、ハイブリッド・カー、燃料電池自動車、情報通信分野への進出、リサイクルへの取り組みにも積極的になった。海外戦略では、ヨーロッパ第二工場の建設やアジア各国向けのアジア戦略カーの開発、中国への進出、生産もまた積極さを増している。

「ヴィッツ」シリーズでは、これまでトヨタが弱かった若者や女性層をターゲットにした派生車を続けざまに投入して、好評を得ている。それだけではない。やはり、本田に奪われていた若者層へのイメージアップを狙って二〇〇二年からF1に参戦する。

こうした一連の多角的な展開を念頭におきつつ、まず国内の足場固めとして、なりふりかまわぬ販売強化によって、国内シェアで四〇パーセントの復活を目指し、目標を達成した。

トップ・メーカーは量産効果による恩恵を最大限に享受できる。それだけに、収益率では二位以下を大きく引き離して磐石《ばんじゃく》の安定度で自信を深めてきたが、これまでの内向きな姿勢を改めて、本格的な世界戦略を展開しはじめ、グローバル・スタンダード（世界標準）の確立、「調和のある成長」を宣言している。〝日本のトヨタ〟から〝世界のトヨタ〟への衣替えである。

その具体例が、一九九七年十二月、世界に先駆けてハイブリッド・カー「プリウス」を国内で量産・販売したことである。続いて、北米、ヨーロッパにも輸出しており、さらに、アジア、豪州でも発売することになった。また、代替エネルギー車の燃料電池車の開発でも世界のトップを目指している。

こうしたトヨタの変貌《へんぼう》の影響で、日本国内の自動車メーカーは、体力差からくる競争力の優劣がきわだってきて、これまでかろうじて保っていた平衡《へいこう》が完全に崩れはじめている。損益分岐点が一気に上昇したことで、利益率が急激に下がり、キャッシュ・フローで行きづまり、やがては経営の危機に直面する企業が出てきた。

ひたすらトヨタを追いかけて、ただ追随することに終始してきた国内第二位の日産は、長期低落に歯止めがかからず、一九九三年以来、万年赤字で、わずかに九七年に黒字となっただけの、借金に依存する経営が続いた。一九九七年には有利子負債が本体だけで約二兆五〇〇〇億円、連結ベースとなると約四兆円もの天文学的数字になった。

一九九八年には、創業以来の大リストラを余儀なくされた。本社ビルの売却までもせざるを得ず、トヨタと同じフルラインでともに約五〇車種の品ぞろえをしていながら、研究開発費は半分しか投入できず、しかもこの年の三月期決算も一四〇億円の赤字となった。このため、銀行の貸し渋りが深刻化し、資金繰りに窮《きゅう》するまでに陥って、日産は車種を三〇パーセント減らすことに踏み切った。

それでも再建のめどはつかず、仏ルノーの資本参加を仰ぎ、かろうじて危機を避けられ、再建の道を歩み出したが、両社の格差は一方的に拡大した。

それに比べ、業界一位のトヨタは手持ち資金が豊富で〝トヨタ銀行〟とまで呼ばれて、ふんだんな研究開発費を投入し、有望な情報通信や金融分野にまでも積極的に参入している。

不況の時代にあってもトヨタは好業績を維持し、一九九七年は四五〇〇億円もの純利益を上げ、その後も四〇〇〇億円台をキープし、余裕資金は数兆円にものぼっている。

同じことが三位の本田と四位の三菱とのあいだでも起こった。勢いづく本田は二位の日産を販売台数で追い越し、研究開発費や資金力でも大きく引き離して、トヨタに次ぐ地位を確保し、業界の二極分化がはじまった。

消費者の好みをつかめるか否《いな》かで売れ行きがただちに大きく左右され、しかも量産製品だけに、一車種あたりの販売台数の違いは、その何倍もの利益の差となってあらわれてくる。同時に、経営体質の差も極端なかたちであらわれ、たとえ巨大企業でもたちまち経営危機に陥ってしまう。

しかし、利益が上がらないからといって、将来に向けた数千億円単位の研究開発投資を大幅にけずるわけにもいかず、苦しい経営をさらに圧迫することになる。自動車産業は、そんなきびしい時代に突入したのである。

景気が低迷する中で、日本の自動車業界が二極分化をしはじめ、右肩上がりの成長の下で長く続いていた一一社体制が崩壊へと向かった。そして世界の自動車メーカーでも同じことが起こっていた。

戦後五十年にわたってたえず国内のトップを走り、その行動様式を変えることがなかったトヨタが、一九九〇年代後半に入り、路線転換を余儀なくされたのは、世界の自動車産業が新たな時代へ突入したからにほかならない。

もはや、各国の自動車メーカーが世界各地に工場を建設し、開発、生産を開始して根を下ろしはじめている現在、日米自動車戦争とか、日本車の台頭、米自動車産業の衰退などといった国家間の対決図式で論じるのは無意味である。そこには、トヨタ対ベンツあるいはフォード対GMといった巨大メーカーによる競争があるだけである。国境や人種を超えた地球上の各地で、多国籍企業同士が直接的にぶつかり合い、争奪戦が演じられるだけなのである。

もちろん、日本のトヨタだけではない。九〇年代に入り、アメリカやドイツの各メーカーもまた、二十一世紀に向けたグローバル・ビジネス・プランを次々と発表した。

GMは一九九二年に、社長以下の経営陣を全面的に入れ替え、いくつもの工場閉鎖を含む大胆なリストラを断行して大改革を推進、新たな目標に向かって世界的な再編を進めていった。

フォードは一九九四年四月に、これまでに例がないほどの歴史的な大改革「フォード二〇〇〇」を発表、世界に広がるフォードの事業部門を四つの製品センターを軸にして再編しつつある。

メガコンペティションの時代

一方、国内のトップを走るトヨタの奥田碩社長は「自動車業界では大編成が起こりつつある」との認識を示しつつも、ベンツとクライスラーの合併、ルノーと日産との提携など、広く国際的な連携が進んでいることに冷ややかな反応で次のような独自路線を強調した。

「二十一世紀に向けた環境対策で、独自開発や資金でついていけない会社は他社から買うしかない。となれば提携話も出る」

しかし、「トヨタに合併話は出ない」と自信のほどをみせ、「日本の風習としてドラスティックな買収はなじまない」との考えを述べつつも警戒感を強めて、こうした動きに素早く対応した。傘下にあるダイハツ、日野自動車の二〇から三十数パーセントの「出資比率を五〇パーセント超」に引き上げて子会社化し、「トヨタとしてはグループの結束を強化」することで対処していく方針を明らかにして実行に移した。

九〇年代に入り、世界の自動車産業は新たな時代の二十一世紀を視野におさめた、世界最適調達、プラットフォームの共通化、安全対策、地球環境や省エネ対策を盛り込んだ各種の先進技術あるいは次世代車の開発、情報化などを進めてきた。これらに要した投資額は莫大で、たとえばトヨタでは年間四〇〇〇億円規模となっている。

それに比べて、同じフルラインメーカーである日産はトヨタの半分にしか過ぎず、もはや、中堅メーカーはもちろんのこと、巨大メーカーでさえも巨額の投資を続けることがむずかしくなってきている。

研究開発のトップを走る本田

そんな中で目いっぱい背伸びしてがんばっているのが本田である。車種では日産よりはるかに少ない本田だが、研究開発費では逆に一・五倍の三三〇〇億円を投資しており、トヨタを必死に追っている。

総売上高では先の六大グループにははるかにおよばないが、利益率の高さを生かして、数百億円単位の開発資金が必要な次世代の代替エネルギー車である燃料電池自動車やハイブリッド・カー、天然ガス自動車などの研究開発でも、巨大グループに伍《ご》しておくれをとらないどころか、トップを走っている。プラットフォームの統一化や世界戦略車の開発、高効率でフレキシブルな生産体制の構築でも、息切れせんばかりに全力で世界の先頭を走っている。

この研究開発レースを走りきれずに脱落するメーカーは、二十一世紀に生き残ることができない。

これまでは、マツダや英ローバー、日産ディーゼル、いすゞ、日産などのように、経営が悪化したメーカーが資本提携あるいは合併の対象となった。ところが、ベンツとクライスラーの合併のように、その段階を超えて、経営状態がよくても世界戦略を推《お》し進めていくために巨大メーカー同士が合併する時代に突入した。

さらには、スズキや富士重工のように、販売が好調で過去最高かそれに近い利益を上げているメーカーでさえも、メガコンペティション（大競争）の時代を生き延びていくために、巨大メーカーGMの資本参加を受け入れてグループ入りしている。

通貨統合されたEUを中心に数々の国を有するヨーロッパ市場、寡占化《かせん》が進んだ自動車王国のアメリカ市場、ようやく成熟段階に達してシェア獲得競争が一段ときびしさを増し、長く続いてきた一一社体制が崩れた日本市場。それに、遠からず世界最大の市場に成長することは間違いないアジア市場がある。

これら四大市場をめぐって、日、米、欧の巨大メーカーによる争奪戦がはじまっている。より効率的で強力な供給体制、グローバル・ネットワークをつくり上げようと、世界的レベルでの開発および生産の体制や拠点の見直し、再編が推し進められようとしている。

その結果、当然のこととして、ベンツとクライスラーのように、海を越えた大陸間での巨大メーカー同士による合併や提携が連鎖反応のように起こったのである。

その序章として、まず再編されたのが、不況で自動車事業部門が危機に陥っている韓国の自動車産業であった。韓国の各自動車メーカーは独立した経営を諦《あきら》め、欧米の巨大メーカー傘下に入ることで生き延びる道を選択した。

次に、欧米に比べて自動車メーカーの数が多すぎるといわれてきた日本がその対象となっていった。

続いて、一九九三年にEUが誕生し、さらに一九九九年に通貨が統合されたヨーロッパ主要国では、国境の壁が一気に崩れ、市場がより流動化した。加えて、同時に、日本車の輸入監視制度も廃止されたため、ヨーロッパ域内に日本車がなだれ込んで脅威《きょうい》となりつつある。

このため、EU域内での生産拠点づくりや開発拠点の再配置、それにともなう新たなネットワーク、体制づくりが必至である。

ドイツ車メーカーを除いて、これまで内向きだったヨーロッパ車メーカーはこれらの対応に迫られており、抱える膨大な過剰設備の処理もあいまって、合併や提携による再編がもう一段進むことになろう。

一九九八年六月には、フォードのアレックス・トロットマン会長が、「世界の自動車メーカーで、二十一世紀に生き残るのは、日、米、欧の六社である」と言明したが、それから三年を経た今日、現実はそのとおりに動いてきた。

もはや、アジア・太平洋地域の自動車産業も、巨大な欧米自動車メーカーの内海となり、彼らの世界戦略の渦に飲み込まれている。サバイバルをかけた三者のきびしいメガコンペティションの時代が到来し、さらに、パラコンペティション（超競争）の時代へと突き進みつつある。

国境を越え、系列を超え

これらの動きにともない、部品メーカーは完成車メーカーの海外進出のあとを追うようにして世界各地に工場を建設し、現地生産をはじめており、国境を越え、系列を超えて、さまざまなメーカーに製品を納入しだしている。

GMの一部門として部品を生産してきた世界最大の部品メーカー、デルファイ・オートモーティブ・システムズは、次々と世界各地に生産拠点を設立してきたが、一九九九年五月、GMからスピンオフして独立した。

一九九七年九月、フォードは部品事業部門を切り離して、世界第二位の部品メーカー、ビステオン社を誕生させた。これに次ぐ部品メーカーであるドイツのボッシュ、日本のデンソーも、同様の動きを強めている。親会社の一部門では、他社に製品を売り込むさいに支障をきたすおそれがあり、部品メーカーとして独立することで、広く世界のメーカーに売り込み、生産を拡大していこうとしている。

これら四社の売上高は巨額で、たとえばデルファイのそれは、日本の完成車メーカー第二位の本田（単独）を上まわっている。

最近の顕著《けんちょ》な傾向は、部品の単体ではなく、モジュールとして完成車メーカーに納入する方式である。新車開発の初期段階から委託されたり、あるいは参画《さんかく》して完成車メーカーと同時並行で設計を進めていく。このため、開発能力は一段と向上している。中でも、高度化する車のキー・テクノロジーとなる制御技術、エレクトロニクス技術、対環境および省エネルギーを目指すエンジン・マネジメント・システムなどをもっとも得意としている。ソフトも含め、技術の蓄積を行って厚みを増し、新車開発の実質性を身につけつつある。

こうした動きの行く末にみえてくるのは、販売競争に勝ち抜くためにモデル・チェンジだけに汲々《きゅうきゅう》とする完成車メーカーの姿である。目先の採算性を追うあまり、技術の空洞化、あるいはブラックボックス化に陥ってしまう可能性は十分にある。そのときには、彼らはもはやメーカーではなく、自社のブランド名だけを守りつつ、スタイリングと販売の部門だけをもつ商社や販売会社のような存在に姿を変えているかもしれない。

焦点はアジア

「二十一世紀はアジアの時代」といわれている。

六〇億人といわれる世界の人口のわずか一〇分の一でしかない日、米、欧の三地域が保有する自動車の総台数が、世界のそれの八〇パーセントを占めている。このことは、残りの地域の潜在需要がいかに膨大《ぼうだい》であるかを物語っている。日、米、欧の自動車市場はすでに飽和状態に達し、今後、著《いちじる》しい伸びは期待できない。それに対し、中国やインドを含めて二十数億人の人口を要するアジア諸国では、これから自動車の需要が急増しようとしている。

一九九〇年代に入ってからのアジアにおける自動車の需要には目を見張るものがある。経済発展に連動して、一方的な右肩上がりで増加し、五年間でほぼ倍となり、一九九六年の販売台数は五七二万台になった。この数字は日本国内の販売台数の八二パーセントに相当する。

ところが、過熱したアジア経済は、一九九七年半ばごろから一気に暗転した。通貨が急落して経済危機へと発展し、中でも深刻な韓国、タイ、インドネシアにおける自動車販売は急激に落ち込んで、一九九八年には三〇パーセント減となった。しかし、その後は順調に回復して上昇カーブを描き、二〇〇〇年には過去のピークを回復し、二〇〇一年の予想では六〇〇万台に達するとみられている。

日本などにおける自動車の普及の進み具合から察すれば、国民の所得がある一定の水準を超えると、急激に売れ出す傾向がある。その意味では、二〇〇七年、〇八年ごろからは伸びが著しくなって、日本国内の販売台数を追い越すと予想され、そのさいには、日、米、欧に加えて、もう一つの巨大市場が生まれることになる。

本田、トヨタのアジア戦略

先進国における例からしても、自動車には人を引きつけてやまない魔力がある。いったん、その魅力に取りつかれてしまった人々は、不況で一時的に車の購入を断念したり、手放したりしても、必ずといってよいほど、再び手に入れたくなるものである。それは、すでにアジアで普及しているオートバイの例をみても明らかである。

アジア諸国の中で、モータリゼーションがもっとも早く訪れると予想されている国の一つ、タイのバンコクで毎年開かれるバンコク・モーターショーには、つねに大勢の人が押し寄せ、マイカー熱が高いことを示している。急激に販売台数が伸びてきたタイの国民にとっては、自動車が身近に感じられるようになり、その魅力に取り込まれようとしている。

こうした情勢を踏まえて、一九九六年、九七年、本田やトヨタなどはアジア向けに特別設計した〝アジア戦略カー〟を各国に持ち込み、七〇パーセント近い現地生産率を達成しつつある。一方、これを迎えるアジア各国の政府も、自国の自動車産業を早急に育成したいとして、低価格に抑えた国民車の生産に力を入れてこれを助成し、強力に推進しようとしている。

やがて日、米、欧の主戦場は、家庭電気製品と同様に、生産拠点として急成長するアジアに移ることは間違いない。事実、二〇〇一年十二月、本田は二〇〇二年からタイで生産する世界戦略車「フィット」をベースにした小型のアジア戦略車を日本に逆輸入する方針を明らかにした。部品メーカーがいくら量産しても利益が上がらないと嘆くほど極限までコストダウンした「フィット」だけに、人件費の高い日本国内での生産は限界に達しつつある。

今回の決定は、日本車メーカーとしては初の本格的なアジアからの逆輸入だが、日本のユーザーに受け入れられるのか注目されるところだ。

すでに、本田と同じようにアジアから逆輸入する動きは各社で見受けられる。アメリカでの現地生産で戦陣を切って進出した本田のあとを他のメーカーがいっせいに追いかけた一九八〇年代の経過があるが、アジアからの逆輸入においても同様に、すぐさま追随することもまた間違いないであろう。

一九九〇年代後半、通貨危機に見舞われたアジアの各国政府は、外国の自動車メーカーの支援を得ることで国内の自動車産業を立て直そうと、それまでの制限措置などを緩めて門戸《もんこ》を大きく開いた。このため、アジア諸国の自動車メーカーもまた日、米、欧の巨大メーカーの支配をより受けるようになり、その世界戦略に巻き込まれつつある。

新たな技術的課題

二十一世紀における文明史的課題として大きくクローズアップされているのが、地球環境、資源・エネルギー、リサイクル、安全性、新交通システム、高齢化社会への対応などの問題である。むろん、自動車産業もこれらに大きくかかわっている。いや、むしろ、それらが中心的課題になろうとしている。

アジア地域で本格的なモータリゼーションが起こったとき、石油資源、地球環境とも、一つの危機的状況に遭遇《そうぐう》することになる。たとえば、人口一三億人の中国で日本並みに自動車が普及すれば、保有台数は六億台となる。また、ある予測によれば、二〇三〇年における世界の自動車保有台数は、現在の二倍の一二億台だといわれている。

ところが、そのための対策は、一朝一夕にはとうてい生み出せるものではない。たとえば、一九九六年に三菱自動車が量産車に搭載した世界初の直接噴射式のＧＤＩエンジンの開発には、基礎研究の時代を含めると、十年以上の歳月を要している。

低公害エンジン、電気自動車、ハイブリッド・カー、燃料電池自動車、新しい情報技術を取り入れたインテリジェント・カー、高度道路交通システム（ＩＴＳ）、先進安全自動車（ＡＳＶ）など、大きな技術課題が山積していて、各メーカーが盛んに開発を進めている。

ベンツやＢＭＷ、ボルボなどヨーロッパのメーカーに比べ、日本のメーカーがないがしろにしてきた車の安全に対するユーザーの関心の高まりには、目を見張るものがある。日本でも、新車を購入するときの判断材料として、安全性の問題が大きく問われる時代になってきた。

ところが、安全対策には、衝突試験などを含めて巨額の開発費用が必要で、生産台数の少ない弱小メーカーほど負担率が高くなる。そのため、今後の車開発で踏み絵となる安全対策に十分な金をかけられないメーカーは、ユーザーから見放され、市場からの脱落も予想される。

そしてなにより、環境対策に関連した次世代の代替エネルギー車の研究開発費が巨額となり、際限なく膨らみつつあって、各メーカーの経営を強く圧迫している。

また、コストダウンにともなう技術や新しいフレキシブルな生産システムの創造、新車開発の迅速《じんそく》化などが、これまでにも増して重要になってきた。

　これらを実現するための新たなエレクトロニクス技術、新素材、コンピュータを駆使した設計、新エンジンの開発、情報システムの構築が不可欠となりつつある。運転者の意識改革、法的およびインフラの整備も必要だ。

　どのメーカーが、いつ、いかなるかたちでこれらの技術開発に成功し、先陣を切って量産化を果たすかによって、日、米、独の三者の勢力地図も大きく変わってくるだろう。

　ユーザーの側からすれば、競争の激化にともなって、三者が互いに相手の長所を取り込むことで、結果として車が同質化してくるのではないかとの危惧《きぐ》がある。その兆候は、すでにいたるところにあらわれてきている。

　また、先進国において大衆商品となった車は、人々の生活スタイルに深く根を下ろしている。しかも、自動車はそれ自身だけでは自己完結せず、道路や社会的ルールを必要とし、生活様式、社会的環境、景観、さらには地球環境までも変貌させ、資源の枯渇《こかつ》化を進行させている。

　自動車がもたらした便利さとはうらはらな事態も、さまざまな局面で起こってきている。自動車の普及を前提に、新しい大型店舗群が郊外の国道沿いに出現する。公共施設や病院、工場も、郊外へと移動していく。すると、自動車を運転しない、あるいは運転できない子供やお年寄り、障害を持つ人たちにとっては、自動車の普及がかえって不便さをもたらすことになる。

新たに登場したカー・ナビゲーション・システムは、渋滞を避けるため、詳細な地図でもって、ドライバーを路地裏にまで誘導するようになった。その結果、これまで子供たちが安心して遊べた路地までも奪っていくことになる。

これら、モータリゼーションにともなう負の部分に対する対策も必要となってくる。

自動車産業の危うさ

高度情報化時代あるいはマルチメディア時代の波は、自動車にも確実に押し寄せ、インテリジェント化が急速に進んでいる。

まずあげられるのは、渋滞情報や生活情報がカー・ナビゲーションで得られる道路交通情報通信システム（VICS）である。ハンドルやアクセルを操作しなくても、外部からの電波によって自動車が運転できる走行支援道路システム（AHS）や、高度道路交通システム（ITS）の研究・実験も進められている。二十年後を目指して、運転者がなにもしなくても誘導してくれる自動走行の計画も進んでいる。

かつて自動車は、自由に移動できる手段、享楽を得られる道具としてもてはやされた。あるいは、それを保有することで、社会的ステータス・シンボルとしてひそかな優越感を味わうこともできた。ところが、いまでは誰もが手に入れられる月並みな耐久消費財となり、その魅力を失ってきた。しかも、環境を悪化させる最有力な存在として、批判が集中するようになってきた。

それだけに、車を送り出すメーカーでは、たえず新たな技術を開発して対応し、また付加価値を高めるとともに、手を替え品を替えての宣伝が必要になってきた。あるときには、自動車そのものの性格や価値観を根本から変える決断もしなければならなくなる。

各自動車メーカーでは、緻密《ちみつ》なコスト計算に基づき、徹底した合理的生産システムによって、一円、一秒を惜しんで生産している。そこから生み出される自動車は、世界で最大の消費財である。

そう考えると、自動車メーカーの基盤はいかにも磐石そのものに思えるが、実際はそうではない。車はあくまで愛玩物であり、消費者の気分しだいでどうにでも変わる気まぐれさを持っている。ちょっとした時代の読み誤り、おごりからくる現状への安住などから、世界屈指の巨大企業が倒産の危機に追い込まれた例は何度もある。しかも、国や地域の文化、民族性や国民性、社会の発展の度合い、世代や性別によっても、自動車に対する見方、受け入れられ方は異なってくる。

いつの時代にあっても、自動車メーカーは不安定さを抱えたギャンブル的な世界に身をおきながら、日々、生産に明け暮れている。

第一章　復興、躍進と日本車の台頭

マッカーサーのキャデラック

占領軍の上陸

敗戦から半月がたった一九四五年八月三十日、真夏のちぎれ雲が浮かぶ神奈川県の厚木《あつぎ》基地周辺には緊張が漂《ただよ》っていた。

飛行場は爆撃によっていたるところに大穴があき、あたりに土塊《つちくれ》が散乱していた。地上施設は骨組みしか残っていなかった。日本軍の戦闘機はいずれも、プロペラや翼をもぎ取られたままの無惨《むざん》な姿をさらしていた。だだっ広い飛行場の要所要所で、日本の部隊が警備を固めていた。上空では、米軍用機がたえず旋回して警戒にあたっていた。

この日、日本占領を指揮するマッカーサー連合国最高司令官がこの地に降り立とうとしていた。

十日前、マッカーサーはマニラに呼びつけた日本の降伏使節団に会うことはせず、次のような命令を下していた。

「いっさいの武装兵力を東京湾地域から撤退させよ。そのさい、日本機のプロペラはすべてはずして地上においておけ。総司令部を横浜に設置するため、マッカーサー側近、および警護兵の厚木から横浜への移動手段として、車両を準備しておけ」

マッカーサー連合国最高司令官

日本のど真ん中にわずかな護衛で降り立つこの命令に、マッカーサーの側近も日本側も、危険が多すぎるとして反対した。降伏したとはいえ、関東地区だけでも三〇万人以上の戦闘部隊がいた。そのうえ、厚木基地は、ほんの半月前まで、神風《かみかぜ》特攻隊の訓練基地として使われていた。周辺には日本の精鋭部隊も宿営していた。しかも、降伏命令に反対し、決死の覚悟で徹底抗戦を叫ぶ海軍航空隊の抵抗が続いていたからだ。

しかし、マッカーサーはこれを聞き入れず、命令どおり強行されることになった。

マッカーサーの露払《つゆはら》いをつとめるテンチ大佐の率《ひき》いる先遣隊は、二日前に同基地に到着し、連合軍による日本占領の歴史的第一歩をしるしていた。日本史上、外国の軍隊によって本土が占領されるのは、これが初めての経験だった。

当初の予定では、八月二十六日に米軍が進駐を開始することになっていたが、台風の影響で四十八時間の延期となった。日本政府は抵抗分子を説得しようとおおわらわだっただけに、この延期を〝神風〟として喜んだ。

いよいよ四二〇〇名を擁《よう》する第八軍第一一空挺《くうてい》師団所属の一二三機の輸送機が三分間隔で次次に厚木に着陸してきた。地上に降り立った将兵たちは、ただちに片膝をついてライフルを構え、防御態勢をとった。緊張していた将兵たちだが、あたりに危険がないことを見きわめると、すぐさま構えを解いた。諜報《ちょうほう》部員たちは足早に散って、首なしになっていた日本軍の航空機を点検しはじめた。

三メートル近くもある星条旗が立てられたあとの午後二時五分、マッカーサーが搭乗するC54型大型輸送機「バターン」が滑走路に降り立ち、停止した。

アメリカの軍楽隊が勇ましく演奏をする中、元帥帽に愛用のコーン・パイプを斜めにくわえたマッカーサーが、輸送機からゆったりとした足どりでタラップに踏み出し、これから占領統治する日本の大地を睥睨《へいげい》するかのように周囲を見わたした。

オンボロ車の列

マッカーサーの厚木到着は事前に新聞報道されていたため、飛行場の周辺に見物人が押しかけていた。その人波の中に、桜井真一郎《さくらいしんいちろう》少年も混じっていた。彼はのちの一九六〇年代後半から七〇年代にかけ、若者に爆発的な人気を博《はく》した〝スカG〟(「スカイライン」GT)を、主任設計者として世に送り出すことになる。

厚木基地の近くに住んでいた当時十六歳の桜井は、友だちと自転車を走らせて飛行場にやってきていた。無類の機械好きで、小学生のころから『子供の科学』を愛読していた。桜井らは原っぱに身を隠しながら滑走路に近づき、マッカーサー到着の一部始終を見つめていた。

少し離れた同じ原っぱでは、武装解除された日本の将兵らもこの光景を見守っていた。そのわきには、マッカーサーが注文していた車両群が待機していた。日本側が用意したそれらの車は、米兵からみれば、アメリカでは見たことがないほどのオンボロ車でしかなかった。

当時、まともな自動車のほとんどは、中国大陸などの戦場にかり出されていた。そのため、なんとかエンジンを整備してまにあわせた日本の軍用トラックやバス、木炭車、さらにGM、フォード、トヨタ、ダットサンなど、あらゆる種類の乗用車がごちゃ混ぜになっていた。中にはパンクしているのもあって、とにかく数だけをそろえたといった感じだった。

荷台からはみ出さんばかりの将兵を乗せたトラックが走り出そうとしたが、なかなかエンジンがかからなかった。アメリカの人気連載漫画に出てくるオンボロ電車に似たトーナビル・トロリーのような消防自動車が一台、けたたましい爆発音を立ててスタートし、行列の先頭に立った。あとに続く乗用車の中には、米兵が三人がかりでうしろから押す姿も見受けられた。マッカーサーは何年製かも定かでないほど古ぼけた「リンカーン」に乗り込み、深く腰を降ろしていた。

それにひきかえ、米軍のジープは一発でエンジンがかかり、力強い走りで去っていった。

桜井少年はそうした光景を自らの目で目撃し、その後も厚木飛行場に自転車を走らせては、米軍の動きを観察した。米軍のブルドーザーやスクレイパーが動員され、爆撃で穴だらけになっていた滑走路を見るまに修復していった。見慣れないジープやオートバイもきびきびと走りまわっていた。

なにごとも人海戦術でこなそうとする日本と違い、機械を主体とした米軍の機動力に目を見張るとともに、日米の自動車の性能の違いも見せつけられた。桜井は少年ながら、「これでは、日本が勝てるはずはなかった」と改めて思い知らされた。

従順な日本人

この日、東京湾に集結していた連合軍の艦船――一五隻の戦艦、一一隻の空母を含む約四三〇隻の大船団から、将兵が続々と横須賀や千葉県の館山《たてやま》に上陸を開始していた。ハルゼー指揮下にある第三艦隊からすでに一〇〇〇機の艦載機が飛び立ち、空から日本軍を威嚇《いかく》していた。

この日、マッカーサーの先導役をつとめたメラー少佐のジープに同乗したアメリカの従軍カメラマン、カール・マイダンスは次のように記している。

「我々のジープにつづく、木炭車などさまざまな乗用車の行列が白い煙を吐き出しながらガタガタと走る。各車両の中では武器を構えた米兵がすし詰めになっている。軍隊と呼ぶにはまことに奇妙な車の列であった」（『マッカーサーの日本』）

横浜まで二五キロの道筋には、見るも無惨な光景が広がっていた。道路は穴だらけで、工場地帯は瓦礫《がれき》と化していた。自動車王国からきたアメリカ人には、海軍の重要基地と日本最大の軍港を結ぶ重要道路にしては、幅員があまりにも狭すぎると映った。

沿道の日本人は米軍の進駐に対して、ある者は驚き、ある者はことさら無視し、またある者は異星人でも見るかのようにおびえていた。

道の両側で、銃を抱え、背中を向けて立っている日本兵に、メラー少佐が腹を立ててジープをとめた。

「武器を捨てろと言ってあるはずだ。なぜ従わないのか」

日本人将校があわてて少佐に走り寄り、英語で言った。

「不測の事態からみなさんを守るためです。天皇陛下がお通りのときも、われわれはこのようにしていました」

カメラを手にしたマイダンスは、「つい先日までわれわれはこの人々を殺そうとしていたのだ。この国を相手に命がけで戦ってきたのだ」と思うと、実に奇妙な気分にとらわれ、次のように回想している。

「この戦争で一八五万人の日本人が死に、その三分の一は非戦闘員だったという。何十万人もの人間が戦犯にリストアップされたり行方不明になった。生き残った者のほとんどが飢え、精神的に虚脱状態となっている。しかし天皇はなお彼らを励まし、『耐《た》え難《がた》きを耐えよ』と呼びかけた。あらゆる局面で国民はこれにこたえた。その秩序ある変貌《へんぼう》ぶりは勝者たる我々を驚かした」(前掲書)

戦場であれほど勇猛果敢《ゆうもうかかん》に戦った日本人が、こんなにも従順であることに、彼らは驚かされたのである。

沿道では、完全武装した日本の兵力約三万人が警備にあたっていた。米兵のだれもが、もし彼らが立ち向かってきたらひとたまりもないだろうと、内心では不安にかられていたのである。しかし、敵対行動を予想していたにもかかわらず、厚木基地に到着以来、一発の銃声も聞くことなく占領行動が着々と進められていった。

マッカーサーの愛用車とほぼ同型。
GM「キャデラック」リムジン1946年型

豊かな国、アメリカ

この三日後の九月二日、東京湾に停泊する戦艦「ミズーリ」の艦上で、全面降伏の調印が行われた。九月八日、先遣の米第一騎兵師団の八〇〇〇名が東京に入り、GHQの本部を横浜から東京・丸の内に移した。

GHQの本部となった皇居のほとりの第一生命ビルの正面玄関前に、マッカーサーの愛用車であるクライスラー「インペリアル」、一九四二年型「キャデラック」リムジンが誇らしげに横づけされていた。

マッカーサーは堀を隔《へだ》ててすぐ目の前に住まう天皇に会うために自らおもむくこともなく、GHQ本部に天皇を呼びつけることもしなかった。

「私は待とう。そのうちには、天皇が自発的に私に会いに来るだろう」（『マッカーサー回想記』）とする勝者としての余裕をもった心憎いまでの対応だった。

九月二十七日、マッカーサーの思惑《おもわく》どおり、天皇が会見を求めて司令部にやってきた。天皇の御料車は、一九三二年にベンツ社に発注してつくらせた特別仕様のメルセデス・ベンツ770「グロッサー」だった。ちなみに、初代はイギリスのデイムラー社製一九一二年式で、二代目もやはりイギリスのロールス・ロイス社製一九二〇年式「シルバー・ゴースト」だった。当時、日本国内には、天皇の御料車をつくれるほどの技術を有したメーカーが存在しなかったのである。

いまは日産自動車追浜工場となっている海辺のサイトに、太平洋地域の戦場で使われていた米軍用車両が続々と陸揚げされ、広大な空き地はたちまち埋めつくされていった。こうした車両は占領軍が駐留する日本の各地に繰り出していったが、その数はあまりにも多かった。それにひきかえ、日本の車両のほとんどが外地の戦場に送り出されていたため、国内ではわずかしか見かけることがなかった。

のちの通産省にあって困難な日米自動車摩擦の対米交渉をとりしきり、アメリカ側から一目も二目もおかれた高級官僚の天谷《あまや》直弘《なおひろ》は、当時の印象をこう語っている。

「戦争を戦い抜いたうえに、いまなおアメリカがこれほど多くのジープやトラックを持っていることは大変な驚きだった。戦争中に失ったトラックやジープは、いったいどれほどの数だったんだろう」（『覇者の驕り』）

メルセデス・ベンツ770「グロッサー」1935年型

若い天谷を驚かせたのは、それだけではなかった。

「金持ちすらろくに食べることができない国に来て、余るほどの食料を持ち込んだばかりではない。アメリカ人がただよわせる、その独特の雰囲気だった。自分自身や自分が今やっていることに対する絶対的な自信、さらに彼らの歩き方にいたるまで、あたかも世界を支配するために生まれてきたんだといわんばかりの、自信に満ちあふれた雰囲気をかもしだしていた」(前掲書)

東京・銀座の通りにも、奇妙な光景が見受けられた。

カーキ色のアメリカ製ジープとウェポン・キャリア(武器輸送車)ばかりが闊歩《かっぽ》するあいだを、荷馬車や手押し車、リンタク（人力車）などが走っていた。やがて、人がこぼれ落ちんばかりに鈴なりになったオンボロのバスや、いつも満員の都電が走り出して、交通地獄がはじまることになる。

日本人のオーナー・ドライバーもわずかにいたが、ガソリンの配給が受けられず、車を動かすことはできなかった。

窓ガラスがすべて吹っ飛んでしまった銀座四丁目の三越デパートの前には、進駐軍のために英語名で「TIMES SQUARE」と書かれた標識が掲げられていた。こんな光景はいたるところで見かけられた。霞が関あたりの街路樹には、「1st STREET」とか、横田空軍基地までの距離を示す「YOKOTA AAB 29MILES」といった標識などが掲げられていた。

銀座四丁目の交差点の真ん中では、白ヘルメットをかぶったMPの大男がボックスの上に立ち、派手な身ぶりで交通整理を行っていた。そのすぐ隣で、日本人のお巡りさんがよれよれの制服姿で、遠慮ぎみに交通整理をしていた。

三越デパートの向かいの服部《はっとり》時計店のビルは、空襲の被害をほとんど受けずに残っていて、PXと呼ばれる進駐軍のための店になっていた。制服姿の米兵がつめかけ、店内はアメリカから持ち込まれた食料品やタバコなど、日本人が見たこともないような豊富な品物であふれていた。

やがて、このショー・ウィンドウに靴や洋服など、カラフルな日用品も並ぶようになる。それは、日本人がとても手にできないような贅沢《ぜいたく》な品物ばかりだった。その前には、日本人の人だかりができていた。「贅沢は敵」として、それまでずっと耐乏生活に甘んじてきた庶民の目には、それらはまばゆいばかりに輝いて映った。家を焼かれ、すきっ腹を抱えた彼らは、きらびやかなアメリカ製品に見とれた。それは、〝豊かな国アメリカ〟を自分の目で確認した瞬間でもあった。

彼らの内面には、自分たちを打ち負かしたかつての敵国に対する憎しみを飛び越えて、アメリカへの憧れや羨望《せんぼう》が芽生えつつあった。

焼け跡の中の最新車

年が明けて一九四六年五月、戦争指導者たちを裁く極東国際軍事裁判（東京裁判）が、東京・市谷《いちがや》の旧陸軍省大講堂で開かれた。

大講堂の前には、外国からやってきた裁判官、弁護士、マスコミ関係者などが乗りつけた真新しいアメリカ車が列をなしていた。彼らは皇居に近い帝国ホテルなどに滞在しており、その間を往復するため、都心を縦断していた。

この当時のことを、戦前から自動車を撮影してきた師岡宏次《もろおかこうじ》は、写真集『オールドカーのある風景』の中で次のように記している。

「昭和二十年（一九四五）戦争は終わった。東京の街でいちばん初めに見た自動車は、小型トラックのような形をしたジープであった。ジープの形は初めて見るものであった。舗装《ほそう》がすっ

フォード「リンカーン」コンチネンタル1948年型

かりこわれてしまった銀座は、ジープとカーキ色した進駐軍のトラックだけが走る街になった。

その中を素晴らしく大型で美しい形をした自動車が走っていた。戦争中に生まれた新しいフォードであろう。これには東京裁判などに従事する外国のシビリアンが乗っていた。新しい時代の到来である」

それから数年してやっと、戦後の国産車である日産の「ダットサン」トラック4146型やトヨタのSB型など、無骨《ぶこつ》なトラックが目につくようになり、やがて、アメリカ製の最新型車も市中を走るようになった。それまで航空機や戦車などの軍需品の生産に転換していたアメリカの自動車メーカーが素早く本業への再転換を図り、戦中の鬱憤《うっぷん》をはらすかのように、新型車をいっせいに送り出すようになったのである。

日産「ダットサン」スタンダード

ＭＰの多い日比谷のモーター・プールには、どぎつくクロム・メッキがほどこされた新車が並ぶようになった。フロント・ウィンドウにピラー（支柱）のある一九四七年型のクーペ、一九四八年型は以下のように何種類もあった。「シボレー」「カイザー」それにラジエターグリルの大きな「ダッジ」、日本ではなじみの少ないオープンカーの「マーキュリー」、いかにもヤンキーといわんばかりの「スチュードベイカー」、ラジエターグリルがきらびやかなアメリカを代表する高級車の「リンカーン」もあった。

日本にも上陸し、さっそうと街を走りだしたこれらの車に、日本の男たちは目をひきつけられ、思わず振り返った。まだ戦災の傷あとが生生しく残るまわりの風景とは、まさに別世界の趣《おもむき》があった。目を奪うばかりのその豪華さと派手さはもちろんだが、ずんぐりとしたダルマのような戦前の「ダットサン」などと比べ、あまりにも車体が大きかった。しかも、車高が低く、スピード感にあふれ、実にカラフルだった。そして、日本人をなにより驚かせたのは、そんな大きな車にドライバーが一人しか乗っていないことだった。

ガソリンの配給がわずかだったため、日本人が走らせる車には、煙をもくもくと立ちのぼらせる木炭車、のろのろと走る電気自動車も多かった。そんな日本人にとって、アメリカ人たちの姿は信じられない光景であり、物質的な豊かさをまざまざと見せつけられるものだった。

それはまた、戦時中に本土に飛来して、縦横無尽《じゅうおうむじん》に爆撃して悠然《ゆうぜん》と去っていった〝超空の要塞〟B29に対する強烈な印象とも似ていた。陽光にジュラルミンのボディをきらきらさせていたB29に対し、それに挑《いど》む日本の戦闘機は蠅《はえ》のように小さかった。この対比によって、庶民はアメリカの技術が日本よりはるかに進んでいることを如実《にょじつ》に思い知らされたのだった。

民主主義＝アメリカン・ライフスタイル

戦後になって、新聞、雑誌、ラジオなどは、アメリカがいかに資源豊富で、モノにあふれた強大な工業国であるかを示す情報をどっと流しはじめた。それは、〝大和魂《やまとだましい》〟や「お国のため」といった精神論がもてはやされた戦前の反動であり、また、日本人の意識改革を進めるために行った、GHQによる意図的な洗脳でもあった。

日本の食糧不足、物不足ははなはだしかった。

少し前まで戦闘機をつくっていた軍需工場では、兵器用の原材料でナベ、カマ、弁当箱などをつくっていたが、それも飛ぶように売れた。会社の構内や学校の校庭など、耕せそうなところはみな畑になって、サツマイモやカボチャなどが植えられていた。列車は、農村地帯に買い出しにいく人たちでいつも超満員だった。日本中が食べることに汲々《きゅうきゅう》としている時代だった。そんな日本人にとって、〝豊かな国アメリカ〟が強烈に印象づけられ、憧れとして映ってても不思議はなかった。

庶民はじつに正直だった。ついこのあいだまで国をあげて「鬼畜《きちく》米英」を唱えていたのが、一夜にして憧憬《どうけい》と羨望とに変わってしまったのである。アメリカに見習い、アメリカに少しでも近づくことが貧しさからの脱出であり、豊かさを約束する道でもあった。

GHQは急速に日本の戦後改革、民主化を推し進め、軍国教育も一転して民主主義を教える授業に変わった。そこでは、「自由の国アメリカ」「平等の国アメリカ」が教え込まれることになった。庶民レベルでは、民主主義はアメリカン・ライフスタイルそのものだった。その実現は、〝豊かな国アメリカ〟に近づくことと同義だった。

アメリカの豊かさとは、一九二〇年代後半からはじまった大衆化社会の到来にともなう、大量生産に裏打ちされた大量消費によって用意されたものである。

つねに難題を抱えることを宿命づけられた多民族国家をまとめていく原理として、〝消費者

本田宗一郎

資本主義〟とも呼ばれる消費者を重視する考え方があった。つまり、消費の平等である。経済的に安定させることで社会秩序をととのえ、自由、平等、豊かさを広めていくことが、平和と繁栄を約束する。そうしたアメリカ的発想をもっともよく象徴するのが、T型フォードに代表される自動車の存在だった。

自動車は自由と個人の尊重をスローガンに掲げるアメリカにぴったりの道具であり、愛玩物《あいがんぶつ》だった。一九二九年のアメリカではすでに全世帯の七七パーセントに普及しており、すっかり大衆の手にわたっていた。

進駐軍兵士らが乗りまわすきらびやかなマイカーは、アメリカン・ライフスタイルの象徴であり、日本人の憧れ、夢として心の奥底に深く入り込もうとしていた。

桜井真一郎や本田技研の創始者・本田《ほんだ》宗一郎《そういちろう》などは、少年時代、車が走り去ったあとにただようガソリンの臭いがたまらなく好きで、鼻をクンクンさせて嗅《か》いだものだというが、終戦直後の子供たちもまたそうだった。GHQのジープや進駐軍兵士らのマイカーのあとを追いかけては、排気ガスの臭いを嗅いだのである。

それはジープや「キャデラック」をとおして、豊かなアメリカの香りを嗅ぎ、進んだ科学技術に触れたいとする思いでもあった。

自動車生産再開

国民と同じように、戦前から小規模ながら自動車生産に情熱を注いでいた企業家や技術者もまた、乗用車を大量生産するアメリカのGMやフォードのような工場を手に入れたいとの夢を描いていた。ところが、企業家を取り巻く現実もまた貧しく、アメリカとはあまりにもかけ離れていた。

豊田喜一郎

一九四五年九月二十五日、GHQは、ポツダム宣言の「経済を維持するだけの工業の維持を許容する」にしたがい、復興に必要な「トラックの製造を許可する。但し、乗用車は不可」との覚書を発令した。

一九四六年になると、GHQは保有していたアメリカ製トラックやトレーラー・トラック、バスなど一万四一五七台を払い下げた。以後、自動車の払い下げは、数年後まで数千台の規模で続くことになる。

こうした措置によって、トヨタ、日産、ヂーゼル自動車、東洋工業、日野重工業、高速機関工業など、戦前から自動車を生産していたメーカーが、細々とながらら活動を開始した。さらに、兵器を製造していた三菱重工業、旧中島飛行機などが、スクーターの生産を開始した。

そうした中にあって、トヨタ自動車の創立者・豊田喜一郎《とよだきいちろう》は、GHQから禁止されていた乗用車の生産になみなみならぬ執念を燃やしていた。敗戦の年の十月には早くも乗用車の研究会をはじめ、翌月から設計をスタートさせている。

豊田喜一郎は、「小型車ならアメリカではつくっていないから競合しない。やがてはアメリカに輸出したい」とする、当時としては夢物語そのものを考えていた。

喜一郎の従兄弟《いとこ》で、戦後トヨタの立て役者となる豊田英二《えいじ》は、自著『決断』の中で次のように記している。

「豊田喜一郎が自動車を始めたとき、彼が夢を見たのはシボレーやフォードに負けない乗用車、それも最新の技術を盛り込んだ大衆乗用車を作り、国民に供給することだった」

豊田喜一郎の口癖は、「乗用車をやっていないような会社は自動車会社ではない」というものだった。自動車の中でもっともむずかしい乗用車が、彼の目標だった。一九二九年、喜一郎は父親の豊田佐吉が発明した豊田式自動織機の特許の実施権を英プラット・ブラザース社に一〇万ポンド（一〇〇万円）で譲渡する契約の調印のため、イギリスに渡った。このときの帰り道に立ち寄ったアメリカの街を走りまわる乗用車に目を奪われた。それまでトヨタがつくっていたような、トラックと兼用のシャシーを使った乗用車ではなかった。

豊田らによるGHQへのたび重なる嘆願が実り、一九四七年六月三日、やっと乗用車生産を許可された。とはいっても、全メーカーの合計で年間三〇〇台。試作の許可が得られた程度の成果でしかなかった。それでも、豊田らは自らの夢の実現に向けて、勇んで乗用車の試作をはじめた。

こうして乗用車の生産を再開した日本の自動車産業だが、足下の現実をみれば、生産設備、生産量だけでなく、資本の規模においても、アメリカとはオリンピック選手と赤子ほどの差があった。

なにしろ、一九四八年における日本車の全生産台数は約二万台、それに対し、アメリカ車は五〇〇万台に達していた。一九五〇年の時点においても、アメリカ第一位のGMが日産一万一〇〇〇台であったのに対し、トヨタは四〇台でしかなかった。自動車のような製品では量産効果によってコストが大きく違ってくるため、これではまったく競争にはならない。

歴史を振り返っても、大正十三（一九二四）年に日本上陸を果たしたフォードは、工場を建設して、年に一万七〇〇〇台前後の生産を行ったことで、弱小でしかなかった当時の日本の自動車メーカーのほとんどがつぶれていった。これにあわてた軍部は、非常時には国内調達が不可欠であるとして、強力な保護政策をとり、事実上、外車を閉め出して、国産メーカーを育成したのである。

敗戦後の疲弊《ひへい》した日本の自動車工業にとって、フォード、GM、クライスラーなどの巨大資本が日本に上陸してくれば、ひとたまりもないのは明らかだった。しかも、自動車の性能、品質においても日本ははるかに劣《おと》っていた。

戦勝国アメリカの自動車メーカーが、日本上陸を待ちかまえていると思われたし、マッカーサーの方針も、それを支持しているとみられていた。かつて国産車メーカーを保護した軍部は、すでに消滅して存在しない。絶対的な権限を持って日本をコントロールしているGHQがアメリカの自動車メーカーの上陸を許可すれば、大正末期のように、国産車メーカーはすべてつぶれてしまうに違いない――こうした見方はごく自然で、政府部内や一般産業界、国民のあいだでも支配的だった。

当時の自動車メーカーに対する一般的な評価をあらわすエピソードがある。

終戦まもないころ、豊田英二が自動車用薄板を手配するため、満員の鈍行列車に揺られながら岩手県釜石《かまいし》市の製鉄所を訪れた。なんとか会うことができた製鉄所の所長は、靴を履《は》いた足を机の上に投げ出したままの横柄《おうへい》な態度で応対した。

「自動車の生産をはじめたいので、どうか鉄を分けていただきたい」

しかし、相手の応答はすげないものだった。

「自動車屋さんにまわすほど、鉄はあまってはいないよ」

戦後日本の自動車産業は、こんなところからスタートしたのである。

若手通産官僚の悲願

日本の自動車工業は、ほとんど存続の望みがないところから出発したといってよい。「外車を大量に輸入すべきだ」というのが当時の一般的な考え方で、運輸省もまた、「欧米諸国の競争力は数段優《すぐ》れ、日本がいかなる努力を払っても、競争力格差は年とともにますます開いていき、日本はこれらの国に追いつくことは不可能である」との考えだった。

しかし、これに商工省（一九四九年より通産省）がまっこうから反対し、輸入車に高率の関税を課して、国内メーカーの保護を図った。戦前に栄えた日本の航空機工業は、GHQの手によって解体された。日本経済を蘇生《そせい》させ、さらに発展させるためには、それにかわる総合機械工業としての自動車産業の育成が不可欠であるとの方針をとったのである。

戦前、戦後を通じて商工省・通産省で活躍してきたやり手官僚の一人、赤沢璋一《あかざわしょういち》にインタビューし、終戦直後、日本の自動車工業を育成しようと意気込んだころの思いを聞かせてもらったことがある。海軍時代、中曽根康弘（元首相）と同期の赤沢は、幅広い人脈と、高度成長期に通産省重工業局長として指導性を発揮したことで知られている。

まだ若手であった赤沢らは、これから日本の産業をどう復興していくべきかをめぐって、連日、夜遅くまで熱っぽい議論を繰り返したという。赤沢はこう述べている。

「化学や鉄鋼といった素材産業をまず復興することはもちろんだが、諸外国の例からみて、はたして中枢的な産業でありつづけるだろうかという疑問がありました。素材産業のうえになにを築き上げるか、機械加工組立産業をどう育成するかが中心議題でした」

こうした議論の結論として、工作機械や自動車が中心にすえられ、それらを構成する歯車、ベアリングなどの機械部品工業をまず育成しようということになった。この方針は一貫しており、その後も変わることはなかった。ただ、当時の若手通産官僚らの本音は、もう少し先をいっていた。

「一日も早く一流先進国の仲間入りを果たしたい。自動車工業、航空機工業ぐらい持たなければとうてい一流国とは呼べない」

欧米先進国では、一九三〇年代にすでに乗用車時代を迎えていた。ことにアメリカには、いち早くマイカー時代が到来していた。当時、後進工業国の日本は、そのおくれを私鉄やバスの交通網を整備することでカバーしようとしていた。もっとも、戦後もその政策が継続されて、世界でも例がないほどの公共交通システムを発展させたのだが……。

現代の日本にやってきた外国人が、あまりにひどい都市部の交通渋滞を見ながら、一様にもらす疑問がある。分きざみ、秒きざみで正確に発着する世界で例を見ないほど高度な公共交通網があるのに、この狭い国土の中で、なぜ日本人はあえて自動車に乗ろうとするのかというものだ。しかも、彼らにしてみれば、こうした国に世界一の自動車工業が生まれたのは、不思議以外のなにものでもないらしい。

この姿を当たり前と思い、なんの疑問もなく戦後の五十年を生きてきた日本人は、このような外国人の合理的な見方に対して明快な説明をすることができない。しかし、戦後日本の自動車工業の育成を主導したのが、運輸・交通分野を管轄する運輸省ではなく、製造業を管轄する通産省だったというところに、ヒントが隠されているように思われる。

政府や通産省は、戦後の出発点において、自動車工業をたんなる交通・輸送の手段の担《にな》い手としてとらえたうえで、合理的な判断を下したのではなかった。狭い島国における交通システムのあり方を研究・検討したうえでの判断でもなかったのである。

困窮《こんきゅう》する日本の国民にとっては、マイカーは豊かさの象徴だった。その思いと同様に、企業家たちもまた、経済復興を果たすため、日本でもアメリカの自動車産業のような大量生産ラインをとにかく手に入れたいと考えた。そして、通産省にも、「一日も早く一流工業国の仲間入りを果たしたい。欧米先進国では巨大産業に発展している自動車工業を、日本でも育成したい」との宿願があった。こうしたもろもろの要求が重なったところから、戦後日本の自動車工業はスタートを切ったのである。

当時、「日本は三等国」という言葉がはやった。それは、日本の貧しさそのものより、日本政府の政策や社会制度の貧困さを皮肉るのに使われていた。通産省の若手官僚たちは、こうした批判を背中で受けとめながら、一流国の証明としての自動車工業を、日本でも早急に育成したいと強く願望したのである。

国産乗用車不要論

一九五〇年四月十三日、時の日銀総裁・一万田尚登《いちまだひさと》の車中談が日本経済新聞に掲載された。車中談とは、要人が地方へ向かったりする列車の中で、同行記者にざっくばらんに話したことを指す。このとき、一万田は本音をつい口にしてしまった。

「輸出を伸ばすといっても、国際分業のたてまえに沿うべきで、たとえば日本で自動車工業を育成しようと努力をすることは意味をなさぬ」

一万田は、トラックはまだしも、乗用車を日本でつくるなんて非常識、乗用車はアメリカの中古を買えばよいとする考え方だった。いわゆる〝国産乗用車不要論〟である。一万田にしてみれば、世間も政府もごく普通に抱いている考えを、率直に言葉にしただけだった。しかし、インフレや財政赤字が深刻だった当時、日銀の役割は大きく、しかも、実力者で知られた元大蔵大臣・一万田の発言だっただけに、その波紋《はもん》は大きかった。

この発言の背景には、アメリカ軍人用に輸入された関税ゼロの外車が横流しされているという事情もあった。その数は、なんと国産車生産量の六倍にものぼっていた。氾濫《はんらん》する輸入中古車に、国産車はとても太刀打《たちう》ちできなかった。しかも、このころ日本人が所有していた普通乗用車は平均車齢が十五年を超えるほど老朽化《ろうきゅうか》しており、外車の大量輸入が不可欠といわれていた。

国産乗用車不要論的な見方は、初代のトヨペット「クラウン」が発売されて、国産車の水準もかなり上がってきた一九五〇年代後半ころまであった。とくに運輸省、国産車の最大のユーザーであり、高い耐久性を求めるタクシー業界のあいだに根強かった。

一九五二年七月二十六日、参議院で外車の輸入をめぐる運輸委員会が開かれた。国産車メーカーの首脳が顔をそろえる中、全国乗用自動車協会会長・新倉文郎は次のような辛辣《しんらつ》な発言をした。

「好きで、望ましくてこれ（国産乗用車）を買っているのかというとそうではございません。泣き泣き買っている。非常に搾取《さくしゅ》されて、暴利をむさぼられて、そうしてボロなものを押し付けられておる」

外車輸入業ヤナセを経営していた梁瀬《やなせ》長太郎も、容赦《ようしゃ》のない国産車批判を並べたてた。

「国産車の寿命というものは悲しいかな今はまことに短く、不完全なものであって、一年もたてばがたがたし始めて、二年もたてば寿命が終わるというふうに、みんな営業を長くした人間は思っております。

二百や三百作っても只のお稽古ごとで、向こうではプレスというようなぼこんぼこんと打ちあけたようなボディを作っている際に、こちらではハンマーでひっぱたいてでこぼこのボディを作って、横から見ると情けないような始末であります。（中略）算盤《そろばん》の合うトラック、バスでも精を出して作っていただいて、乗用車には手をお染めにならんほうが経済上却《かえ》ってよくもあり、国家全体としても又徳用である」

アメリカ車は性能も耐久性もはるかに優《すぐ》れており、しかも、価格が国産車より四〇パーセント以上も安かった。

この委員会には、豊田喜一郎の急逝によってピンチ・ヒッターとしてトヨタの社長となっていた石田退三も出席していた。トップ・メーカーのトヨタは、日産などのように欧米の自動車メーカーと技術提携を目指すこともなく、国産路線を決めていた。それだけに、苦労人で知られた老練な石田は、批判を一身に受けるかたちで次のように皮肉混じりに述べた。

「みなさまのご意見には十分に敬意を表し、ありがたくお受けいたします。今日は、たんなるつるし上げでなく、発奮の契機を与えられたものと考えます。近く必ずみなさまに満足していただける車をつくってごらんにいれます」

大見得《おおみえ》を切った石田の言葉には、わずかながら裏づけがあった。

日本的生産方式の模索

一九四九年から五〇年の半ばまで、日本全体がドッジ・デフレの嵐に見舞われて、中小企業はもとより、大企業の多くも倒産寸前の危機に瀕《ひん》していた。トヨタも例外ではなく、大量の人員整理によってかろうじて生き延びることになった。

ところが、人員整理を断行した二週間後に、海を隔てた朝鮮半島で朝鮮戦争が勃発《ぼっぱつ》、日本の自動車メーカーに米軍から軍用トラックの注文が大量に舞い込んだ。一転して繁忙をきわめ、巨額の利益が転がり込むことになったわけだが、トヨタはこの利益をつぎ込んで、設備の近代化五ヵ年計画に着手していた。

石田のもとでリーダーシップを握り、工場の近代化を進めていたのが、のちのトヨタ生産方式（カンバン方式、ジャスト・イン・タイム方式）を生み出した大野《おおの》耐一《たいいち》だった。

大野によれば、八〇年代に入って世界に普及することになるこのジャスト・イン・タイム方式は、自動織機の発明で有名な豊田佐吉の長男で、初代トヨタ社長の豊田喜一郎が口にした次のような言葉から出発したものだという。

「自動車をつくるには、ジャスト・イン・タイムで生産するのが、一番効率的なやり方である」

大野耐一

ようするに、「必要な品物が、必要なときに、必要なだけ」とする、無駄のない、効率的な生産のことである。この考え方は、日本的な経営風土に合ったオリジナルな方法を生み出そうとする試行錯誤の中から生まれてきた。

一〇〇〇万台以上の巨大なマーケットを持つアメリカの自動車メーカーなら、一種類の自動車を大量生産方式でつくっても売りさばくことができる。ところが、日本のマーケットは比べものにならないほど小さく、どうしても多種少量生産にならざるを得ない。したがって、アメリカの生産方式をそっくりまねても、在庫がたまるばかりで、結局は資金繰りを悪くし、経営を圧迫することになる。

条件が違うのだから、たんにアメリカのまねをしていたのでは、永久にアメリカには追いつけない。そこで思いついたのが、ジャスト・イン・タイムの考え方である。

当時、アメリカの工業生産性は日本の八倍以上もあった。それだけに、大野は次のような見方をしていた。

「その当時のトヨタが私のやり方をやってつぶれるならば、日産や他のメーカーもつぶれるに決まっている。と同時に、私のやり方でトヨタがうまく成功すれば、日本の自動車メーカーはみんな助かるのではないか」

大野はまた、「アメリカのまねではだめだ」とする姿勢のルーツは、豊田佐吉にあると指摘している。

技術後進国の日本にあって、豊田佐吉は明治から昭和初期にかけて、世界でもっとも生産性の高い織機を発明して特許を取得、欧米先進国に技術輸出した。その根底には、むき出しともいえる負けじ魂があった。佐吉は、「白人とは関係なしに、日本人の絶対の力のみをもって一大発明をとげよう」とする気迫で、仕事に打ち込んだ。

一九三五年十一月、東京・芝浦《しばうら》で開かれたトヨタ自動車試作発表会の席上で、喜一郎は五年

戦後初の乗用車。トヨタ「トヨペット」SA型1947年型

前に死去した豊田佐吉の遺言を初めて口にした。

「私は織機で国のためにつくした。お前は自動車をつくって国のためにつくせ」

一九三八年に喜一郎が国産大衆車開発の方針を打ち出したとき、その中の一項に次のような文言があった。

「生産の方法は米国式の大量生産方式に学ぶが、そのまままねするのでなく〝研究と創造〟の精神を生かし、国情に合った生産方式を考案する」

日本の国情に合った生産方式は、豊田佐吉の不屈《ふくつ》の精神と、それを受け継いだ喜一郎の考えに基づいていたが、それと合わせて、もう一つの要素もはたらいていた。

ドッジ・デフレに見舞われたころ、トヨタが意気込んで生産した車はさっぱり売れず、工場の敷地は在庫の山で埋めつくされた。そのため、資金繰りがつかず、倒産寸前に追い込まれ、大量の人員整理を余儀なくされた。喜一郎は責任をとって社長を退任した。「去るも地獄、残るも地獄」といわれる中、「もはやトヨタには望みがないし、日本の自動車工業も沈没だ」と見切りをつけて退職していく従業員も少なくなかった。

そんなどん底の中で、大野は在庫の山を目の前にしながらつくづく思った。

「つくりすぎは会社をつぶす。つくりすぎは罪悪だ」

ここから大野の試行錯誤がはじまったのである。

カンバン方式と多工程もち

大野がジャスト・イン・タイムの思想を具体化させるきっかけとなったのは、そのころ、アメリカで広く普及していたスーパー・マーケットの販売方式を耳にしたことであった。スーパー・マーケットは、必要とする品物を、必要なときに、必要な量だけ入手できる店である。

自動車などの工業製品では、前工程がつくったものを、つくったときに、つくった数だけ、後工程に押し込んでいくという、いわゆる〝押し込み生産〟が一般的だった。アメリカのフォード・システムも、この方式によって大量生産を行っていた。

ところが、大野が着目したスーパー・マーケット方式は発想が逆で、後工程のほうが、必要なものを、必要なときに、必要な量だけ、前工程に引き取りにいくという〝引き取り生産〟である。後工程が必要とするのは、製品が売れているときで、したがって、この方式なら、在庫が山積みになることがない。必要なだけ生産する注文生産と同じである。

異業種から得たヒントをもとに、アメリカ流大量生産方式を逆転させた発想で、フォード・システムを、さらに推し進めたものであり、日本の実情に即して、販売状況を念頭におきながら、作業とラインの同期化のあるべき姿を徹底して追求した結果である。

この後、この着想に、引き取る部品の数や時間が記された情報伝達の手段としての看板がつけられて、〝カンバン方式〟が完成する。

大野は、このスーパー・マーケット方式に加えて、〝多工程もち〟の方法も採用した。アメリカの生産性が日本の一〇倍なら、アメリカ人が一〇人でやることを、日本では一人でやれるような方式を生み出せば、なんとか肩を並べることができるのではないか、と考えたのである。

同じ車を大量生産するアメリカでは、作業員は与えられた一つの作業を繰り返しやっていればよい。だが、生産台数が少ない日本では、一人の作業者が一工程だけにとどまっていたのでは、手があいて無駄ができてしまう。その無駄を省《はぶ》くには、人員を少なくして、一人で複数の工程を受け持つようにすればいい。〝多工程もち〟なら、生産数量の変動に応じて、作業の種類を変えることができ、柔軟に対応できる。

アメリカの場合は、作業者を特定の作業に特化させて能率を上げようとする、単能工システムである。チャップリンの映画「モダン・タイムス」にも描かれているように、他の作業者の領分を侵《おか》さない仕組みになっていた。それに、全米自動車労組（UAW）との労働協定もあって、一人の作業者がいくつもの工程を受け持つことが困難な状況にあった。

もちろん、トヨタでも同じような問題がなかったわけではない。当初は労働組合側から、労働強化や組合つぶしにつながるとして、猛反対があった。しかし、大野は持ち前の粘り強さで労働組合や作業者を説得し、自ら率先して現場に張りつき、油まみれになって働きながら、ジャスト・イン・タイム方式の完成を目指したのである。

こうしたトヨタ独自の〝カンバン方式〟は、六〇年代半ばごろまでには、社内のほぼ全工場に導入されていった。

日本の国情に合った生産方式の完成に取り組んでいた一九五六年に大野は渡米し、GMやフォードの巨大な工場を見学した。大野もまた、日本から研修にきていた他社の技術者と同じく、その規模の大きさに驚かされた。その一方で、「あんなやり方で、これからも本当にだいじょうぶだろうか」とも感じたという。

アメリカの自動車メーカーは、在庫の山を抱えて資金繰りに困り、倒産の危機に瀕するという苦しい体験を一度もしていなかった。ところが、トヨタはその苦境から出発していた。大野は、「この違いは決定的に大きい」と強調している。

驚異的成長の源泉

敗戦後の貧しさの中にあった一般庶民は、日本もアメリカのような豊かな国になって、いつかマイカーを持てるようになりたいと願った。企業家たちは、日本でもアメリカのような大量生産工場を手に入れたいと思った。そして、官僚たちは、一日も早く一流国の仲間入りをするためにも、国内の自動車工業を育成したいと考えた。

こうした三者三様の自動車に対する夢が限りなく膨《ふく》らむ中、これを実現しようと、喜一郎や大野に代表されるように、日本的な生産方式を生み出そうとする粘り強い現場の取り組みが続けられていった。

これが、世界に例をみないほどの驚異的な高度成長を生み出すエネルギーの源泉ともなり、やがて、その旺盛なエネルギーが、世界一の自動車工業を生み出すことになるのである。

ベンツの復興とフォルクスワーゲンの躍進

クラフトマンの世界

次に、日本と同じく第二次大戦の敗戦国となったドイツの状況をみてみよう。

戦前からドイツの自動車工業は日本よりはるかに高水準の技術を持っていた。ベンツやBMWなどは、自動車より高い技術を必要とする航空機用エンジンや機体までも開発・量産していたのである。日本では、それほどの実力を持った自動車メーカーは存在していなかった。

もっとも、そんな伝統あるドイツでも、戦前には、アメリカのように自動車が大衆のものとはなっていなかった。マイカーが持てるのはほんの一部の富裕階級や貴族たちに限られていた。

そのため、自動車メーカーのほとんどは、中世から延々と受け継がれてきた手工業的な少量生産で、そこにはクラフトマンシップの伝統が息づいていた。

たとえば、ベンツ社の現場では、きびしい修業・訓練を経た者でなければ、車づくりに直接たずさわることはできなかった。熟練工の腕に頼った生産方式だっただけに、芸術品のような車は生み出せても、数は限られ、結果として量産技術は育たなかった。

それにひきかえ、新大陸のアメリカでは、工業化の進展に労働力の絶対数が追いつかなかった。熟練工はたえず不足がちで、さまざまな人種の移民や地方から都会に出てきた農民などの未熟練者に頼らざるを得なかった。そのため、部品の規格化、標準化を行って互換性《ごかんせい》を持たせるなど、素人《しろうと》でも仕事をこなせるように作業を単純化する必要があった。こうした環境から生まれた単能工が、大量生産を実現させていったのである。

ベンツの戦後復興

ベンツの第一号車が完成したのは、一八八六年だった。一九二六年にベンツ社とダイムラー社が合併して、ダイムラー・ベンツ社が誕生した。この一年前、アメリカのフォードがドイツに進出、GMもオペルを買収してドイツ市場に参入している。

ベンツの創立者たちが夢に描いていたのは、馬車にかわる衛生的な乗り物だった。しかし、ゴットリープ・ダイムラーが掲げた「最善か無か」とするスローガンにみられるように、完全を求める職人気質に基づいて生み出された高級車が、大衆相手の商売になるはずもなかった。

第一次大戦での敗戦時にはとくに直接的な被害を受けなかったベンツ社だが、ドイツの工業都市がことごとく廃虚《はいきょ》と化した第二次大戦での被害は甚大《じんだい》だった。一九四四年九月、ドイツ各地を空爆していた連合軍の爆撃機が、ベンツの工場を襲った。当時、軍用車両を中心としつつ軍用機のエンジンも生産していただけに、爆撃は激しかった。マンハイムの工場だけは二〇パーセント程度の破壊にとどまったが、その他の工場は、七、八割がた破壊された。

終戦後、ベンツの役員会は、いったんは会社の解散を宣言した。しかし、ベンツには、世界一の自動車をつくり出す技術が残っていた。アメリカに先がけて自動車を生み出したという誇りと伝統が残っていた。決定はくつがえされ、平和産業としての自動車生産の再開を目指して、まずは焼け落ちた工場の整理、被害を免《まぬか》れた機械の整備を開始した。そして、一九四七年には早くも戦後の第一号車であるベンツ170Vを完成させた。もっとも、それは戦前の型の

ベンツ「パテントモーターカー」1886年型

ままだった。

その翌年には、戦後開発の170S、170Dの二車種が新たに発表された。ベンツの生産は順調に伸び、一九四八年に二五〇〇台、四九年には一万七〇〇〇台にもはね上がった。

一九五一年には、戦前からの路線を踏《とう》襲《しゅう》した中級クラスの六気筒、一七〇馬力の220、高級車の300を発表して、今後の歩むべき道をはっきりと打ち出した。さらに、翌五二年には、十三年ぶりに自動車レースへの復帰を果たした。

ヨーロッパでは戦前から自動車レースが盛んで、最高峰のF1から地方の草レースにいたるまで、各社がスピードを競い合うことで、結果的に自動車技術を向上させていた。そして、大きな大会では、ベンツ車が圧倒的な強さを発揮していた。

敗戦からわずか七年にしてベンツ車はレースに復帰し、またも常勝を続けることで、意《い》気《き》消《しょう》

メルセデス・ベンツ「170S」1950年型

沈《ちん》していたドイツ国民に自信を取り戻すきっかけを与えることになる。

そして、六〇年代半ばから、ベンツは高級乗用車に特化した経営戦略を打ち出した。あえて、生産台数を需要よりも低く設定することで希少価値性を高め、そのことで高価格を維持しようとしたのである。

このため、一九六五年、傘下のアウトユニオンをフォルクスワーゲンに売却し、量産乗用車の分野から撤退した。それと同時に、クルップ・グループの商用車部門であるラインシュタール・ハノマークを買収して、大型バス・トラック部門でヨーロッパ最大のメーカーにのし上がった。

七〇年代、八〇年代を通じてつねに売り上げを伸ばし、世界の高級車メーカーとしての名声をさらに揺るぎないものとしていった。世界の顧客からのバック・オーダーを十分に抱えて、年間五〇万台ほどの中量生産をして高い利益を確保するという経営スタイルである。開発には十年をかけてじっくりと取り組み、日本のメーカーと違って、組み込む主要部品のほとんども社内で生産した。

ヒトラーの国民車計画

伝統的な自動車づくりが支配的だった戦前のドイツにあって、画期的な計画がスタートした。ヒトラーが提唱した国民車（大衆車）計画である。

その少し前の一九三四年一月十七日、ドイツ新政府はフェルディナンド・ポルシェから「ドイツ人民のための車」に関する詳細な設計案を受け取っていた。まもなくして、ヒトラーの意向を受けたドイツ自動車連盟とポルシェとのあいだで、十ヵ月以内に国民車のプロトタイプを完成させる契約が交わされ、計画がスタートした。

当時、民族意識の高いドイツの大衆は、ベンツ車のレース圧勝に熱狂していた。それだけに、街角を走る金持ちの高級車を羨望の眼で見つめ、あの流れるような曲線美の自動車を、自分もいつかは手に入れたいとの願望をつのらせていった。

大衆の心をつかみ、企図する方向へと嚮導《きょうどう》していくことにおいて天才的であったヒトラーは、彼らの自動車に対する羨望の念を見逃さなかった。当時、ヒトラーほど自動車にかんして先見性をもった指導者はいなかった。毎年、ベルリンで開かれた自動車ショーには必ず顔を見せていた。一九三四年のショーでは、次のような演説を披露している。

「自動車が特権階級の独占物であり続けるかぎり、ただでさえ限られた可能性しか持たない何百万という尊敬すべき勤勉かつ有能な同胞がこの交通手段からも排除されることになると考えることは苦痛であります。もし彼らが自由に車を使うことができれば、とりわけ祝祭日などに、彼らがいままで体験したことのなかったような大きな喜びを味わうことができるはずでありましょうに」

こうして、ヒトラーは「万人のための車」「国民の誰もが持つことのできる車」の生産を宣言するのである。

前年、ヒトラーは、ドイツ全土に大規模な高速道路を張りめぐらせるという、アウトバーン建設計画を発表し、実行に移しはじめていた。九月二十三日、工事現場に姿を見せた軍服姿のヒトラーは、真新しい黒革のブーツを泥だらけにしながら鍬入《くわい》れ式を行ってみせた。当時としては、人、馬車、自転車などを排除し、自動車だけを高速で走らせるための道路の建設は、世界的にみても画期的なことだった。

ヒトラーが目指す国家社会主義は、「一つの民族、一つの帝国、一人の総統」をスローガンとしていた。ドイツ全土を高速道路で結ぶことで、社会全体を平等で均一化することは、総統の一元的支配を貫徹する手段でもあった。

一九二〇年代のアメリカでは、農家に生まれたヘンリー・フォードが、ごく普通の農民や労働者でも持つことができる安価な自動車の大量生産を目指して、T型フォードの生産を推進していた。そんなフォードを賛美していたヒトラーは、一九三三年二月十一日、ベルリン・モーターショーの開幕にあたって、ドイツ版T型フォードともいうべき国民車（フォルクスワーゲン）の生産計画をぶち上げたのである。

この車は、ベンツ車のように優雅ではなかったが、安価で経済性に優れ、しかも安全で堅牢《けんろう》であるべきとされた。

"ビートル"誕生

ドイツ自動車工業は本音からすれば、この国民車計画には反対だったが、正面から批判することもできず、煮えきらない状態だった。そんな態度に業《ごう》を煮やしたヒトラーは、政府の管轄省庁の頭ごしに、ポルシェに直接きびしい条件を突きつけた。

「大人二人と子供三人が乗れるスペース、燃費は一リットルあたり一四・三キロ以上、メンテナンスが容易であること」

オーストリア生まれの天才的な自動車技術者だったポルシェ自身、富裕階級だけを相手にするドイツの車づくりに批判的で、一般大衆も自動車を手にできる時代がくるべきだとの信念を抱いていた。ヒトラーから国民車開発を命令される以前に、「大衆のための小型車こそが未来を開く」との信念のもとに、すでに似たような計画を持っていた。

しかし、そんなポルシェをもっとも悩ませた要求は、「一〇〇〇マルク以下」という低価格だった。そのころ、どんなミニカーでもこの一・五倍はしていたからだ。しかも、十ヵ月で完成させよというのである。

一九三四年六月二十二日、ドイツ自動車産業連盟（RDA）とポルシェとのあいだで国民車の設計・試作にかんする正式契約が結ばれ、引き続き年産一〇〇万台を目指す工場の定礎式も行われた。ポルシェは若手の技術者らとともに、自宅のガレージを仕事場として、夢の実現に向けた開発に没頭した。

しかし、生産設備の建設は、暗礁《あんしょう》に乗り上げた。RDA加盟企業が大衆車用生産設備の建設に二の足を踏んでいたからだ。できるだけコストを切り詰めるには量産技術が不可欠だが、当時のドイツにはそれがなかった。

ポルシェはこの問題を解決するため、アメリカに渡ってフォード社に足を踏み入れ、快く受け入れられた。量産技術を学んだポルシェは帰国した後、年間一〇〇万台の生産計画を打ち上げた。

しかし、国民車の開発は困難をきわめ、やっと試作車のVWシリーズ3が走りはじめたのは、ヒトラーが要求した「十ヵ月以内」をはるかにオーバーした一九三六年秋だった。

重厚さや豪華さはなかったものの、当時の流行となっていた流線型のなめらかな曲線に包まれたスピード感あふれるスタイリングは、民衆の心をつかむのに十分な条件をそなえていた。

余談になるが、一九三六年六月にポルシェが手がけた第一号試作車の完成を祝う式典が行われ、ドイツと友好関係にあった日本の駐独大使館員も招待された。このとき、たまたま鉄道省の在外研究員として鉄道技術者・島秀雄がベルリンに派遣されていた。

島は戦後、世界における超高速鉄道の幕開けの役を果たした新幹線の開発責任者として技師長をつとめた人物である。戦前には、D51など日本を代表する機関車を次々と設計した日本の第一人者だった。

大正末期から昭和初期にかけて、フォードやGMの日本進出で壊滅的打撃をこうむったとき、陸軍と商工省が音頭《おんど》をとって国内自動車工業の再興に取り組むことになった。このとき、鉄道省に所属する優秀な機械技術者たちが中心的な役割を果たした。このプロジェクトにあたって、設計責任者として腕をふるったのが島である。彼らによって開発・設計されたのが〝標準自動車〟で、これが先がけとなって、以後、日産や石川島、トヨタなどが国産自動車の開発を本格的に手がけるようになる。

そうしたいきさつがあっただけに、島は自動車にも強い興味を持っていたし、当時の技術者には珍しく、自分で運転もできた。折しも、ドイツでは各地でアウトバーンが次々に完成していた。島はそのたびに事務所のオペルを借り出しては、時速一〇〇キロを超すスピードで走りまわって、ドイツ滞在を満喫したという。

そんな折、頻繁《ひんぱん》に出入りしていた大使館から、お声がかかった。

「ドイツ最初の国民車ができたからお披露目をするとの招待状が数枚届いた。あいにく用があって出席できない人がいるので、よかったらあなたも出席してみませんか」

もちろん二つ返事でOKし、島は式典に臨《のぞ》んだ。目の前で、いかにも満足げな表情のヒトラーがテープ・カットを行った。島は当時を振り返りながらこう述べている。

「ずいぶんいろんなことをやる偉い指導者だなあと感心していた。ぼくみたいな、なんだかよくわからないものでもヒトラーに対してそう思うのだから、軍人さんなんかが見ると、日本の自分たちの仲間がやっていることより、もっとすごいことをやっていると思ったんでしょう。日本大使館の大島（浩）大使にしても、きっと、それでやられちゃって、礼賛したのでしょう」

あるいは、こうも述べている。

「ヒトラーがそれほど悪い奴のようには見えなかったが……それに、ドイツはどこの町に行っても清潔で、みんな勤勉に働いていました。もし、あのあと戦争をしないで、そのまま国の建設を進めていたら、すごい国になっていたでしょう」

一九三八年七月三日、最初の国民車VW38が披露された。「ニューヨーク・タイムズ」はこの車のスタイルに皮肉を込めて、〝ビートル〟（かぶと虫）とのニックネームを進呈した。しかし、実際にVW38のハンドルを握って走行テストをしたジャーナリストたちはこぞって、「この強さは芸術品といえよう」と絶賛した。

〝強さと喜びの車〟貯蓄プラン

一九三八年九月十六日、国民車を開発するための国営企業、フォルクスワーゲン社（VW）が設立された。とりあえず三〇台がベンツの工場で限定生産され、ナチス親衛隊によって過酷《かこく》な運転試験が続けられた。総走行距離は二四〇万キロに達したという。量産するだけに、膨大《ぼうだい》な走行距離をこなして、耐久性を実証しておく必要があった。この姿勢は、戦後のフォルクスワーゲンにも受け継がれていく。

こうして一九三八年、量産に向けた最終的プロトタイプが完成したわけだが、同時に、国民車に対する既存自動車メーカーからの反発も強かった。あまりに低価格で大量生産されれば、自分たちの経営が脅《おびや》かされるのは必至だったからである。

この猛反対に、さすがのヒトラーも対応を迫られ、世界最大の量産工場を独自に建設することにした。こうして、ヒトラーによってKdFと名づけられた国民車を生産するための工場が、ヴォルフスブルクに建設された。

KdFがいかに安価とはいえ、当時の労働者の給料からすれば、やはり高嶺《たかね》の花であることに変わりはなかった。当時、ドイツでの車の普及率は、四九人に一台だった。そこで、当時としては珍しい方策が打ち出された。〝強さと喜びの車〟貯蓄プランである。

ドイツ労働戦線の組合員になり、毎週の給料から五マルクずつ積み立てていけば、四年七ヵ

フォルクスワーゲン「VW38」

月後に九九〇マルクに達する。そのとき、車が引き渡されるという仕組みである。夢の実現のために、労働者はおのずと倹約し、勤勉に働くことになる。ヒトラーはここでも大衆の心をうまくつかんでいた。

この積立方式は広く国民に受け入れられて、数年にして三三万六〇〇〇人の応募をみた。ところが、その合計額が二億八〇〇〇万マルクに達したところで、第二次大戦が勃発した。もはや国民車どころではなく、軍需生産が最優先されるようになった。あとわずかでマイカーを手にできるはずだった大衆の夢は、無惨にも打ち砕かれてしまった。KdFを生産する予定だった工場では、軍用のジープ型車両に衣替えした「キューベルワーゲン」がラインに流れていた。これは、終戦までに約六万五〇〇〇台が生産された。

めざましい復興をとげたフォルクスワーゲン

目を見はるばかりの技術進歩を果たし、産業を発展させたドイツだったが、六年におよんだ第二次大戦の戦火によって、国内は廃虚と化し、しかも東西に分断された。だが、量産間近だったプロトタイプのＫｄＦと、総延長三五〇〇キロにおよぶアウトバーンは、ヒトラーの遺産として残り、やがてドイツにも訪れるモータリゼーションの牽引《けんいん》力の一つになっていく。

軍需工場に転換していたヴォルフスブルクのフォルクスワーゲンの工場は、連合軍の空爆によって三分の二が損壊したが、連邦政府とニーダーザクセン州政府の所有する国営の有限会社として再建されることになった。

東ドイツとの国境近くにあったこの工場は、イギリス軍の管理下におかれたが、ＫｄＦの形状がいかにも奇妙に映ったらしく、同軍の上層部はなんら興味を示さなかった。ただ、この工場の管理責任者となった元エンジニアの英軍大佐は、ドイツ駐留英軍が車両の不足に悩まされていたこともあって、工場に残っていた部品を使ってＫｄＦを組み立てることを許可した。

こうして、洞窟や農家などに疎開させていた工作機械を工場に戻し、生産を再開することになり、一九四五年にはＫｄＦの軍用バージョン九〇〇台が生産され、翌年までに合計で約二万台に達した。

一九四八年、工場の管理運営権がドイツ人の手に返還され、戦時中にオペルでトラック工場を指揮していたハインツ・ノルトホフ博士が、手腕を買われて社長に就任した。彼は戦前、ＢＭＷにあって航空機用エンジンの設計を担当し、その後、アメリカに渡ってＧＭで生産管理を習得していた。量産を前提とするＫｄＦの生産を指揮するには、まさに適役だった。戦前に設計されたＶＷ３８を綿密に検討したノルトホフは、そのまま量産体制に乗せる決定を下した。

すでに十分な運転試験もこなしていたＶＷ３８の生産は、ほとんど問題なく進み、一九四八年中には早くも二万台が生産されて、ドイツ製乗用車の六四・四パーセントを占めた。翌四九年は四万六〇〇〇台、五〇年には九万台余、そして、一九六一年には一〇〇万台を突破。やがて、世界のベストセラー・カーにのし上がっていく。

ハインツ・ノルトホフ博士

折しもセカンドカー・ブームとなったアメリカへの輸出はすさまじかった。アメリカの輸入車ではつねにトップを走り、その勢いは日本車に追い越される七〇年代半ばまで十五年間も続いた。日本車メーカーと違い、五〇年代には早くもアメリカ、カナダに販売拠点を持ち、ブラジル、オーストラリアで現地生産を開始している。

一九六〇年には、連邦政府が二〇パーセント、ニーダーザクセン州が二〇パーセント所有する準国有の株式会社に改組した。一九七三年、〝ビートル〟の累計生産台数は一五〇〇万七〇三三台を突破して、T型フォードがつくった記録を破ることになる。

フォルクスワーゲンは生産を一車種に絞ることができたため、きわめて効率的な大量生産体制を築き上げ、ヨーロッパの中でもっとも優れた量産技術を蓄積することができた。

一般的には、戦争によって壊滅的なダメージをこうむったドイツの復興は、当分のあいだは困難とみられていた。ところが、ドイツの産業は急激な立ち上がりをみせた。その牽引役を担ったのが自動車工業であり、高級車のベンツ、BMWと、量産型大衆車のフォルクスワーゲンである。ことに、大衆車〝ビートル〟はワールド・カーの地位を獲得した。

そして、ベンツやBMWが同クラスの国民車を新たに開発しても対抗できるはずがなく、ドイツ国内ではおのずと棲《す》み分けができ上がった。

ベンツとフォルクスワーゲンに代表されるこの二つの自動車づくりの手法が、戦後まもない時期に早くも成功をおさめたことから、ドイツの自動車産業は自信を深め、両社とも以後五十年にわたって、自らの手法を大事に守り続けることになる。

一方、国内の市場をみると、もう一歩のところまできたドイツのモータリゼーションも戦争によって消えてしまったが、ドイツ人たちは荒廃《こうはい》した国土と敗戦後の窮乏生活の中で、マイカーへの思いを持ち続けた。それが、戦後復興に向けたエネルギーとなり、彼らの勤勉さの支えとなった。その夢の実現までに、終戦から十年の歳月が必要だった。そして、戦前と同じスタイルの〝ビートル〟を購入したとき、彼らはドイツの復興を実感した。
一九五〇年代半ばには、ドイツは早くも戦勝国のイギリスやフランスを追い越し、アメリカに次ぐ世界第二位の自動車生産国に躍進していたのである。

アメリカ〝ビッグ3〟の経営者魂

終戦の日の紙吹雪

日本が無条件降伏した日、アメリカの街角のあちこちで紙吹雪が舞った。それは、ニューヨーク五番街における祝勝パレードで、高層ビルの窓から降り注いだ紙吹雪とは性格を異にしていた。戦時中に配付されたガソリンの配給帳がもはや必要なくなり、それまでの不自由さを憤《ふん》懣《まん》とともに吹き飛ばす思いで破り捨て、まき散らした紙屑《かみくず》だった。

アメリカの自動車メーカーは、日米開戦直後の一九四二年初頭から終戦の一九四五年まで、乗用車の生産ができなくなり、かわりに航空機や戦車などの軍需品の生産に追われた。鉄やタイヤ用ゴムなどの原材料がもっぱら戦争目的のみに使われ、ファミリー・カーにまではまわってこなくなったからである。

アルフレッド・スローン

アメリカ国民はマイカーの買い替えができなくなり、それまでなら廃棄《はいき》していた車をなんとか修理して使っている状態で、保有台数もしだいに減っていった。戦前、すでにモータリゼーションを体験しており、しかも個人主義的傾向が強いアメリカ人にとって、行きたいときに、行きたい場所に行く自由を制限されることは、手足をもがれるに等しかった。

そのため、日本の降伏を聞くや、彼らは待ってましたとばかり、ガソリン配給帳を破り捨て、われ先に自動車ディーラーに駆けつけて新車を注文したのである。

米自動車業界の機動性

終戦の二年前、アメリカ最大の自動車メーカーであるGMのトップ、アルフレッド・スローンは全米製造業者協会で、自動車メーカーは戦後を念頭において生産計画を進めるべきだと演説し、乗用車やトラックの大量生産再開の準備を業界にうながしていた。スローンは日本の真珠湾攻撃の三日前、一九四一年十二月四日にすでに同協会で「産業の戦後における責任」と題する演説を行うなど、ヨーロッパでの大戦、日本との開戦、そして勝利を当然視して、早くから戦後を見すえていた。

だからといって、GMが戦争遂行に非協力的だったわけではない。それどころか、日米開戦となるや、GMは国家の要請にこたえて乗用車の生産をすべて停止し、軍需生産に全面転換、民間会社としては世界最大の兵器生産会社に変貌した。GMが生産したのは、水陸両用トラック、航空機やそのエンジン、装甲車、銃砲、弾丸、その他の部品だった。

GMは日米開戦以前から軍需生産への転換に向けて準備を進めていたわけではなかった。一九四〇年から開戦の年四一年にかけても、平時と同様に自動車の生産を行っていた。この事実は、いったんなすべき目標が与えられたときの機動力と実行力がいかにすさまじいかを物語っている。開戦となるや、ルーズベルト大統領は五万機の航空機生産を要求した。この数字には実質的な根拠はなく、ただ第一次大戦時の倍の数字を提示しただけで、だれも実現できるとは思わなかった。ところが、巨大化していたGMなどの自動車メーカーは、手づくり的な少量生産の航空機に自動車の大量生産方式を導入することで、これを実現したのである。

アメリカの自動車業界では、ヨーロッパや日本より二十年以上も先だって大量生産体制を確立していた。だから、政府の要請によって軍需品の生産に大転換するや、その力を遺憾《いかん》なく発揮した。アメリカの勝利の要因として、豊富な資源はもとより、原材料および部品工業などの裾野《すその》が広い自動車産業を動員して生産を飛躍的に増大させたことが大きく作用している。巨大な図体を持ちながら、工場のすべてをわずかな時間で一変させてしまうことのできるアメリカ自動車産業の底力を、日本の軍部は十分に認識していなかったのである。

終戦後の対応も同じだった。スローンは次のように記している。

「日本の降伏直後、われわれはもちろん、約一七五億ドルに上る軍需発注について、なだれのような契約打切りに見舞われた。終戦が突如としてやってきたため、平和産業への秩序立った移行は不可能になり、また、書類事務（その大半は契約打切りにともなうクレームにかんするもの）に忙殺された。われわれは、また突然、全米に散在するGM工場の再建という膨大な仕事に直面した。軍需品在庫を一掃するのに九〇〇〇両分の貨車が必要であり、政府所有の機械設備を処分するのに、さらに八〇〇〇両分の貨車が必要だった。他方では、われわれは、民需生産のため、工場設備の再建に突入していた。

全体としてみた場合、雑然としていたが混乱は生じなかった。すでに立てられていた計画と軍の協力により、工場の設備や再転換の期間はきわめて短縮され、日本降伏から数えて四五日目には、GM最初の自動車が生産され、出荷された」（『GMとともに』）

終戦後の軍需から民需への転換がもっともスムーズにできたのは、スローンが率《ひき》いるGMだったが、それでも、生産規模が大きいだけに、体制をととのえるまでにはいささかの時間を要した。つくってもつくっても膨張する需要に供給が追いつかず、部品不足は一九五四年ぐらいまで続いた。「キャデラック」の部品不足にいたっては、さらに三年ほど続いた。

まさにアメリカの自動車は売り手市場で、動きさえすればどんな車でも売れたといわれる。

黄金の五〇年代

アメリカにおける一九四六年の乗用車生産は三二五万台と、一九二九年以来、最高の数字を記録した。ちなみに、一九四五年はわずか七〇〇台だった。そして、一九四九年には五〇〇万台を突破、トラックなどを含めると六〇〇万台に達した。翌五〇年には八〇〇万台にもおよんでいる。自家用車の登録台数では、終戦の年は二五五〇万台だったが、十年後にはその二倍を記録。その後の十年間では、さらに二〇〇〇万台が増えている。一九六〇年の時点で、アメリカの総世帯数の五分の四が自動車を保有していたことになる。

戦前、GMやフォードはヨーロッパや日本に進出して、一時は世界の市場を制覇《せいは》する勢いだった。だが、戦後は国内需要をまかなうだけで手いっぱいの状態が十年以上も続いた。

この間、パッカード、ナッシュ、スチュードベイカー、ハドソン、ウィリスなどの独立メーカーは、規模が小さいだけに立ち上がりも早く、生産量を増やし、一九四九年時点で全体量の五〇パーセントを占めるまでに成長した。

しかし、巨体の〝ビッグ3〟は、立ち上がりこそゆったりとしたものだったが、ひとたび体制をととのえて走り出すと、量産効果による利益率の差から圧倒的な強さを発揮した。たちまちにして中量、少量生産の独立メーカーの経営は悪化、倒産あるいは〝ビッグ3〟に吸収されることになった。こうして、業界の寡占《かせん》化が一挙に進んだ。

〝ビッグ3〟はさらに自信を深め、そのおごりの姿勢が、価格設定や生産する車にも端的にあらわれるようになった。それは、一九八〇年代後半から九〇年代初頭にかけてのバブル期の日本の自動車メーカーの態度と似ていた。その時期、日本車はアメリカ市場を席巻《せっけん》し、国内でも販売台数を急激に増やした。それにともなって、彼らが生産する車は豪華になり、これでもかといわんばかりに、さまざまな付属装置や備品が加えられた。大型志向を強め、当然、価格も上昇した。

五〇年代のアメリカ車は、バブル期にみられた日本車の贅沢路線を何倍も上まわっていた。いまのアメリカ人が盛んに懐かしんでいるところの、〝黄金の五〇年代〟の現出である。

平和な時代の到来によって、米政府は軍備支出のためにあとまわしになっていた国内の高速道路網や国立公園の整備に大々的に乗り出した。それまで道路の整備が十分でなかったため、広大な国土を縦横に移動することはむずかしかった。鉄道に依存する割合も高かった。それが、高速道路網の整備によって可能になった。

自動車メーカーは盛んに遠距離ドライブの楽しさを宣伝した。都市に住む人々は、田舎の風景やロッキー山脈やグランドキャニオンなどの大自然に憧れていた。一方、農村で孤立した生活をしていた農民たちは、都会に憧れていた。こうした国民の欲求が、マイカーの購買意欲に拍車をかけた。平和な時代となって、個人の信用も増し、月賦販売が主流となったことで、さらにマイカーの普及を促進した。

黄金の50年代のアメリカ車を代表するGM「キャデラック」。
当時のパンフレット

このようにして、自動車はたんなる輸送手段の一つとしての域を超え、生活の豊かさや楽しみそのものを提供する必需品となっていく。それにつれて、社会的にも、人々の意識の中でも、自動車が大きな位置を占めるようになる。やがて、自動車が持ち主のプレステージをあらわすものとして意識されるようになり、できるだけ豪華な車を持ちたいと望むようになる。

アメリカの五〇年代は、諸条件が合致して、そうした傾向が極端に表出した時期だった。低価格帯の車でも、いたるところにけばけばしいクロム・メッキのモールで縁どりがされた。派手な塗装がほどこされ、ボディもツートンで飾られるのが主流となった。エンジンの馬力は必要以上にアップされ、毒々しい排気ガスとけたたましい騒音を街角にまき散らすようになった。

パワー・ブレーキ、自動変速機、ラジオ、クーラーなどもオプションとして追加され、〝走るジュークボックス〟と揶揄《やゆ》されたりもした。形状も流線型が主流となった。それは、レシプロ機からジェット機へ移行して飛躍的に速力を増し、技術進歩の代名詞ともなっていた飛行機の形状からヒントを得たものだった。

流線型のボディの後部両サイドに、性能的にはまったく意味のない翼のような尾ひれがつけられた。この尾ひれは、年を追うごとに大きくなり、上にはね上がるようになった。そのうしろには目立つテールランプ群がずらりと並ぶようになった。

低価格帯の車が大型化すれば、中級、高級車はさらに豪華に、大型化しなければ差別化が図れない。かくして、「ガソリンをがぶ飲みする怪獣」とまで言われるようになった。いまからみれば、いかにも滑稽《こっけい》に思われるありさまだが、この時代にはそれがアメリカ人のステータス・シンボルとなっていたのである。

スローンとフォード

五〇年代にエスカレートした金ぴかの成金《なりきん》趣味には、このリーダーシップをとったスローンでさえ目をそむけるほどだったが、この路線を先頭に立ってリードしていたのは、やはりGMだった。

一九二〇年代、GMのスローンは、「あらゆる所得階層とあらゆる目的のための乗用車（どんな財布にも、どんな目的にもかなった車）」とする、価格帯を段階的に分けて、それに応じた車をそろえるフルライン方式を経営戦略の基本にすえた。

買い替えのたびに上級車へとユーザーを誘導していくマーケティング手法によって売り上げを飛躍的に伸ばし、それまで独走していたフォードの追い落としに成功した。

それに対し、一九二〇年代半ばまでのフォードは、なぜかT型フォードに固執した。たしかにT型フォードは合計一五〇〇万七〇三三台も売りさばいた世界初のワールド・カーである。せっかくつくり上げた大規模な量産ラインを変えたくないという事情もあった。だが、理由はそれだけではなく、創設者ヘンリー・フォード自身の生い立ちや車づくりに対する夢や信念があった。

アメリカの開拓農民や牧場主にとって、頑丈なT型フォードは、未舗装のでこぼこ道を走るのに最適だった。デトロイト近郊の農村ディアボーンに生まれたヘンリー・フォードは、機械いじりの好きな少年だった。そのころの農村には、馬車以外に文明の香りを放つものはなにもなく、大地と格闘する質素な暮らしだった。

農業に見切りをつけてデトロイトに出たフォードは、発明王トーマス・エジソンが創設した

ヘンリー・フォード

エジソン電気会社の技師長をつとめながら、持ち前の好奇心から、自宅の馬車小屋でガソリン自動車を自作し、デトロイトの街中を走りまわっては楽しんでいた。やがて自動車会社を興《おこ》し、試行錯誤を重ねながら画期的な自動車の量産ラインを生み出した。

広大なアメリカでは、農民が都会へ出かけるにはあまりにも遠く、収穫した作物を出荷するのも不便で、自給自足に近い生活だった。そんな時代に、フォードが送り出した比較的安価なT型フォードは爆発的に普及し、アメリカの自動車の三分の二を占めるまでになった。

一躍、自動車王として名をとどろかせ、大資産家となったフォードだが、彼がつねに念頭においていたのは、農民のための自動車の生産だった。

標準化を徹底的に推し進めた一車種の基本モデルを大量に生産して広くいきわたらせれば、農民の暮らしも便利になる。それに、車を生産している労働者たちもマイカーを持つことができるようになる。これによって生産台数がさらに増大すれば、より量産が可能になり、価格も安くなる。

一九二〇年代初めには、T型フォードがアメリカ市場の六〇パーセントも占めるにいたっ

初期の「T型フォード」製作風景

た。一九〇八年に設立されたGMのシェアは十数パーセントにすぎなかった。ところが、T型フォードが広くアメリカに普及して市場が成熟すると、買い替え需要が中心となった。

アメリカ経済は好調で、中間層の所得も増え、耐久財の消費ブームに沸いていた。ふところが豊かになると、人々は質実剛健《しつじつごうけん》が売り物のT型フォードには物足りなさを感じるようになる。そこで、GMが新たに打ち出したのが、買い替え需要に対応した、モデル・チェンジを次々に行って高級車から大衆車まで幅広くそろえるという戦略である。

GMは生産車種を、高級車の「キャデラック」、中級車の「ビュイック」「オールズモービル」「ポンティアック」、大衆車の「シボレー」と、五段階に分けた。スローンが打ち出したこの戦略は見事に的中し、アメリカ人の心をつかんだ。たちまち、買い替え需要を呼び起こし、T型フォードからGMの車に乗り換える消費者が急増した。

一九二〇年代半ばともなると、不動と思われていたT型フォードの売れ行きは激減、在庫の山となって、とうとう一九二七年五月には生産中止の決定が下される。以後、今日までGMの天下が続くことになる。消費者の需要を敏感につかみ、新商品の企画を立てていくマーケティング手法が、〝黄金の五〇年代〟にも遺憾なく発揮されたのである。

小型化への回帰

車が大型化し、デラックスになれば、振動も少なく、乗り心地はよくなる。しかし、資源や環境問題の立場からすれば、有害無益な浪費以外のなにものでもない。経済、環境への影響が大きい自動車産業だけに、たとえ大国のアメリカといえども、いつまでもこうした傾向が長続きするはずはなかった。

アメリカのよさは、政治、経済、宗教、消費などにおいて、一つの方向にエスカレートしすぎると、必ずその反動が起こり、振り子のように逆方向へと向かわせる力が働くことである。このときもそうだった。

一九五七年になると景気がやや後退し、それにともなって、アメリカ人は財布の紐《ひも》を引き締めるようになった。マイカーについても、コンパクトな車を好むユーザーが増え出した。

だが、〝ビッグ3〟は相変わらず競って大型化した車ばかりを売り出していた。その間隙《かんげき》を縫って、〝ビッグ3〟に次ぐアメリカンモータースがそれまでの路線を一変させた。資本規模からして、〝ビッグ3〟に追随して大型投資をし、大型化競争にしのぎをけずっていたのでは、とても太刀打ちできないと判断したのである。

大型化のエスカレートによって、コンパクト・カー（とはいえ、二〇〇〇～三〇〇〇cc）に空白が生じた。アメリカンモータースはこの分野に絞って商品を投入し、新しい需要の掘り起こしに成功したのである。

アメリカンモータースのコンパクト・カーよりさらに小型の領域にも、アメリカ人はしだいに目を向けるようになった。とくにヨーロッパからの輸入小型車がよく売れるようになった。

こうして、〝ビッグ3〟が大型化にうつつを抜かしていたあいだに、アメリカの国内市場に対する輸入車の侵食が徐々に進行していった。

根強い〝ビートル〟人気

一九五七年十月四日、ソ連がアメリカに先んじて人工衛星「スプートニク」一号の打ち上げに成功し、アメリカ人に大きな衝撃を与えた。経済のみならず、科学技術においても世界一の大国と思い込んできた彼らのプライドは、打ち砕かれてしまった。

第二次大戦に参戦した諸国の中にあって、本土を爆撃されることのなかった唯一の大国として、アメリカは繁栄を謳歌してきたが、その凋落《ちょうらく》を予兆するかのような出来事だった。

いすゞが国産化したイギリス車「ヒルマン」

当時すでに、国際収支の赤字にともなって、ドルの威信は低下しつつあった。それと反比例して、ソ連の発展が喧伝《けんでん》された。さらには、第二次大戦で国土を荒廃させたヨーロッパ諸国の回復基調が本格化し、台頭が目立ってきた。

国力に危機感を抱いたとき、しばしばナショナリズムや回帰思想が頭をもたげてくる。アメリカでは、ピューリタニズムに基づく禁欲主義、あるいは開拓時代の質実をモットーとする生活姿勢が見なおされるようになった。その波は浪費の象徴と映っていた自動車の世界にも押し寄せてきた。

一九五〇年代のアメリカ民衆の心理状態を「孤独な群衆」としてまとめあげたデービッド・リースマンは、『何のための豊かさ』の中で、次のように述べている。

「今日の自動車のなかで、ヴェブレンに軽蔑さ

GM「コルベア」1960年型

れないものがあるとしたら、おそらくそれはジープか、フォルクスワーゲンであろう」

当時、流行した禁欲主義の旗頭《はたがしら》となったヴェブレンを皮肉っての言葉である。

この時期、販売台数を飛躍的に伸ばしたのが、経済性だけでなく、性能や乗り心地などトータル・バランスに優れた質実なフォルクスワーゲンの〝ビートル〟だった。また、イギリスのヒルマン、モリス、フランスのルノーなどもそれに続いた。一九五五年にはわずかしか輸入されていなかったヨーロッパ車が、一九五九年には六一万台に達して、新規登録の一〇パーセントを占めていた。

こうした消費者の嗜好の変化に対して、〝ビッグ3〟もようやく反応しはじめ、積極的にコンパクト・カーを手がけるようになって、一九五九年にはGMが「コルベア」、フォードが「ファルコン」、クライスラーが「バリアント」を相次いで発表した。これらは輸入車よりも値段が高く、やや大きかったが、アメリカ国民が待望していただけに、爆発的な売れ行きとなった。

それにつれて、小型輸入車は、景気の回復もあって総崩れとなり、軒並み台数を減らして下火となるが、フォルクスワーゲンだけは例外だった。アメリカでの〝ビートル〟の販売台数は、一九五四年の三万七〇〇〇台から増え続け、一九六八年には五六万台に達して、〝ビッグ3〟に次ぐ供給者となった。

忍び寄る日本車の波

六〇年代のアメリカでは自動車の複数所有が進み、用途あるいは世代に応じた多様化、多層化が急速に進むことになる。ことに、小型車は女性や若者向けのセカンド・カー、サード・カーとして購入された。

〝ビッグ3〟はコンパクト・カーを含め、多様化するフルライン政策を推進したが、アメリカでいう小型車とは二〇〇〇〜三〇〇〇ccクラスで、五〇〇〜一四〇〇ccのヨーロッパ車よりはるかに大きかった。しかも、コンパクト・カーの競争が激しくなると、またも大型化し、六〇年代後半にはその反動で再び輸入車が増えてくる。

輸入車の中では、フォルクスワーゲンが相変わらず独走していたが、やがて「ブルーバード」「コロナ」「カローラ」などの日本車が急増することになる。

第二章　問われる企業責任

国民車構想の波紋

海を渡った「クラウン」

一九五七年春、自動車王国アメリカにあって、直線的なスタイルの大型車に隠れながらも粛《しゅく》然《ぜん》と走るフォルクスワーゲンの〝ビートル〞をじっと見つめていた日本人がいた。

この年、三度目の渡米を果たしたトヨタ自動車販売社長・神谷《かみや》正太郎《しょうたろう》である。〝販売のトヨタ〞を築き上げ、〝販売の神様〞との異名をとった神谷は、次のように記している。

「一昨年再遊した時におやと気がついたのが、アメリカ市場における欧州小型車の存在であった。それが本年四月戦後三度アメリカに行って、短期間の滞在だったが、この小型車の進出の

神谷正太郎

目ざましいのを現実にはっきりと感じたのである。例えばニューヨーク近郊の朝まだき、都市の夕暮れ時など、きらびやかなアメリカの大型車に混じって質朴なスタイルを持った欧州の小型車、特に西独のフォルクスワーゲンがアメリカ市民の生活に浸透しつつあるのを、私は日常茶飯事の中に見出したのである。主婦らしい中年の女性や、男女学生が多かった。ちょっとした買い物や、近所への訪問や用達に気軽にハンドルを握っている風情であった」（『トヨタ自動車』）

二年前の一九五五年一月七日、トヨタの新時代を画した初代トヨペット「クラウン」が発売された。ようやく欧米に通用する国産乗用車が誕生したとしてもてはやされ、好評を博《はく》した。この翌年、『経済白書』は「もはや戦後ではない」と宣言し、戦後の混乱期を脱して新しい時代へ向かっていることを強調した。

「小型車ブームといわれるアメリカへ、私の夢は早くから飛んでいた」という神谷は、アメリカからの帰途、「絶対にいける」との確信を持っていた。そして、帰国するや、神谷はトヨタ自販の役員会で、「なんとしても対米輸出を実現させたい」との決意を披瀝《ひれき》した。ワンマン社長の唐突な言葉に、出席した役員たちは唖然《あぜん》として、ただ聞き役にまわっていた。

初代トヨペット「クラウン」

「フォルクスワーゲンの売れるところで、日本の車が売れないはずはない」との思いを抱きはじめていたトヨタ自動車工業社長・石田《いしだ》退三《たいぞう》の賛同も得て、一九五七年八月、神谷の夢を乗せた「クラウン」が太平洋を渡ることになった。

「クラウン」のサンプル・カー二台が横浜港からロサンゼルスに向けて出航しようとする歴史的瞬間を目のあたりにして、神谷は思った。

「私の夢を乗せたクラウン乗用車が海を渡った。日本に国産乗用車が誕生して、二十年そこそこで、業界最大の夢が実現したのである。これまたトヨタにとっては喜一郎の夢が実現したことにもなるのである。ゼネラル（GM）からトヨタにはいって、国産車の苦難期を身をもって味わってきた私

にとって、国産乗用車の対米輸出が実現できたことは、〝自動車の鬼〟喜一郎の夢想と併せ無量の感がある」（前掲書）

「小型車をつくってアメリカに輸出したい」というのは、トヨタの創立者・豊田《とよだ》喜《き》一郎《いちろう》の夢でもあった。

さんざんな結果

神谷の熱い思いを乗せてアメリカに渡った「クラウン」だったが、結果はさんざんだった。高速道路もなく、未舗装の悪路が多かった日本の道路には適していても、時速一〇〇キロを超すスピードで長時間走り続けるのが当たり前のアメリカのフリーウェーでは、ひとたまりもなかった。車体はガタガタと横揺れし、オーバーヒートするなど故障を繰り返した。

エンストを起こして立ち往生《おうじょう》したぶざまな「クラウン」を尻目に、アメリカ車やヨーロッパ車はスイスイと軽快に走り去っていった。「クラウン」のドライバーは、苦《にが》りきった顔で、ただ見送るしか術《すべ》はなかった。

それに、強い個性を発散させる〝ビートル〟と違い、「クラウン」は占領下に走るアメリカ車のデザインと日本人の好みを折衷《せっちゅう》したような、いささか特徴に欠けるスタイルの車だった。

戦前、GM日本支社で活躍していた神谷は、豊田喜一郎の熱意に惚《ほ》れ、高給を捨てて安給料のトヨタに入った。GMでマーケティングの手法を学んでいた神谷は、ニーズが多様化するア

シトロエン2CV

メリカ市場の動向を見逃さなかったのである。

技術的には失敗だったが、その当時、どの日本車メーカーも躊躇《ちゅうちょ》していたアメリカへの輸出を敢行《かんこう》したところに、神谷の真骨頂《しんこっちょう》があった。

「国民車構想」の挫折と成果

「クラウン」が発売されたころ、神谷と同じく〝ビートル〟に注目している集団があった。通産省自動車課の役人たちである。

ヨーロッパの街々では、〝ビートル〟、イタリアのフィアット600、フランスのルノー、シトロエン2CV、プジョーなど、いずれも小型車が国境を越えて走りまわっていた。

これらの欧州車の生産台数は、日本車より二桁《けた》ほど多かった。日本でも国がバックアップして育成し、国産車を大量生産していけば、価格はもっと安くなり、国民のあいだにさらに広く普及するのではないかと彼らは考えていた。

話題を集めていた第二回全日本自動車ショーの最終日、昭和三十（一九五五）年五月十八日、自動車工業を育成して一流国の仲間入りを果たしたいとする彼らの夢を乗せた「国民車構想」が、特ダネ記事として報じられた。役人が意図的に情報をリークして、新聞に書かせたものだった。

当時、自動車課の中心人物だった越田《こしだ》日高四郎《ひこしろう》はこう語っている。

「自動車業界が好き勝手なことばかりいっていっこうにまとまらず、業《ごう》を煮やして、通産省の考えとして発表した」

通産省からすれば、自由化が目前に迫っており、〝ビッグ3〟が巨大資本にものをいわせて、明日にも日本に上陸してくるかもわからない。それにもかかわらず、日本では自動車産業そのものが小規模でしかないのに、各メーカーは国内での競争ばかりにとらわれている。あまりにも〝井の中の蛙《かわず》〟でしかない姿にしびれを切らし、外資対策もかねて「国民車構想」を発表したのである。

国民車の条件は、①最高時速一〇〇キロ以上出せること、②乗車定員は四人、③一リットルの燃料で三〇キロ以上走れること、④価格は二五万円以下、というものだった。

こうした諸元の車をメーカーに競争試作させて試験を行い、優秀な車を選定して、これを一社に大量生産させ、政府はそのための助成措置を講ずる、というものだった。

「国民車」とは、ドイツ語「フォルクスワーゲン」の直訳である。ポルシェが二十年前に設計し、ヒトラーが強力に量産化を推進しようとした構想は、戦後の日本にまで影響をおよぼしていたのである。

しかし、各社が検討した結果、下した判断は、「実現は困難」というものだった。諸元の中でも、価格二五万円を達成するのはとうてい不可能と考えられた。そのうえ、業界は、国民車の生産が一社に限定され、その企業だけが税制面、資金面で優遇されるという考え方そのものに、自由競争の原則に反するとの理由で反対を表明した。もちろん、それは表向きの理由で、本音は別のところにあった。自社が選定にもれた場合、大きくおくれをとってしまう。そのことをおそれたからである。

このあと通産省が出した特定産業振興法案にも、国民車構想と同様、乱立する自動車メーカーを二、三社に集約・再編しようとの意図があったが、これも実現にはいたらなかった。

こうした通産省の構想には、いずれは自由化せざるを得ないとしても、できるだけそれをおくらせつつ、国内に外国資本に対抗できる国産車メーカーを早急に育成したいとする強い意図があらわれていた。

「国民車構想」そのものは、業界の猛反対にあって立ち消えとなったが、国産メーカーに、小型車、軽自動車の開発に対する大きな刺激を与え、やがて、戦後のエポック・カーとなる富士重工の「スバル」360をはじめ、鈴木自動車の「スズライト」、東洋工業（現・マツダ）の

スズキ「スズライト」SL1955年型

「キャロル」、三菱重工の「ミニカ」、トヨタの「パブリカ」などを生み出すことになる。中でも、月産一万台の大量生産と輸出を前提にして設計され、一九六一年に発売されたトヨタの「パブリカ」は〝パブリック・カー〟からの命名で、まさに国民車そのものだった。

これらの車は、まだ所得の低かった日本の勤労者にとって、なんとか手の届きそうな車として、六〇年代からはじまるモータリゼーションの牽引《けんいん》役を果たすことになる。

さらに、一九六六年に現出した〝マイカー元年〟の主役である日産の「サニー」、トヨタの「カローラ」もまた、国民車構想の延長上にあったといえよう。

このように、同じ敗戦国として日本と似た条件にあったドイツの〝ビートル〟の成功が、日本の自動車メーカーに与えた影響はきわめて大

日産「ブルーバード」510

きいものがあった。

ただ、ドイツとは決定的な違いがあった。ドイツではすでにこの時点で、フォルクスワーゲン、BMW、ベンツなど、国内の自動車メーカーは数社に集約されていた。それに対し、日本では新規参入が相次ぎ、六〇年代前半には大小一〇社がひしめき合って、激烈な競争を演じていた。

このため、〝ビートル〟と違って、多種少量あるいは中量生産でしかなく、それに適した日本的生産システムをおのずと創出し、磨き上げていくことになる。

日本市場に対する〝ビッグ3〟の関心

ところで、神谷の期待を乗せた「クラウン」だったが、結果はさんざんで、まもなく、アメリカからの撤退を決断せざるを得なかった。だが、神谷は諦《あきら》めなかった。しばらく時をおいて後、「コロナ」を持って再度、アメリカ上陸を果たし、日産の「ブルーバード」とともに、徐々にアメリカ市場に食い込んでいく。

やがて「カローラ」「サニー」が発売され、六〇年代後半ともなると、対米輸出が一挙に増え、日米自動車摩擦が生じるまでに一方的に拡大していく。

日本の自動車メーカーも通産省も、〝ビッグ3〟の日本上陸をもっともおそれていた。資本力も生産規模もケタ違いに巨大な〝ビッグ3〟が日本に進出してくれば、戦前と同様、またたくまに日本の自動車産業は消滅してしまう可能性がある。そのため、通産省はなにかと名目をつけては、自由化をおくらせる方策をとった。

ところが、当の〝ビッグ3〟のほうは、日本の市場をそれほど重視していなかった。アメリカ国内の旺盛な需要を満たすのがまず先で、生産が追いつかないほどだったからだ。

それに、アメリカと比べて国土が狭く、劣悪《れつあく》な道路事情の日本では、大型のアメリカ車はふさわしくなかったし、また、それほど需要が拡大するとも思えなかった。むしろ、同じ左ハンドルで道路事情もよく、需要も伸びているヨーロッパに進出するほうが投資効率もよく、得策だった。

日本で一から販売網をつくり上げるには金もかかる。そこで、本格的に日本へ進出する場合、ヨーロッパでもそうしたように、豊富な資金力にものをいわせて、日本車メーカーを買収すればいいと考えていた。ヨーロッパの自動車メーカーの目にも、極東の国・日本はあまりにも遠かった。投資効率も悪く、リスクが大きかった。

なにかと理由をつけて自由化をおくらせようとする通産省の産業政策と、こうした外国メーカーの消極的な姿勢にも助けられて、日本の自動車産業はさして外資の脅威《きょうい》にさらされることもなく、高度成長の波に乗って急速な発展をとげていくことになる。

自動車の負の部分

「戦後最悪の企業の失態」

日本とドイツの自動車産業にとって、六〇年代は、自動車王国アメリカへの大々的な進出を果たし、一方的な拡大基調をとる、よき時代だった。これを受け入れたアメリカの自動車産業にとってもまた、過去最高の売り上げと利益を記録し、わが世の春ともいえる時代だった。しかし、それと並行して、自動車の発明以来、初めて負の部分が噴出し、大きな社会問題を提起する時代ともなった。車に対する認識が大きく変わりはじめたのである。

車は利便性、経済効果など、正の要素だけを提供するものではなかった。台数の急増にともなって、〝走る凶器〟にもなりうるし、自然環境や人間の生活環境を悪化させるやっかいなものでもあることがクローズアップされはじめたのである。

そうした流れの発端は、六〇年代半ばのアメリカで起こった。のちにGM社長となるエド・コールが開発責任者として自信を持って世に送り出した新しいコンパクト・カー「コルベア」の欠陥車問題がそれである。GMにしては珍しくリア・エンジンを採用した野心的な設計の「コルベア」のステアリングに欠陥があり、事故が多発した。GMはこの事故をひた隠しにして、欠陥を認めようとはしなかった。

一九六六年、当時三十二歳の青年弁護士ラルフ・ネーダーの著書『どんなスピードでも自動車は危険だ』が刊行された。彼は「アメリカを毒する異端者」と言われながらも、「コルベア」の欠陥を細かく調べ上げ、正確なデータに基づいて、安全性をないがしろにした利益第一主義のGMの姿勢をきびしく批判した。

このとき、GMは「コルベア」の欠陥車問題で一〇三件の訴訟を抱えていた。それに影響がおよぶことをおそれて、強気の姿勢を崩そうとはしなかった。

その後も執拗《しつよう》に批判しつづけるネーダーに、GMは個人攻撃で対抗しようと、スキャンダルのネタ捜しのため、探偵を雇って尾行をさせたりした。これが発覚したことで、マスコミの格好の餌食《えじき》となり、GMはさらに非難を浴びることになる。アメリカ議会では公聴会が開かれるまでになった。

この事件は、『ビジネスウィーク』誌が「戦後最悪の企業の失態の一つ」と評したほどだった。自由主義経済を基本とするアメリカの最大企業であるGMが、政府の立ち入り調査を受けただけでも、大きな汚点だった。

弱者である消費者の味方として横暴《おうぼう》な巨大企業に立ち向かうネーダーは、時代のヒーローに祭り上げられ、〝十字軍旗手〟とも称された。ところが、ネーダー自身は、市民運動の勇ましい闘士、あるいは熱弁を得意とするオルガナイザーというイメージからはおよそかけ離れた人物だった。側近がもらしているように、独身を通し、禁欲的で、確固とした自分の世界を持っていた。

「彼の世界観は典型的な熱中人間の世界観であり、偏執的でユーモアのかけらもなかった」（『覇者の驕り』）

だからこそ、アメリカを代表する巨人に、真正面から立ち向かうという無謀《むぼう》な挑戦ができたともいえよう。

やがて、GMは非を認め、四〇万ドルにものぼる補償金の支払いに応じ、時のGM会長ローチェが議会の席上で陳謝して、ようやく決着をみるにいたった。そして、この判決以降、車の欠陥が発見されたときには、その企業に届け出と公表する義務が生じることになった。

安全より利益

ケネディ政権下で消費者保護法が制定され、欠陥車を回収するリコール制度も確立されて、企業の社会的責任が問われる時代になった。また、交通事故の激増が社会問題化して、一九六六年にはハイウェー安全法も制定された。

しかし、それ以前には、自動車の安全性に対するメーカー側の配慮はまったく希薄《きはく》だった。先の欠陥車問題におけるGMの姿勢にしても、なにも特別なものではなく、他のメーカーにも共通していた。当時、売り手市場で、最高の利益をあげていた〝ビッグ3〟が、消費者に対して傲慢《ごうまん》になっていたこともあるが、社会通念上も、事故の責任の大半はドライバーに帰するとの考え方が基本だった。商品の欠陥にともなうリスクは、ユーザーが一方的に背負わされるのが当たり前で、いわば、「運が悪かった」ですまされていた。

ネーダーの『どんなスピードでも自動車は危険だ』は、次のように指摘している。

「一九六〇年代半ばまで、自動車会社は、その製品に対する優《すぐ》れた科学者や技術者の批判に答えることとすら必要とは感じなかった。提起された問題に対処するより、批判を無視する能力によって社会的責任を免《まぬか》れてきたのが、安全性問題に対する自動車業界のこれまでの姿勢なのである」

あるいは「自動車事故に関連する産業の中で、事故の防止のために尽力している部門はほとんど見当たらない」とも指摘している。

当時、自動車王国のアメリカでさえ、根本的な事故対策にかんしては、公共機関などの手にゆだねられていた。自動車メーカーの工場内では、労使が一体となって「作業者の傷害事故絶滅」を目標に掲げ、熱心に取り組んで、着実に成果をあげていた。工場内で事故が起これば、たちどころに生産に影響するからだ。だが、工場の外で消費者が事故を起こしても、それによって生産ラインがストップするわけでもないし、販売に支障が出るわけでもなかった。

一九六四年のアメリカにおける自動車事故による死者数は四万七七〇〇人、負傷者は四〇〇万人にものぼっていた。ネーダーによれば、「この調子でいけば、米国人二人に一人は自動車事故で傷ついたり死んだりすることになる」。しかも、列車、船舶、航空機などを含めたあらゆる輸送機関による事故での死者数では、自動車事故によるものが全体の九二パーセントを占めていた（負傷者にいたっては九八パーセント）。

もはや一企業とか、個人の生命を守るといった次元を超えて、社会的、国家的な損失として論じる段階にきていた。

事実、この年、アメリカのハイウェーにおける事故による損害――物的損害、医療・保険費、被害者の賃金などを合わせた損害額は、八三億ドルにものぼっていた。これにほぼ同額の間接費を加えると、国民総生産の二パーセントにもおよぶ。しかし、この膨大な損害額に対し、メーカーはなんら責任を負っていなかったのである。安全対策の研究に力を入れることもせず、ただ売らんがためのモデル・チェンジを繰り返しているだけだった。

「なぜ自動車だけが大衆の非難を逃れてきたのだろうか」との疑問に対し、ネーダーは、自動車の安全についての情報が大衆には与えられていないだけでなく、「自動車の革新に対する大衆の期待は巧妙に抑えられ、その大部分は年々のモデル・チェンジに対する興味とすりかえられている」からだと指摘している。

メーカーは、目先を変えて新たな需要を生み出そうと、人目を引くスタイリングにばかり力を入れて、儲《もう》け第一主義の姿勢で邁進《まいしん》してきた。そうした派手なコマーシャルが、消費者の目をくもらせていたのである。

ベンツにおける安全性への取り組み

この時代、ユーザーの安全性に対する意識も希薄だった。事故によってこうむる損害より、車を手に入れたいとする気持ちのほうがはるかに勝っていたからだ。

安全性への配慮は、新車購入時の選択肢には入ってはおらず、スタイリングや、必要以上なまでの馬力の大きさにばかり目を奪われていた。安全性にかんする情報が、メーカー側から開示されることもなかった。

そうした姿勢は日本でも同じだったが、ただ、ベンツやスウェーデンのボルボなど、ヨーロッパの一部のメーカーでは、このころから安全対策に真剣に取り組むようになっていた。たとえばベンツでは、十分とはいえないまでも、一九五三年にすでに、衝突時の衝撃を吸収するためのクラッシャブル・ゾーンを標準装備していた。一九五九年には実車を使った衝突試験も行っている。

ベンツでは、安全性に対する配慮によって、他のメーカーとの違いをきわ立たせるという経営戦略を徹底させ、一九六九年一月には、安全対策はメーカー側の研究・実験だけでは不十分であるとして、ドイツ政府と警察に交通事故の調査助力を求めた。

ベンツ車にかかわる事故が起こった場合、警察は必ずベンツに電話で通報する、ベンツは警察に対して、事故の記録を閲覧《えつらん》したり、情報の提供を求めることもできるという内容である。個人のプライバシーにもかかわることだけに、こうした権利が民間企業に認められたことは、世界的にみても非常に珍しい例である。それだけ信頼性が高かったということだろう。

ベンツ内に設置された事故調査チームは、「警察より早く事故現場に着く」とまでいわれている。こうした事故調査の結果、これまでに三千数百件の詳細な記録をつくって、新車の開発に役立てている。

排ガスと省エネの壁

日本の〝マイカー元年〟

この時期、日本では高度成長が本格化、サラリーマンの所得も急上昇して、一九六六年、日

日産「サニー」(1000cc)

産「サニー」(一〇〇〇cc)とトヨタ「カローラ」(一一〇〇cc)の発売にともない、一挙に〝マイカー・ブーム〟が到来した。

それまでは、一部の金持ち層が黒塗りの中、大型車を持ち、サラリーマンでも課長クラス以上ぐらいが、「スバル」360や「キャロル」といった軽自動車、あるいは「パブリカ」(七〇〇cc)あたりをやっと手に入れることができた程度である。

このマイカー・ブームは、日本の二大自動車メーカー、トヨタと日産の競争というかたちをとりながらも、マスメディアを総動員して意図的につくり出されたものでもあった。のちにトヨタの社長となる豊田《とよだ》英二《えいじ》は、このときのことを自著『決断』の中で、以下のごとく述べている。

「カローラはモータリゼーションの波に乗ってという見方もあるが、私はカローラでモータリゼーションを起こそうと思い、実際に起こしたと思っている。(中略)うまくいったからこそ、いまごろのん気なことを言っていられるが、もし、

トヨタ「カローラ」（1100cc）

モータリゼーションが起きていなければ、いまごろトヨタは過剰設備に悩まされていただろう」

高度成長が本格化し、サラリーマンの所得が増えてきたこともあるが、それだけではない。明らかにメーカーによって仕組まれ、マイカー熱をあおる宣伝が功《こう》を奏《そう》したのである。流行や消費傾向は、意図的な広告戦略によってつくり出されたイメージやムードに大きく左右される。マイカー・ブームの場合、仕組んだ側の張本人、豊田英二らですら驚くほどうまくいき、日本の「モータリゼーションは予想以上に早いピッチで進んだ」（前掲書）。

前年の一九六五年における日本車の総生産台数は一八七万台だった。それが一九七三年（石油ショックが起こった年）には三・八倍の七〇八万台までに増加している。

アメリカより四十年、ドイツからは十年おくれて、日本にも本格的なモータリゼーションの波が押し寄せてきたのである。

高まるレース熱、本田の進出

モータリゼーションの到来で、庶民にとってもマイカーが身近に感じられる時代となった。このころ、一大出世物語を演出して派手な動きをみせていた本田宗一郎《ほんだそういちろう》が率《ひき》いる二輪車メーカーの本田技研が、四輪車に進出すると発表して大きな話題を呼んだ。

本田は四輪の開発に先がけて、世界のレースの頂点にあるＦ１レースに参戦することを宣言した。

国内では折からのマイカー・ブームに乗って、自動車レースは花盛りとなっていた。ことに、一九六二年九月、新たに完成した東洋初の国際級自動車レース場、鈴鹿《すずか》サーキットや、富士スピードウェイで開かれた日本グランプリレースの盛況ぶりには、目を見張るものがあった。レース会場にあふれんばかりのファンがつめかけ、マイカー・ブームをさらにあおりたてることになった。

当初、レースは市販車にちょっと手を加えた程度の改造車で行われていた。ところが反響は予想以上で、宣伝効果も大きく、レースの結果がその後の販売台数に大きな影響を与えるまでになった。レースの勝ち負けが、メーカーの技術力をそのままあらわしているかのように思い込むユーザーもけっこういたのである。

当然ながら、各メーカーとも自動車レースに力を入れるようになり、レース車の開発に巨額の資金をつぎ込むようになった。さながら、企業のメンツをかけた戦いとなった。

中でも日産と合併したプリンス自動車の技術陣、桜井真一郎らが中心となって開発したR380シリーズ、「スカイライン」GTは圧倒的な強みを発揮して、レース五〇連勝を果たすなど無敵を誇り、いわゆる〝スカイライン神話〟を生み出すまでに若者を熱狂させた。

その桜井は、敗戦直後の厚木飛行場に降り立つマッカーサーをひと目見ようと、自転車を走らせたあの少年である。

R380のエンジンは六三〇馬力を超え、そのころの日本車としては希有《けう》なターボチャージャーを搭載し、後部には走行時の安定性を増すためのウィングを装備するなど、スピードの追求がどんどんエスカレートしていった。

日産「スカイライン」GT　R380

排ガス規制の脅威

そんな矢先の一九七〇年三月、海の向こうのアメリカから大ニュースが飛び込んできた。当時の日本車メーカーにとっては信じられないほどきびしい排気ガス規制を盛り込んだ大気浄化法改正案（のちのマスキー法）が米議会に提出されたのである。日本のメーカーは、先の欠陥車問題に引き続き、大きな衝撃を受けることになる。

この問題はすでに数年前から論議されていた。だから、なんらかのかたちで成立するだろうとは予想されており、その規制値がどの程度になるかが注目されていた。ところが、この年の末に成立した法案の規制値は、炭化水素、一酸化炭素、窒素酸化物の三種類を従来の約一〇分の一に減らすというもので、日本車メーカーの予想をはるかに超えるきびしいものだった。

しかも、適用開始が五年後の一九七五年からとなっていた。アメリカで販売される車のすべてが適用を受けるため、もちろん日本車も例外ではない。日本車メーカーはこの年、一〇〇万台を超える対米輸出を果たして大いに稼ぎまくり、さらに伸ばしていこうとしていたときだけに、一大事となった。もはや、レースに浮かれてうつつを抜かしている場合ではなかった。

一九七〇年六月八日、日産は次のような、レースからの撤退を決定するコメントを発表した。

「現下の自動車を取り巻く情勢から、安全公害問題に全力を尽くすべき時期である。大排気量、プロトタイプによる高速安全性などに関する研究は一応所期の目的を達成した」

本田もＦ１からの撤退を表明した。

各メーカーは自社の存続をかけて、それまでレースにつぎ込んでいた技術者や資金を、排ガス対策に振り向ける必要に迫られることとなったのである。

マイカー・ブームへの逆風

同年九月二十一日、マスキー上院議員は米上院で次のように発言した。

「議会の責務は、技術面あるいは経済面の判断を下すことではありません。また、技術的あるいは経済的にみて実施可能か不可能かによって制約を受けることがあってはなりません。われわれの責務は、人の健康を守るために公共の利益が必要とするものはなにかを明らかにすることにあります。これによって、国民および産業界が、現在不可能のようにみえることを求められることになるかもしれません。しかし、健康を守るためには、こうした挑戦を受けて立たねばならないのです」

それまでアメリカは、産業の活力を弱めかねないこうした規制にかんしては、業界の意向を汲むかたちでものごとを決定してきた。ところが、このときばかりは違っていた。

泥沼化したベトナム戦争での失敗で、政府は国民の信頼を失っていた。国民の目を海外の戦場から国内に向けさせ、内政で人気挽回《ばんかい》を図ろうとするニクソン大統領の政治的思惑もはたらいていた。ニクソンは「公害との戦い」を宣言し、「七〇年代はアメリカに美しい環境を取り戻す時代である」と国民に呼びかけていた。

大統領の政治的思惑はともかく、自動車がまき散らす排気ガスが環境を悪化させ、人間の健康をむしばんでいくことは事実だった。こうした状態のエスカレートは、ベトナム戦争ほど直接的に悲惨《ひさん》さを見せつけないまでも、別の形態での戦争を意味していた。自動車文明のあり方が根本から問いなおされる時代を迎えたのである。

ことに、山脈に囲まれ、空気が滞留しやすいロサンゼルスでの環境悪化は深刻だった。風が弱いときに逆転層が起き、一九四〇年ごろから光化学スモッグによる大気汚染が問題になっていた。

一九七〇年七月には、日本でも初の光化学スモッグによるものと思われる被害がはっきりしたかたちで発生した。東京・杉並《すぎなみ》区の高校で運動場に出ていた女子生徒四十数人が呼吸困難やめまい、目や喉《のど》に痛みを訴えたのである。この二ヵ月前には、東京・新宿区の牛込柳町《うしごめやなぎちょう》交差点付近で、自動車の排気ガスによる鉛公害が発生しているとして、マスコミで大きく取り上げられて問題になった。

このように、内外での自動車の排気ガスに対する批判の高まりに呼応して、新設された環境庁は、日本における自動車排気ガス許容限度の設定について中央公害対策審議会に諮問《しもん》した。

国土が広大なアメリカと違い、日本は人口密度が高く、狭いところに大勢の人間がひしめきあって生活している。しかも、六〇年代半ばから自動車が急激に普及した。それだけに、日本の大気汚染はアメリカよりもはるかに深刻になるものと予想された。マイカー・ブームに乗って勢いづく自動車メーカーにとって、あるいは自動車そのものにとっても、明らかに逆風の時代となった。

一九七四年一月、紆余曲折《うよきょくせつ》を経て、環境庁はマスキー法とほぼ同じ規制値を告示した。それは、小型車中心の日本車メーカーにとって、大型車中心のアメリカより実質的にきびしい数値となった。これを受けて運輸省は三月、排気ガス規制を一九七五年度および七六年度の二段階で実施することを告示した。

日本にもっとも大きな打撃

マスキー議員が提出した法案は、アメリカの自動車産業の発展を根底から脅《おびや》かしかねない危険性をはらんでいた。急激に発展した自動車文明の矛盾は、工業化のスピードを弱めてまで、人間の健康を守らなければならないほどの事態に立ちいたっていたのである。その意味では、マスキー法は画期的な法案だったといえる。

こうした大きな転換点においては、それまでに選択してきた路線によって、はっきりと明暗が分かれるものである。日本、アメリカ、ドイツの三者の中で、マスキー法によってもっともピンチに立たされたのは日本だった。

自動車の技術では、日本は欧米をまねることを基本にして発展してきた。完成車こそ、日本の道路事情や日本人の好みに合わせた仕上がりになってはいたが、システムや個々の部品などはことごとく、欧米からの導入技術がベースとなっていた。

モータリゼーションのさなかにある日本の自動車産業界では、日ごろから長期的な観点に立って基礎的な研究を進め、いざというときに備えるといった余裕は、まったく持ち合わせていなかった。目の前の競争に勝ち抜くため、次々にモデル・チェンジをして市場に送り込んでいくだけで精いっぱいだった。

自動車先進国の欧米では、実験室レベルとはいえ、それなりの技術研究を行っていた。それに対し、日本車メーカーの研究所には、宣伝のためのレーシング・カーづくりに没頭する研究者はいても、排気ガス対策に本腰を入れて取り組む技術者はほとんど無に等しかった。日産中央研究所に新設された排気ガス研究部の部長をつとめた岡本和理《おかもとかずただ》は、当時の業界の状況について次のように語っている。

「炭化水素、一酸化炭素、窒素酸化物の対策技術は、それまで考えたこともなかった新技術を多数必要とするものでした。当時のエンジン技術者で、マスキー法のような規制値を達成できると自信をもっていた人は一人もいなかったでしょう」

後発の日本がトップに

こうして、おくればせながら日本の大手自動車メーカーでも、排ガス対策に結びつきそうな技術にはひととおり挑戦することになった。外国メーカーからの新技術も盛んに導入して、従来からのガソリンエンジンの改良、あるいは新エンジンの開発など、可能性を探る研究開発が盛んになった。

新型エンジンとしては、ロータリーエンジン、スターリングエンジン、ベーパーエンジン、ガスタービン、ハイブリッド・カー、電気自動車、メタノール自動車などが候補にあがり、それこそ「数打ちゃ当たる」式にかたっぱしから手がけられた。

先の見えない、重苦しい暗中模索の四年間が過ぎた一九七四年ごろになって、日本車メーカーでは、マスキー法の規制値をなんとかクリアできそうな見通しとなった。もっとも技術のおくれていた日本が、欧米をさしおいて、一番乗りだった。

また、マスキー法発効の三年後に起こった石油危機によって、一九七五年、アメリカでは燃費規制を目的としたエネルギー政策・節約法が成立したが、省エネにつながる低燃費エンジンの開発でも、日本が先行していた。燃費規制が加わったことで、アメリカ車の排気ガス対策の完全実施には、十年以上もかかることになる。

日本がいち早く達成できた要因としては、家庭も顧《かえり》みず、昼夜を徹して猛烈に働く技術者たちの集中力と、それを一丸となってバックアップしていった日本的企業体質や業種を越えて協力した関連グループ企業の力も見逃せない。

結果的に排気ガス対策の決定版となったのは、三元触媒《しょくばい》と呼ばれる技術だった。燃焼ガスの排気管の中に設置した酸素センサーによって理論混合比になるよう電子制御してやれば、還元にも酸化にも触媒が作用して、三つの規制物質を大幅に取り除くことができる。

こうした技術の開発を得意としていたのは、自動車メーカーの主流を占める機械技術者ではなく、社内に擁《よう》していなかった化学系や冶金《やきん》系の技術者だった。物理現象、化学反応などを分子レベルまで掘り下げて研究する必要がある。そうなると、機械技術者にはお手上げである。排ガスから有害物質を除去し、さらに省エネを達成するには、つねにエンジン駆動状態をセンサーで精確《せいかく》に感知し、最適の燃料流量や空気との混合比を維持しなければならない。そのためには、マイコンなど高度のエレクトロニクス技術も必要となる。

燃費をよくするためには、エンジンの改良のみならず、車体の軽量化も重要で、プラスチックやアルミ部品の比率が高くなった。かといって、安全性を落とすことはできない。そこで、強化プラスチックや高張力鋼板などの新素材の研究も必要になった。

ところが、日本の自動車メーカーには、電気関係ではエアコンやオーディオ、ハーネス（配線）関係の技術者しかいなかった。高度な段階に達している現在のカー・エレクトロニクスの技術水準から想像すると意外に思われるが、主な耐久消費財の中で、自動車のエレクトロニクス化がもっともおくれていた。その理由は、家庭電気製品などと違い、自動車を使用する環境がきびしいものだったからである。屋外の風雨にさらされ、地域や四季によって寒暖の差が激しいし、振動の影響もある。

かつては半導体の価格も高く、コストのわりに信頼性が落ちるとして電子方式は避けられ、振動や変化に強い油圧や機械的方式が採用されていた。しかし、排ガス規制と省エネの課題をクリアするには、従来の方式では対応しきれなくなった。同時に、エレクトロニクスへの信頼性の向上と低価格化が進んだ。

日本の自動車メーカーは、関連会社や系列の化学メーカー、エレクトロニクス・メーカー、新素材メーカーとの共同研究によって、このハンディを乗り越えていった。

個人主義や専門性が重んじられる欧米では、さまざまな分野の研究者が専門の垣根《かきね》を取り払って集まり、一つの目的に向かって共同研究していくという姿はあまり見られなかった。

日本企業の強みは、不可避な課題が与えられたとき、専門の壁を乗り越えて協力しあい、その実現に向けて全身全霊を傾けて集中する点である。その結果、きわめて短期間に開発を成功させてしまう。組織や企業グループをあげて取り組む機動力は、欧米のメーカーには信じられないほどすさまじいものだった。

こうした日本企業の取り組みは、技術開発、製品開発において生かされただけではなかった。日本特有のジャスト・イン・タイム方式は、系列の下請け会社や部品メーカーをも含んだ取り組みによって、より効果的なものとなる。その効果は、コストダウン、品質の向上においても遺憾《いかん》なく発揮された。

〝ビッグ3〟のように、流れ作業の中で作業者は単能工化されて、ただ与えられた作業だけをこなせばいいとなると、いざというときにも現場の士気はなかなか上がらない。その点、日本では、現場の作業者に品質に対する責任を持たせ、作業改善にかんする提案権も与えることで生産の効率化が図られた。とくに、全員参加型の小集団活動によるTQC（トータル・クオリティ・コントロール）の採用、推進によって、故障の少ない高品質の車がつくられていった。

こうした現場の末端の作業者までも含めた全社あげての取り組みが、やがては八〇年代の、〝日米逆転〟といわれたほどの競争力を生み出す原動力になるのである。

七〇年代半ばにおける排ガス対策と石油危機に対応した省エネ車（低燃費エンジン）の開発において、日本がいち早く成果をものにしたという事実は、のちの自動車産業の行方を暗示していたといえよう。

安全対策への着手

排ガス対策、低燃費車開発で評価を高めた日本のメーカーだが、弱点も散見できた。なにより、排ガス対策の決め手となった三元触媒は、ドイツのボッシュ社が開発したものだった。エンジンへの燃料噴射を微妙に制御するための技術を担《にな》ったのは、登場してまもないマイコンだったが、その核にはアメリカで開発されたＩＣがあった。

日本は実用化のための応用は得意だったが、リスクをともなう基礎的、原理的な研究への取り組みでは熱心さに欠け、体制的にも貧弱だった。

それは安全対策でも同じだった。欠陥車問題では真剣に取り組んだが、それは売れ行きに直接影響してくるからだった。

安全対策は、地道なデータ集め、試行錯誤の実験を繰り返すなど、十年単位で取り組まなければ、実車には適用できない。しかも、そうしたからといって、すぐに販売成果に結びつくわけではない。それだけに、八〇年代末まで、各社ともあまり熱を入れることはなかった。

それに対し、伝統あるドイツやスウェーデンでは、安全に対する意識が高かった。安全性を最大のセールス・ポイントとするボルボは別格としても、ベンツ、ＢＭＷ、フォルクスワーゲンなどの取り組みは、アメリカや日本のメーカーとは違っていた。

日本でもやっとこのころから、長期的観点に立った安全対策への取り組みを開始するようになったが、その考え方がはっきりとしたかたちで認識され、広がりを持ち出すのは、十年以上もあとになってからである。

〝ビートル〟の命運尽《つ》きる

空冷式エンジンの限界

排ガス対策が大きくクローズアップされ出したときは、フォルクスワーゲンのドル箱だった空冷式エンジン搭載の〝ビートル〟の命運が尽きるときでもあった。

石油危機の五年前の一九六八年、〝ビートル〟はアメリカの輸入車の六〇パーセントを占めていた。一九七〇年には生産が一八〇万台を突破し、過去最高を記録した。輸出先も発展途上国を含め全世界におよび、メキシコ、ブラジルでは現地生産も行っていた。

二十八年間にわたって、とくに大きなモデル・チェンジもすることなく生産を続けてきた〝ビートル〟だったが、排ガス対策が重要課題となった一九七〇年代半ばにいたり、ついに後継の「ゴルフ」に主役の座を明け渡すことになる。天才ポルシェが設計した傑作車は、めまぐるしく変転する技術革新の荒波を乗り越えてきたが、約三十年の歳月を経て、寿命も尽きることになったのである。

ドイツらしい合理的な設計思想に貫《つらぬ》かれた〝ビートル〟は、馬力があまり大きくなかったため、ラジエターがなくてもエンジンを冷やすことができた。そのわりにトルク（回転力）が大きく、リア・エンジン、リア・ドライブで登り坂にも強かった。

その長所は欠点にもなりうる。空冷式の欠点は、冷却効率が悪いことだった。水冷式では、比熱の高い水を媒体としたラジエターによって高い放熱が可能となる。低速から高速まで幅広い使い方をする自動車の排気ガスから有害物質を減らすには、エンジンの燃焼温度の細かいコントロールが困難な空冷式では不可能なのである。

十五年間、アメリカ輸入車のナンバーワンの座を保持してきた〝ビートル〟も、燃費を向上させた低公害の日本の小型車、トヨタの「カローラ」や本田の「シビック」にとってかわられることになった。

フォルクスワーゲンの方向転換

もともとアメリカ人は、新しもの好きである。見栄えも性能もよくなった日本の小型車が次次に入ってくるにおよんで、頑固にモデル・チェンジをしなかった〝ビートル〟は見放されるようになった。

〝ビートル〟の後退を予期していたフォルクスワーゲンは、一九六九年、四年前にベンツから買収したアウトユニオン社を核として、子会社アウディを発足させ、上級車を生産することになった。これにより、〝ビートル〟一車種に頼る姿勢から転換を図り、フルライン・メーカーへの脱皮を進めた。

一九七一年、安全性の高い車のデザインを考えるための研究会社、エクスペリメンタル・セーフティ・フォルクスワーゲンを設立。そして、一九七三年には、フルライン化の第一弾となる新モデル、「パサート」「バリアント」を登場させた。しかし、石油危機にともなうガソリンの高騰で国内での販売は不振、さらにマルク高によって国際競争力を失い、フォルクスワーゲンの売り上げは下降線をたどることになる。

石油危機の翌七四年五月、〝ビートル〟の生産が中止されると、すぐに後継の「ゴルフ」の生産を開始した。車を買い控えていたドイツ国民は、新しいコンセプトの「ゴルフ」に飛びつき、すぐさま新車登録でトップの座に着いた。さらに「シロッコ」「ポロ」を発売するとともに、一九七六年五月、日本車メーカーに先がけてアメリカでの現地生産を決定、一九七八年に

フォルクスワーゲン「ゴルフ」1974年型

ピッツバーグに近いウェストモーランドで、クライスラーが着工しながら未完成になっていた工場を買収して、前年に発表したディーゼルエンジンの「ラビット」の現地生産を開始した。

この成功により、七年続いた売り上げの低下に歯止めがかかったかにみえたが、マルクの切り上げや、ほかに売れ筋の車種を持てなかったことなどから、日本車に圧倒され、またも低迷することになる。フォルクスワーゲンに限らず、他のヨーロッパ車も同じような道筋をたどり、日本車に対抗することはできなかった。生産台数においても、日本は一九六八年に西ドイツを追い抜いて世界第二位に躍り出ていた。

そこで、ヨーロッパのメーカーはブランド・イメージを前面に出し、個性的かつ高級な車種にシフトして輸出しはじめた。これにより、アメリカ市場における〝ビッグ3〟の車は、ヨーロッパからの高級車と日本からの低価格車の両面から挟撃《きょうげき》されることになった。

同時に、石油危機によってガソリンの価格が急激に値上がりしたこと、一九七五年に燃費規制法が発効したことで、アメリカ国民も〝ビッグ3〟の大型車から燃費がよい低公害の日本の小型車に買い替えるようになった。このため、大型車の生産が主体だった〝ビッグ3〟も危機意識を強め、転換を迫られるようになって、慣れない小型車の開発を急ぐことになった。

〝ビッグ3〟のおくれ

環境問題と石油危機によって生じた文明史的な転換点において、それまでの機械技術を中核とした自動車技術は、一つの終焉《しゅうえん》を迎えつつあった。この時期、もっとも技術のおくれていた日本が一番乗りできたのは、欧米の自動車メーカーのように、伝統と誇りからくるこだわりや、機械技術に関する過去の蓄積がもっとも少なかったからともいえる。

〝ビッグ3〟の経営上層部には、機械技術者が圧倒的に多かった。彼らはそれまでつちかってきた技術に固執した。そのため、専門外のエレクトロニクス技術の導入に二の足を踏んで、転換におくれをとることとなった。

〝ビッグ3〟はそれまで、世界一の巨大マーケットに支えられ、利益率の高い大型車に特化して生産を行ってきた。小型車と比べ、一台当たりの利益が四倍から五倍にもなる。だから、薄《はく》利多売《りたばい》でなければ利益を稼ぎ出せない小型車の生産に乗り出す必要はない、大型車だけつくっていても十分に商売になるというのが、彼らの本音だった。それに、自分たちの技術力をもってすれば小型車ぐらいすぐに開発できると、たかをくくっていたところもあった。

しかし、現実はそう甘くはなかった。限られた空間に部品を高密度に詰め込む小型車にこそ、より精密さが要求され、制約条件も多くなるだけに技術的にはさらに困難となるのである。

この読み誤りもまた、〝ビッグ3〟がおくれをとる原因となった。

石油の上に乗った自動車

石油は有限資源だった

百数十年におよぶ自動車の歴史を振り返ったとき、一九七三年十月の第四次中東戦争を契機に起こった石油危機は、きわめて重要な意味を持っていた。それは、先述の排ガス対策以上に、技術の変革を迫ることになった。

石油資源が有限であることはだれもが知っていた。だが、自分の足がわりに使っている車が、安価な石油の上に成り立っていることを自覚している人はほとんどいなかった。メーカーもドライバーも、ガソリンを燃料としたレシプロエンジンが自動車に使われているのを、当たり前のことと受けとめていた。

自動車王国のアメリカですら、石油危機にはまったく無防備で、なんの準備もしていなかったのである。百パーセントを輸入に頼る日本と違い、アメリカ自身が産油国だったからだ。アメリカにおける原油の価格は、一九四八年に一バレルあたり二ドルだったが、それから二十三年たった一九七一年においてもほとんど変わらなかった。大量生産に基づく大量消費を美徳とするアメリカン・ライフも石油の上に成り立っており、〝アメリカの世紀〟はそのまま〝石油の世紀〟でもあった。

石油危機は、そのことを強く意識させる事件であった。さらには、石油がいずれは枯渇《こかつ》する貴重な資源であることをも印象づけた。アラブ諸国の指導者たちの動機がどうであれ、結果かららみれば、資源を顧みることなく突き進んできた先進諸国の自動車に対し、警鐘《けいしょう》を鳴らす役割を果たしたことは事実である。

もし石油危機が起こっていなかったなら、セブン・シスターズ（七大国際石油資本）の支配下で、石油の価格はなお安価なまま推移していったに違いない。自動車のみならず、あらゆる分野で石油の浪費が続けられたであろう。低燃費のエンジン、電気自動車、ハイブリッド・カー、燃料電池自動車開発への取り組みも、いまだ本格化していなかったかもしれない。

第一次石油危機で原油の価格は三倍にはね上がった。一九七八年から七九年にかけてのイラン革命にともなう第二次石油危機ではさらにその二倍に上がって、一バレルあたり三〇ドル台となった。その後、少しは下落したが、エネルギー価格の上昇はあらゆる産業に波及、多くの製品価格、公共料金などの値上げを引き起こして、世界経済を長く停滞させることになった。

ガソリン自動車全盛の時代

自動車の世界で、ガソリン車が主流となってからまだ百年もたっていない。自動車の黎明期《れいめいき》には、主として蒸気自動車、電気自動車、ガソリン自動車の三種類が商品化をめぐって競い合っていた。この状態は、ダイムラー・ベンツやフォードが本格的に自動車を手がけるようになる一九〇〇年代の初めごろまで続いた。

その中で、歴史のある蒸気機関を用いた蒸気自動車が総合的にみても有望で、技術的にも成熟していた。かなりコンパクト化されていたし、出力もガソリン自動車より大きかった。構造が複雑で金もかかるトランスミッションも必要なかった。自動車レースでも、蒸気自動車がガソリン自動車をしりぞけて優勝する姿がごく普通に見受けられた。

電気自動車は、騒音も排気ガスもなく、清潔で、しかも運転がしやすかった。そのため、ヨーロッパでもアメリカでも、販売を目的とした蒸気自動車や電気自動車が盛んに生産され、ガソリン車とともに街中を走っていた。

ただ、ボイラーで水を沸かして動力源とする蒸気機関には難点があった。欧米では、ボイラーに適した軟水を、簡単に入手することができなかったのである。硬水を沸かすと、ボイラー壁に石のような水垢《みずあか》が付着するため、手間のかかる洗浄を頻繁《ひんぱん》に行わなければならない。水垢はボイラーや機関の性能を著《いちじる》しく落とし、故障の原因にもなる。

初期のころに人気が高かった電気自動車も、ガソリンエンジンの技術が進み、小型化したうえに馬力が上がってくると太刀打ちできなくなり、しだいに後退していった（日本では、ガソリンの配給制が続いた一九五〇年代の半ばごろまで、電気自動車のタクシーが市中を走っていた）。

こうして、ガソリン自動車が総合的に優位に立ち、アメリカで量産されて花開くことになる。

フォード社が設立されたのは一九〇三年六月だが、その二年半ほど前にテキサス州で大油田が発見され、その後、新たな油田が次々に採掘されるようになった。アメリカにおける原油産出量は、一九〇〇年が六〇〇〇万バレルだった。それが、T型フォードが本格的なコンベア・システムによって大量生産に着手した一九一四年には、四倍を超える二億五〇〇〇万バレルにまで増えている。

テキサスで大油田が発見される前、原油が精製される過程で生まれるガソリンの使い道はほとんどなく、捨てられたりしていた。それまでの石油の主な用途は灯火用で、揮発《きはつ》性の高いガソリンでは、引火・爆発の危険があったからだ。

それが自動車の燃料として使えるようになったことは大きい。これによって、アメリカの石油産業は石油のだぶつきから救われたし、自動車メーカーの側も燃料費の低下によって自動車の維持費を安くでき、普及の飛躍的な伸びにつながった。こうした豊富な石油に支えられて、半世紀以上、ガソリン車の全盛時代が続くことになる。

ガソリン車の限界

一九七〇年、アメリカの産油量が初めて減少に転じた。アメリカの油田が枯渇しはじめたことが、数字のうえで、はっきりと示されたのである。

この時期すでに、アメリカの石油輸入は需要の二八パーセントにのぼっていた。それにもかかわらず、アメリカ人が自国での石油の枯渇を深刻に受けとめようとしなかったのは、国際石油資本の強力な統制によって中東の石油価格が低く抑えられ、ほとんど変動しなかったからである。

しかし、一九七三年末のOPEC（石油輸出国機構）の会議で、アラブ諸国が結束して石油の大幅値上げを宣言し、石油危機が起こった。これによって、なんの準備もしてこなかった世界の国々でパニックが起こった。ことに自動車の普及率が高い先進国ほど、混乱が大きかった。ガソリンスタンドに車の長い行列ができた。また、ガソリンを入手できない多くの自動車が、ガレージに眠ったままとなった。

これまで主な石油危機は二度あったが、二十一世紀には石油危機の常態化が予想される。地球の温暖化をはじめ、環境問題もますます深刻になるだろう。そのため、燃費効率のよいエンジン、省エネ車、代替燃料で走る車の開発が急務となっている。

二十世紀に全盛をきわめたガソリン自動車が、けっして普遍的なものではないことを、われわれは思い知らされた。その意味では、石油危機はきわめて重要な意味を持っていたし、これからの自動車のあり方を考えるための大きな手がかりを与えてくれたといえよう。

第三章　〝ビッグ3〟の憂うつとバブル日本

フォード二世とアイアコッカの確執

石油危機と徹底した合理化作戦

一九七〇年ごろ、日本経済は高度成長をひた走り、輸出も増え、貿易収支も黒字基調が定着、企業も自信を持ちはじめた矢先に起こったのが石油危機だった。

中東の石油は、政治的、民族的対立の要素を抱えながら、軍事力の微妙なバランスのもとに産出され、世界に輸出されていた。ところが、日常生活から経済・産業活動まで中東の石油に全面的に依存していながら、日本人はそうした認識にはまるで疎《うと》かった。それだけに、受けた衝撃も大きかった。

中小企業の倒産件数は急増し、危機意識が国民全体にまで浸透していった。省エネが国民的スローガンとなり、銀座のネオンも暗くなった。各企業は従業員、下請け、部品メーカーに対して危機意識をあおり、徹底した合理化、コストダウンを実施した。企業自体が生き残れるかどうかとなれば、労働組合も合理化に積極的に協力せざるを得なかった。

そんな中で、ガソリンを燃料とする自動車は、その影響をもろに受けて、日本のみならず、世界中で自動車の買い控えが広がった。とくに先進諸国の中でもっとも高いガソリンを買わされていた日本人にとって、石油製品のさらなる値上げは大きな負担となった。

一九六〇年以来、高い伸びを続けてきた日本の乗用車生産は、石油危機の翌七四年に初めて前年度を下まわり、二三・七パーセントも減少した。排ガス対策だけでおおわらわだったメーカーにとっては、まさにダブル・パンチだった。

トヨタでは、六〇年代半ばに一応の完成をみていたジャスト・イン・タイム方式をさらに徹底させ、七〇パーセントの操業でも利益をあげられる体制を目指した。QC（品質管理）の範囲をさらに広げ、総合化した全社あげてのTQC（トータル・クオリティ・コントロール）の活動が盛んになったのもこの時期からである。欧米では労働組合の反対にあって導入がむずかしかったロボットも、日本の産業界では積極的に生産ラインに取り入れていった。

日本の合理化努力は徹底していただけに、二、三年ののちには早くも効果があらわれてきた。経済評論家の多くは、一方的な右肩上がりできた日本の自動車産業も、当分は不況が続くのではないかとみていたが、予想に反して急回復を示したのである。

石油危機の翌年こそ前年を下まわったものの、二年後の一九七五年には早くも石油危機前の数字を上まわることになった。しかも、注目すべきは輸出量である。石油危機のあった一九七三年に二〇七万台だったのが、一九七四年には二六二万台、一九七七年には三七一万台へと急増して、初めて輸出比率が総生産台数の五〇パーセントを超えたのである。

中でも、アメリカ向けの小型乗用車が圧倒的に多かった。日本車はアメリカでプレミアムがつくほど人気となり、これ以後、八〇年代を通じて、五〇パーセントを超えたままで推移する。

皮肉にも、石油危機でもっとも大きな打撃を受けた日本が、もっとも早い立ちなおりをみせたのである。

アメリカでの新しい傾向

七〇年代初頭のアメリカでは、フォルクスワーゲンをトップに日本車などの小型車の輸入が急増した。それは、アメリカ人の車を購入するさいの見方が大きく変わりつつあったことを物語っていた。それだけでなく、小型車を購入する層も従来とは違ってきていた。

かつて、小型車を買う層といえば、価格の高いアメリカ車を買えない低所得者や、セカンド・カーを使うことが多かった若者や主婦たちが中心だった。しかし、このころになると、それまで使っていた大型車から、燃費のいい小型車に乗り換える人が増えてきたのである。

ベトナム戦争の泥沼化、欠陥車問題や大気汚染問題、ドルの威信低下などを通じて、アメリカの社会に変化の波が押し寄せ、浪費を誇示《こじ》するようなデトロイトの車づくりの姿勢に反感を覚える層が生まれつつあった。とくにインテリ層は、マイカーの大きさや豪華さが自らのアイデンティティを示すものとは考えなくなってきた。また、開放的で、アメリカの新しい流れを先取りするカリフォルニアで日本車が多く売れていたことも、注目すべき傾向だった。

そうした変化の波、新しい傾向にもかかわらず、〝ビッグ3〟の首脳は頭の切り替えができず、デトロイトでは依然として大型車の生産が主流を占めていた。〝ビッグ3〟の社内でも、そうした新しい傾向を敏感に受けとめ、軌道修正を図るべきだと主張する人もいたが、ほんの一部にすぎなかった。

そんな中で、フォードの社長にのぼりつめていたのが、大ヒットした「ムスタング」の開発責任者として評価を得ていたリー・アイアコッカである。のちに、倒産の危機に瀕《ひん》したクライスラーに移り、会長として辣腕《らつわん》をふるって再建に成功、不況下で自信を失っていたアメリカ国民を勇気づけたとして国民的英雄に祭り上げられる。

米メーカーの小型車観

一九七一年、前輪駆動の小型車の開発・生産に本腰を入れるかどうかをめぐって、決断を迫られたフォード社のアイアコッカは、部下のハル・スパーリックに半年ほどヨーロッパをまわって、ヨーロッパ各国で出まわっていた前輪駆動の小型車について情報を集め、実際に試乗してくるよう命じた。それをもとに、前輪駆動の小型車を開発しようとしたのである。

スパーリックはヨーロッパ各地の工場をまわったことで、大きさや豪華さ、不必要なまでの大馬力だけで競い合ってきたアメリカ車が、いかに浅薄な代物であったかを思い知らされた。ジャーナリストのデイビッド・ハルバースタムはその著『覇者の驕り』の中で、スパーリックの言葉を紹介している。

「デトロイトという街は故意に非能率的なことをやって、エンジニアを駄目にしてしまうところだ」

「二十年もの間、デトロイトの各社は、まるでどこがもっとも無駄なことができるか競争していたようなものだった。なにもかもが去年より大きくなければいけなかった」

デトロイトでは、そうした価値判断が大勢を占めていた。メーカーは小型車の開発に力を入れず、つくられても、駄作ばかりでは、ユーザーが見向きもしないのは当然だった。

「(アメリカのユーザーには)〝小型車だけれど素敵な〟という車が与えられなかったのだ。いやむしろデトロイトの小型車は、考え方からしてまるっきり間違ってつくられていたと言っていい。つくりたくて愛着を持ってつくったのではなく、とりあえずヨーロッパ車の進出をかわすための防衛的な必要から、しかたなく生産したに違いない」

〝ビッグ3〟の経営者たちは、「アメリカのユーザーは小型車を好まない」と称していたが、小型車が売れない要因は、実はメーカー側の姿勢にあったのである。経営者に熱がなく、社内でも小型車の開発は傍流《ぼうりゅう》に押しやられていた。そんな車の開発に技術者が気乗りするはずはなかった。ただ義務的につくられたような車が、ユーザーを引きつけるはずもなかったし、車づくりはそんなに簡単なものでもなかった。

戦後アメリカの自動車産業は世界一を標榜《ひょうぼう》し、スタイリングを頻繁《ひんぱん》に変えて、見た目には派手に映っていたが、製品技術においてはほとんど進歩がみられなかった。自動車史研究者のローレンス・ホワイトの指摘によれば、今日の車の主流となっているオートマチック・トランスミッション、パワー・ステアリング、パワー・ブレーキ、V8エンジンなどは、いずれも戦前の産物で、戦後はこれらの改良やレベルアップが図られたにすぎない。

リー・アイアコッカ

それに対し、ヨーロッパの自動車メーカーは技術開発に積極的で、六〇年代から七〇年代にかけて、前輪駆動、ディスク・ブレーキ、燃料噴射式エンジン、単体構造車体、五段トランスミッション、パワー・ウェイト・レシオの高いエンジンなどの導入を図っていた。

アメリカの車づくりは、いずれも似たような傾向の〝ビッグ3〟に支配され、寡占化《かせんか》が極端に進んでいた。

〝ビッグ3〟によるシェア争いは熾烈《しれつ》でも、三社とも技術に対してはきわめて保守的だった。

フォード社の御家騒動

そんな中で、アイアコッカの意を体したスパーリックは、ヨーロッパ視察の成果をもとに前輪駆動の小型車を計画・設計したが、社内的に力を持っていた財務部門の猛反対にあうことになる。理由は簡単だった。小型車は一台あたりの利益があがらないし、売れ行きも期待できないとされたからである。旧来の考え方そのままだった。

たしかに、新たに前輪駆動車を生産するには、生産ラインに手をつけなければならない。小型車ともなれば、あらゆるシステム、部品も小型化し、軽量化する必要もある。それでは設備投資があまりにも過大となり、とてもそんなリスクは負えないというのである。

アイアコッカやスパーリックは、このような小型車こそ、これからの主役であり、すでに他社も検討をはじめており、ここでひるんでいては市場の多くを失うことになると反論した。

社内の反対を押し切って、スパーリックが設計した小型車「フィエスタ」は、なんとか生産されることになったが、それはヨーロッパ市場をターゲットに、スペインで生産されることになったのだった。

スパーリックが目指したものは、たんに新しいタイプの小型車を開発すればよしとするものではなく、エンジニアの復権であり、彼らが車づくりに夢を持てるようにするための試みでも

フォード「フィエスタ」

あった。それまで、新車開発をめぐる論議では、目先の利益ばかりを追う財務部門が社内を牛耳《ぎゅうじ》って、ものづくりの基本がないがしろにされていたからだ。

このあと、スパーリックは「フィエスタ」の国内版にあたる小型車を計画した。先を見通すことに敏感だった彼は、アメリカ市場においても、大型車から小型車への転換は必至とみていたからだ。だが、このときも、工場の転換も含め三〇億ドルの設備投資が必要なため、財務部門やフォード会長が猛反対した。

ヘンリー・フォード二世は、それほど巨額の資金を投入してまで小型車を生産する必要はないと考えていた。石油危機後の二、三年は、大型車の売れ行きが落ち込んだとはいえ、再び盛り返して、やはり人気は高かったからである。

結局、この小型車の計画はお蔵入りとなり、財務担当やフォードとことごとく対立したスパーリックは、解雇されてしまった。この決定にいたる過程で、アイアコッカとフォードの対立も抜き差しならぬところにまで発展した。社長とはいえ、しょせん、アイアコッカはフォード一族が支配する企業に雇われた身である。一九七六年十一月、重役会議の席上、フォードからクビを言いわたされることになる。

フォードは、実力者で、なにかにつけて派手な振る舞いが目立つアイアコッカを毛嫌いしていた。会社を乗っ取られるのではないかとおそれてもいた。この二人はよく対立したが、経営方針の違いというより、どちらかといえば個人的な好き嫌いの感情のほうが先に立っていた。

重役会議の席上、アイアコッカが解雇の理由をただしたとき、フォードはこう答えた。

「君はムシが好かんのだよ」

サイズダウンへの転換

しかし、アメリカ自動車産業史の観点からフォードとアイアコッカの確執をみると、たんなるリーダーシップをめぐるスキャンダラスな対立というだけではすまされなかった。そこには、アメリカ自動車産業のこれから進むべき道にかかわる重大な問題が含まれていた。

〝ビッグ3〟にとっては、過去の栄光にとらわれ、従来の車づくりを踏襲《とうしゅう》するか、それとも、新たな時代に即した道へと転換するのか、大きな岐路《きろ》に立たされていたといえる。

排ガス規制、石油危機を経て、深刻な事態を迎えようとしていたにもかかわらず、フォード社の例にみられるごとく、〝ビッグ3〟の対応は鈍《にぶ》かった。なかなか大型車の呪縛《じゅばく》から自らを解き放とうとはしなかった。

それというのも、アメリカ自身が産油国であり、ガソリンの値段が安かったからで、第一次石油危機の直前、〝ビッグ3〟が製造する車の燃費は、平均で一リットルあたり五・五キロという お粗末さだった。

すでに石油輸入国に転落していたアメリカの現実を前に、政府もようやくヨーロッパや日本のように省エネ政策を進める決定を下した。石油の供給不安は国家の安全保障にもかかわってくる問題だったからである。

一九七五年十二月、米政府が発表した長期的な石油節約計画によって、自動車の燃費を、一九七八年には一リットルあたり七・六キロ、八〇年には八・五キロ、八五年には一一・七キロと、段階的に改良していかなければならなくなった。これは、一社が生産する車全体の平均値だが、メーカーにとってはきわめてきびしい規制だった。

シンクタンクの試算では、この基準をクリアするためには、各社平均六〇〇億から八〇〇億ドルもの開発投資が必要になるといわれていた。それは各社の資本金に匹敵《ひってき》する額だった。それも、段階的とはいえ、十年という期間は、メーカーにとってはあまりにも短かった。

〝ビッグ3〟のそれまでのモデル・チェンジのサイクルは六〜八年だったが、以後はもっと頻繁にモデル・チェンジを行って、目標値を達成していかなければならなくなった。また、エンジンの改良や開発はもちろん、それまでの主流だった四〇〇〇〜六〇〇〇ccの大型車をモデル

・チェンジのたびにサイズダウンしていかなければならなくなった。そのうえ、二〇〇〇cc以下の小型車にも本腰を入れ、その割合をしだいに増やしていく必要があった。

第二次石油危機の影響

〝ビッグ3〟にしてみれば尻に火がついた格好となったが、ヨーロッパや日本と比べると、意外なほど深刻さを持ち合わせていなかった。なぜなら、アメリカでは第一次石油危機後もそれほどガソリンの価格が上がらなかったからだ。アメリカ政府は原油価格の上昇にともなうガソリンの値上げを抑える政策をとったため、たしかに小型車の需要は増えていたが、国内には相変わらず大型車が走りまわっていた。

ところが、一九七九年一月のイラン革命を契機として起こった第二次石油危機では、さすがのアメリカ政府も従来のガソリン価格を維持できなくなった。輸入不足からアメリカ国内のガソリンが原油の値上がりに連動して、一挙に二倍になったのである。

アメリカ国内にはインフレと不況が襲い、失業者が激増した。

これからも原油の値上がりが予想され、維持費がさらに高くなるおそれが十分にあった。ここにいたり、ようやくにしてアメリカ人の車に対する考え方も大きく変化し、ステータス・シンボルとしての自動車の持つ意味は薄れてくる。もともとアメリカ人は、生活面において、実利的で合理的な考え方を持っていた。それまでの大型車から小型車に買い替えるユーザーが急増することになる。

一九七八年までのアメリカにおける大型車と小型車の購入比率は六対四だった。それが、翌年には一挙に逆転して四対六となった。

一九七五年に発表された燃費規制からまだ四年しかたっておらず、〝ビッグ３〟では、まだ小型化と燃費の向上が進んでいなかった。そこでやむなく、ドイツやフランス、ブラジルなど海外の子会社ですでに生産されていた、あるいは急遽《きゅうきょ》、開発した小型車を、国内市場に投入した。しかし、洗練された日本車と比べ、性能、品質において魅力に欠け、売れ行きはさっぱりだった。

日本ではガソリンの価格が高かったため、すでに燃費をよくするための努力を積み重ねており、一九八五年の燃費規制をクリアできる見通しもついていた。それに、日本は国をあげての省エネへの取り組みが、早くも効果をあげていた。だから、第二次石油危機のときは、第一次ほどの影響はなかった。ここが、日米自動車産業の明暗を分ける分岐点となった。

本田の「シビック」

アメリカの市場で日本車がもてはやされ、日本から輸出される小型車は激増した。それも、プレミアムがつくほどの大人気で、車の供給が追いつかないほどだった。

六〇年代の対米輸出の主役はトヨタと日産だったが、七〇年代になると、クライスラーと提

排ガス規制合格車。ホンダ「シビック」1500

携した三菱、ロータリーエンジンで世界の注目を集めたマツダ、オートバイでアメリカの若者の心をとらえていた本田も輸出を急増させた。

ことに本田は、四輪車メーカーとしては新入りであるにもかかわらず、新開発のCVCCエンジンを搭載した「シビック」が爆発的に売れた。CVCCエンジンが、日米の巨大メーカーをさしおいて、一九七五年の排ガス規制に一番乗りで合格したためだった。続く「アコード」も圧倒的な人気を得る。

それにひきかえ、〝ビッグ3〟が生産してきた大型車の売れ行きは、極端に低迷した。第二次石油危機の翌八〇年、日本車の生産は一一〇四万台となり、アメリカの八〇一万台を大きく上まわって、初めて世界一の座に着いた。

しかも、七〇年代の十年間における世界の自動車総生産台数の伸びは約九二〇万台だったが、そのうちの六二パーセントを日本車が占めていたのである。いわば、日本の一人勝ちである。そして、その増加分の多くがアメリカへの輸出に振り向けられていた。対米輸出は一九七〇年は四二万台にすぎなかったが、八〇年には六倍の二四〇万台に達していた。

このため、デトロイトには不況の嵐が吹き荒れることになった。自動車工場ではレイオフ、クビ切りが日常化し、一九七八年には一〇〇万人だった自動車産業の雇用人口は、八二年には六六万人に急減している。巷《ちまた》には失業者があふれ、これまで磐石《ばんじゃく》と思われていた〝ビッグ3〟が、存亡の危機に立たされることになったのである。

もっとも経営基盤の弱かったクライスラーは、巨額の累積赤字を抱えて倒産寸前に追い込まれた。以後の四年にわたり、〝ビッグ3〟は一九二九年の大恐慌以来という不況に見舞われ、その影響は一九九〇年代初頭まで続くことになる。

クライスラーの賭《か》け

フォードを解雇されたスパーリックは、身の振り方に悩んでいた。他の業界からの誘いはいくつかあったが、自動車から離れる気にはなれなかった。そんな折の一九七七年三月、アイアコッカの口利きで、フォードのライバルであるクライスラーに製品開発担当副社長として迎えられることになった。

スパーリックは、フォードで挫折した燃料節約型の前輪駆動式小型車を、クライスラーで改めて計画した。新型モデルの開発には膨大な投資が必要で、大赤字を抱えたクライスラーにとっては、フォード以上の大きな賭けとなった。

最大の問題は、銀行からほとんど見放されていただけに、開発費、設備投資の資金調達をどうするかだった。新しい小型車を開発・生産するには、少なくとも一〇億ドルの投資を覚悟しなければならなかった。

この当時、クライスラーでは二つの新型車開発計画が並行して進められていた。後輪駆動のHカーと、前輪駆動のKカーである。このうち、前者でいけば、投資額は四億ドルですむ。しかし、時の社長ジョン・リカルドは思いきった決断を行い、後者を選択したのである。

このとき、まだ第二次石油危機は起こっておらず、前輪駆動の採用に積極的なアイアコッカも、クライスラー入りしてはいなかった。フォードを追われたアイアコッカが社長としてクライスラー入りしたのは、Kカーの開発が本格化した一九七八年十一月である。

その翌年に第二次石油危機が起こり、Kカーの選択が正しかったことが裏づけられる。Kカーは一九八〇年秋に発売され、その後に打ち出した「五年間五万マイル保証」の新サービスとあいまって、アメリカ市場に好評をもって迎えられた。

Kカーよりおくれてスタートした新タイプのミニバン「ミニマックス」の開発・生産をめぐっても、クライスラーは大きな決断を行った。そして、両車種がともに好評を得たことで、一時は倒産必至とみられていたクライスラーの業績は急回復することになった。

前輪駆動のKカー。クライスラー「プリマス アクレイム」1995年型

クライスラーのKカー、「ミニマックス」を設計したのは、いずれもかつてフォード社で同じ種類の車の設計にかかわっていた人たち、あるいはクライスラー内でくすぶっていた技術者たちだった。彼らはそれまで、新しい時代に適合した自動車を開発すべきだと主張しながらも取り入れられず、不満を抱き続けていたのである。

　再建に成功したことで、アイアコッカの手腕は高く評価された。開発や生産面だけでなく、合理化においてもアイアコッカは困難な多くの決断をし、しかも、UAW（全米自動車労働組合）の抵抗も乗り越えて再建を果たしたことで、八〇年代半ばには、大統領候補とまで騒がれることになる。

　アイアコッカは〝ビッグ3〟における同世代の経営者らと比較して、決断力も実行力も優《すぐ》れていた。過去の繁栄にいたずらに執着することもなかった。しかも、デトロイトが陥《おちい》っていた財政優先を排し、市場第一主義を掲げたリアリストでもあった。

ワールド・カーへの挑戦

アメリカ自動車産業の体質改善

いかにもアメリカ人好みのサクセス・ストーリーとして語られすぎた感のあるアイアコッカの復活劇だが、その陰に隠れがちな事実がある。

再建のためにアイアコッカが断行した合理化によって六万人が解雇され、クライスラーの従業員はそれ以前の半分以下に減った。もちろん、リストラを行ったのはクライスラーだけではない。四年にわたるデトロイト不況で、四〇万人近い従業員が職を失っている。アメリカの乗用車市場は、それまでの約三割減となる七〇〇万台を切るまでに落ち込み、〝ビッグ3〟の赤字総額は一四〇億ドルにも膨《ふく》れ上がった。

ところで、アメリカ自動車産業の従業員が大幅に減ったのは、生産量が減ったからだけではなく、別の要素もあった。それは、日本と比較して、〝ビッグ3〟の生産性があまりにも低かったことである。

一九八〇年ごろまでの一般的な見方では、日本人の賃金が低いため、日本車は安い価格に設定できると決めつけられていた。ところが、一九八一年から八二年にかけてハーバード大学や米運輸省などが日米の生産性を比較する調査を行った結果、意外な事実が浮き彫りにされたのである。

たとえば大衆車では、日本車に比べて、アメリカ車のほうが二〇〇〇ドル近くもコストが高く、輸出の輸送費を差し引いてもなお一五〇〇ドルも高いことがわかった。世界一を自任してきたアメリカにとって、この結果は衝撃的だった。

労働集約的な組み立て工程での生産性では、アメリカは日本の一・五倍から二倍もコストがかかっていた。それでいて、品質面では、アメリカ車の欠陥個所のほうが日本車の倍近い数字を示していた。

よけいにコストがかかっていながら品質が劣《おと》るようでは、販売競争に勝てないのは当然で、収益率も悪くなる。自動車後進国の日本が一人立ちしてから二十数年間、アメリカの自動車産業がいかに怠慢《たいまん》であったかが白日のもとにさらされたのである。

これだけはっきりした数字を指摘されては、〝ビッグ3〟もメンツにこだわっている場合ではなかった。自らの体質改善を図るほかなく、以後、成功した日本の手法を学び、早急に取り入れていくことになる。こうして、先に述べたような大合理化が断行されたのである。

新たな設備投資を渋って旧式の設備でごまかしていた古い工場は、次々と閉鎖されていった。トヨタ生産方式（ジャスト・イン・タイム方式）の学習・導入とともに、QCサークルなどを含めた日本的な品質管理が、部品メーカーにまで導入されていった。「改善提案」が、アメリカでも「カイゼン」とそのままの言葉で使われていた。

さらには、日本のメーカーから安い部品を購入する動きまであらわれてきた。

GMのワールド・カー構想

こうした生産面での体質改善を進める一方、新車の開発では、いかにも〝ビッグ3〟らしいアメリカ的な取り組みもはじまった。

米政府が燃費規制に乗り出したことで、先陣を切っていたクライスラーに続いて、フォード、GMもおくればせながら燃費のいい小型車の開発に着手するようになった。もっとも大規模に進めたのが、資金力が豊富だったGMである。その進め方も、日本とはスケールが違っていた。世界最大の売り上げを誇る企業らしい空前の巨大プロジェクトだった。

〝ビッグ3〟はどこも小型車のコマ不足が深刻だったが、その対策として、GMの会長ロジャー・スミスが打ち出したワールド・カー構想は、いかにも〝ビッグ3〟らしい発想だった。

販売量が増える日本の小型車に引きずられて、〝ビッグ3〟が売り出す大型車の価格も下げざるを得なくなった。以前は大型車を一台売れば、小型車を三台売った分の利益があがったが、そうした〝おいしい〟商売もむずかしくなった。そこで、自分たちも小型車の分野に進出しなければならなくなった。

日本車の場合、一車種あたり年産二〇万〜三〇万台程度でも採算がとれた。しかし、生産性が低いアメリカでは、その程度の生産台数ではとうてい採算がとれない。量産効果に期待するなら、年産一〇〇万台規模で生産していく必要があった。もちろん、それだけの台数をアメリカ国内だけでは売りさばけないので、世界中に供給していく必要があるということで登場したのが、ワールド・カー構想である。

ロジャー・スミス

ＧＭでは、ワールド・カーである小型車のＪカー、サブ・コンパクト・カーのＳカー、Ｔカーなどが構想された。中でもＪカー構想は生産もワールドワイドで、五〇億ドルもの開発資金を投入して、エンジン、ブレーキ、アクセル、トランスミッションなど重要なコンポーネントを世界に広がるＧＭの生産拠点に割り振って集中的に生産させ、相互供給するというものだった。

いかにも世界のトップ企業ならではのスケールの大きな戦略、大胆な挑戦ではあったが、実際にはことごとく失敗だった。鳴り物入りで完成した車だが、そのわりには品質や性能面での魅力に欠け、日本車と比べて明らかに見劣りがした。

自動車に対する好みは、国によってかなり違っている。たとえ安い価格に設定しても、同じ車に世界中の人が一様に飛びつくわけではない。そうした〝規模の経済〟によって利益を追求しようとする姿勢は、それ以前の〝ビッグ3〟とさほど変わっていなかった。一見、合理的には見えても、いかにもアメリカ人的な荒っぽい発想であり、消費者が車に対して抱く夢を無視した乱暴なやり方だったと言わざるを得ない。

Jカーの開発でも、日本車のようなきめ細かさに欠けていた。エンジンは旧式で、しかも、世界各地で生産するだけに、事業部間で手配や調達の行き違いや品質に問題があるなど、さんざんな結果だった。そのため、予定していたSカー、Tカーの国内生産は放棄された。

日本的生産方式の導入も裏目に

生産方式でもGMは金に糸目をつけず、思いきった自動化を図ることで、日本を一気に追い越そうとした。日本の成功がロボットの導入にあるとみたGMは、持ち前の資金力にものをいわせて、日本のメーカーをはるかにしのぐ投資を行った。

さまざまな人種で構成されるアメリカの労働力の質は、それほど高くはなかった。それでいて、自動車業界の賃金水準はトップ・クラスにあった。そこで、ロボットによる自動化を図れば、品質を高められると同時に、賃金対策にもなって一挙両得《いっきょりょうとく》と考えたのである。

こうして、五〇〇〇台ものロボットを投入するなど、技術の粋を集めた最新鋭のスーパー工場を新設した。経営トップは、最新のロボットやコンピュータを大量に投入して駆使《くし》すれば、すべてがうまくいくとみたのである。

ところが、自動車の構造は複雑で、生産にはどうしても人間くさい工程がついてまわる。現実の工程とロボットとの折り合いが悪かったり、自動化技術そのものが未消化だったりすれば、ラインはたちまち混乱してしまう。GMの挑戦は大胆で画期的ではあったが、あまりにも性急すぎた。

そうした自動化を過信し、机上のプランをそのまま持ち込んだ計画だっただけに、実際の生産がはじまると、問題続出で手のつけられない状態になって失敗に終わった。

「キャデラック」の組み立てで高い自動化率を誇ったハムトラミック工場はその典型だった。生産ラインは放置されることになり、ロボットはほこりをかぶったままとなった。

日本的生産方式の成功は、長年にわたる生産現場からの細かい改良と失敗の積み重ねのうえに築き上げられたものである。彼らには、人間と機械との折り合いのよさという、日本的ものづくりの神髄《しんずい》が見抜けなかったのである。

日本の車づくり技術の向上

GMは、Jカーのあと、一九八五年にやや規模を落とし、三五億ドルを投入して、「サターン」のプロジェクトをスタートさせた。テネシー州スプリングヒルの専用工場で生産を開始したが、投資額のわりには販売台数は伸びなかった。一九九六年の生産台数は三十数万台にとどまり、採算がとれていない。

もし日本の自動車メーカーがこうした一連の巨大投資を行い、ことごとく失敗していたら、確実に倒産していただろう。資金力のあるGMだからこそできた果敢《かかん》な試みだったともいえる。

こうしたワールド・カー構想の失敗例から明確にいえるのは、小型車の開発・生産を〝ビッグ3〟は甘くみていたということだ。狭い島国・日本という環境の中でつちかわれ、日本人の特性も踏まえて生み出されてきた車づくりの手法が、そのままアメリカで通用するはずもなかった。

ただ、GMが大々的に進めたワールド・カー構想そのものは失敗に終わったが、トヨタの倍近くもある巨大な図体を持ちながら、経営のトップがひとたび決断して号令をかければ、全社こぞって一つの方向に向かって動き出すあたりに、GMの底力と機動力の片鱗《へんりん》がうかがえた。

その一方で、日本の車づくりの技術がかなりの高水準に達していた点も見逃すわけにはいかない。

「日本の技術は欧米のものまね」、あるいは「技術のただ乗り」などと揶揄《やゆ》されてきた。たしかに、日本の自動車メーカーが世界自動車史に残るような革新的な技術を生み出すことはほとんどなかった。それでも、地味ながら、二十数年にわたり、独自に技術改良を積み重ね、きめ細かい車づくりをしてきたことで成長をとげたのである。とりわけ、トヨタ生産方式に代表されるように、生産過程における創意・工夫という点では大きな成果をあげた。

日本製小型車の時代

日本車の集中豪雨的対米輸出攻勢

時期はやや前後するが、〝ビッグ３〟の小型車の失敗とはうらはらに、集中豪雨的な日本車の対米輸出に対する批判が、失業問題を抱えたＵＡＷを中心に高まることになった。第二次石油危機以後は、いちだんと批判が強まった。自動車を主とした日米貿易摩擦が政治問題にまで発展し、盛んに論議されるようになった。

一九七九年のアメリカにおける輸入車をみると、一位から五位までを日本車が独占していた。日本車の総生産の半分が輸出され、その多くはアメリカ向けだった。競争が激しい国内向けでは利幅が少なく、日本の各メーカーは輸出で利益をあげようとしていたのである。

アメリカは自由経済を建て前としていただけに、輸入を規制するより、日本車メーカーに対して、雇用対策にもなる現地生産を求める声が高まってきた。

しかし、日本車メーカーの強みは、質の高い労働力を前提としつつ、部品メーカーや下請け、材料メーカーなどと一体化し、緊密な連携によって効率的な生産を行う点にあった。こうしたきめ細かさが求められるジャスト・イン・タイム方式は、日本国内でこそ効力を発揮するものだった。

当時、アメリカに工場を建てても、国内生産と同様の品質を保持しつつ、効率をあげることは不可能と考えられた。

それに、日本の経営陣には、〝ビッグ3〟が小型車の開発に巨額をつぎ込み、本腰を入れて生産をはじめたら、日本車の優位もそう長くは続かないかもしれないとの不安もあった。

高まる反日感情

一九七九年はアメリカで大統領選挙のある年だっただけに、デトロイトの大量失業が深刻化する中、反日感情が高まりをみせ、険悪な状態になった。

アメリカ経済の中核を担《にな》い、数十年にわたってリーディング・インダストリーとして君臨《くんりん》してきた自動車産業が危機に陥《おちい》ったとなれば、ナショナリズムや保護主義の動きが台頭してくるのも当然だった。

一九八一年、UAWが中心になって、ローカル・コンテンツ法案が議会に提出され、下院を通過した。アメリカで一〇万台以上の車を販売するメーカーには、売り上げに応じて九〇パーセントまでの現地部品調達比率を義務づけるというものだった。この法案が可決されれば、トヨタや日産はアメリカ市場からの撤退を余儀なくされる。ここにいたって、日本政府も各メーカーもいよいよ決断を迫られることになった。

まず、通産省の指導により、メーカーごとに輸出台数の総枠を決めるという自主規制に踏み切った。時の田中六助通産大臣は、「自由貿易体制の維持、日米経済関係の一層の発展という大局的見地に立った臨時異例の措置」として、対米乗用車の輸出自主規制を発表した。一九八一年の一六八万台から段階的に増やし、一九八八年の二三〇万台までを総枠とするという自主規制案である。

しかし、その程度の策では、アメリカの日本批判はおさまらなかった。

本田の現地生産開始

日本批判と同時に、現地進出を求める声も年ごとに強まっていった。

そうした要請にこたえるかたちで、一九八〇年一月、先陣を切って現地進出を発表したのが本田技研だった。世界各地でオートバイを現地生産していた本田には、「市場のあるところで生産する」を理念とする〝ホンダイズム〟の社風もあった。

本田の四輪車現地生産は、一九八二年に開始された。これに続いて、八三年には日産も現地生産を開始した。進出を渋っていたトヨタも、八四年にGMと合弁でヌーミー工場を稼働させた。

さらに、一九八七年にはマツダが進出し、八八年にトヨタ独自のケンタッキー工場が稼働した。同年、三菱とクライスラー、八九年にはスズキとGMの合弁工場、いすゞ自動車と富士重工の共同合弁工場が、それぞれ稼働している。

こうして日本車メーカーの対米進出が出そろったが、どこも日本的生産方式を持ち込んでの生産だったため、完成車メーカーのあとを追いかけるように、主な部品メーカーも相次いでアメリカに進出した。

しかし、その多くは、アメリカ自動車産業のメッカであるデトロイトにではなく、それまで工場があまり進出していない地域だった。UAWの影響力が強い地域では、従来どおりの労働協約を結ばされることになり、日本的生産方式が持ち込めなかったからである。

しかし、工場の立ち上げ時こそ、日本から派遣された多くの日本人技術者や作業者がこと細かい指導にあたったが、順次人数を減らしていった。ほとんどの工場で、現地のアメリカ人にまかせる経営方式を選んだ。

当初、生産性、品質、コストがどれくらいになるか、それにUAWとの摩擦も懸念《けねん》されたが、生産は予想よりはるかに順調に進んだ。品質面では、やがて〝ビッグ3〟の工場を上まわるほどになった。

やがて、経営をまかされた現地のアメリカ人の手によって、アメリカのユーザーの好みに合った車を開発するようにもなっている。本田の「アコード」やトヨタの「アバロン」などにみられるように、アメリカで開発された車が日本に逆輸入されるようにもなった。

〝ビッグ３〞急回復

当初、第二次石油危機後のアメリカ自動車産業の不況はかなり長びくものとみられていたが、一九八二年ごろからＯＰＥＣ（石油輸出国機構）の足並みが乱れ、石油価格が下がってきたため、それまで車を買い控えていたアメリカ国民の購買意欲が、急速に高まりをみせた。アメリカにおける乗用車の販売台数は、一九八四年が七八九万台だったが、八六年には一一四六万台と、史上最高を記録するまでに増加した。その後は漸減《ぜんげん》していったが、〝ビッグ３〞の好業績は一九八九年まで続いた。

しかも、喉元《のどもと》過ぎればなんとやらで、またも大型車がよく売れるようになり、新しく登場したピックアップ・トラックも好評だった。それは、日本車に対する輸入規制にも助けられていた。

それに引きかえ、小型車の生産は、八〇年代初頭に〝ビッグ３〞が計画した八八〇万台にはほど遠い、三七〇万台にとどまった。

バブル景気と自動車

バブル経済への突入

一九八五年、先進五ヵ国蔵相会議（G5）の決定により、円高が一挙に進んだ。そのため、アメリカに輸出される日本車の価格は三六パーセントもの値上げを余儀なくされた。これによって、日本製小型車の競争力は弱まり、利益も激減することになった。

そこで、日本車メーカーは対米輸出を小型車から上級車にシフトすることで対応した。輸入枠の台数は変わらないので、価格の高い上級車を売り込むことで、利益の確保を図ろうとしたのである。トヨタの「レクサス」、日産の「インフィニティ」、本田の「レジェンド」などがそれだった。

この間、トヨタとGMの合弁企業NUMMI、マツダとフォードによる共同開発、共同生産、三菱製エンジンのOEM（相手先商標製品）によるクライスラーへの供給などをとおして、ジャスト・イン・タイム方式や多能工制、TQC（トータル・クオリティ・コントロール）、改善運動などの日本的生産方式が移植された。さらに、開発面では開発主査制度やデザイン・イン

トヨタ「レクサス」

なども紹介された。
合弁事業や日本の製造ラインを見学することで、日本的経営、生産方式の効率のよさを学び、積極的に取り入れ出したのである。少しおくれて、ヨーロッパの高級車メーカーの伝統を重んずるベンツまでが、日本的生産方式を取り入れるようになる。
こうした中、八〇年代後半から、日本は円高のハンディもはね返して、バブル経済へと突入していく。

贅沢化《ぜいたくか》現象

バブル期に入ると、土地の価格が急騰《きゅうとう》し、それを資産価値として銀行から金を借りて、さまざまな投機や設備投資がなされた。日本経済は膨張し、輸出も好調で、貿易収支の黒字は一方的に増大、世界一の黒字国となった。
国内では一大消費ブームが起こり、車はもはや贅沢品ではなく、生活必需品となった。女性ドライバーも増え、多様化、ファッション化、高級化が進んだ。そして、自動車の買い替えが早くなるほど、国内の販売台数も急激に伸びた。対米輸出の制限で減少した利益分を、国内需要で補うようになった。

一九八六年に五七〇万台だった国内新車販売台数が、九〇年には七七七万台に急増、国内総生産は一三〇〇万台に達した。

消費者もまたバブルに浮かれ、財布の紐《ひも》はゆるむ一方だった。とくに若い世代は、海外に出かけていっては高価なブランド品を買いあさり、マイカーもそれまでの小型車に替えて、一段も二段も上のランクの車を求めるようになった。

もちろん、自動車メーカーもそうした傾向を先取りするように、いっせいに高馬力化、大型化、高級化させていった。また、多様化する価値観に合わせて、モデル・チェンジを頻繁に行い、車種やバリエーションを増やした。

バブル期の一九八六年から九一年までの六年間に、生産車種は約一・五倍に増えている。一九八一年には約二〇〇種類だったバリエーションも、九一年には約四〇〇種に増加。しかも、バリエーション総数の半分で、全売り上げの九五パーセントを占めていた。ということは、残りの半数はきわめて少量生産でしかなかったことになる。これでは、いくらジャスト・イン・タイム方式でも、量産効果が得られない。コスト高になるのも当然だった。

また、車に必要もないような装備やアクセサリーがつくことになり、エレクトロニクス化も

三菱「パジェロ」1982年型

進んだ。当然、それにともなって価格はさらに上がった。それでも、車は飛ぶように売れた。こうした大型化、高級化した車を求める風潮は、〝シーマ現象〟とか〝セルシオ現象〟などといわれた。

大きかったバブルのツケ

二度の石油危機、排ガス規制、円高を乗り越えて成長した自信から、いつのまにか企業におごりの姿勢がみられるようになり、各社こぞって強気の設備投資を行った。

新型車の開発には数百億円かかるといわれている。頻繁にモデル・チェンジを行えば、それだけよけいに開発費がかかり、企業の損益分岐点を押し上げる結果となった。八〇年代前半の損益分岐点は、平均で七五〜八〇パーセントくらいだった。それが、八〇年代終盤には九〇パーセントを超えるまでになった。フル操業に近い生産をしなければ採算がとれないほど、危うい構造となったのである。

そこにバブル崩壊が起こって、車の売れ行きは一挙に低迷状態に陥った。総生産はピーク時の二四パーセント減の三二九万台も減って、一〇一九万台に急落した。

比較的ゆとりのあったトヨタ、「パジェロ」を擁《よう》してRV（レジャー車）人気に支えられた三菱を除く各社は、以後数年にわたって業績が回復せず、経営は極端に悪化した。一九九四年三月の決算では、一一社のうち五社が営業利益で赤字を計上した。こうしたことは、敗戦直後の混乱期をおいてほかにはなかった。

ことに、精いっぱい背伸びしてトヨタと張り合った日産と、八〇年代に販売チャンネルを五つにも増やして極端な拡販路線をとったマツダの両社がもっとも大きな打撃をこうむった。日産は、一九九五年三月期の決算で、過去最悪の経常赤字六一〇億七〇〇〇万円を計上し、主力工場の一つ、座間《ざま》工場の閉鎖と、五〇〇〇人の人員削減を余儀なくされた。また、マツダは一九九六年四月、ついに自力再建を放棄して、事実上、フォードの傘下に入ることになる。二次や三次の下請け会社の倒産や廃業も日常茶飯事となった。

バブル崩壊と軌を一にして、海の向こうでは、それまで不況にあえいでいたアメリカの自動車産業が、景気の回復とともに再生しつつあった。

「アメリカの再生」

アメリカは、八〇年代半ばごろから、それまでの反省のうえに立って、日本的生産方式を学ぶ一方、思いきったリストラを断行して、スリム化を図った。その効果がはっきりとあらわれてきたのである。

アメリカ自動車産業の再生の要因は、景気回復の恩恵だけではなかった。久しく必要が叫ばれてきた情報化、マルチメディア社会への転換、あるいはグローバル・ネットワークの形成などと連動していた。

こうした情報技術の革新あるいはインフラの整備にかけては、日本は立ちおくれていた。また、アメリカ産業の復活と活性化に、ベンチャー・ビジネスの果たした役割が大きかったが、日本の経営風土ではベンチャー・ビジネスが育ちにくかった。そのうえ、日本の生産性が限界に近づき、鈍化してきたことも不安要因となった。

こうしたことから、新聞や雑誌などには、「アメリカ製造業の復活」「アメリカの再生」「日米再逆転」といった活字が躍った。そんな時期に、〝日本車キラー〟と銘打って、クライスラーの小型車「ネオン」（二〇〇〇cc）が登場、同クラスの日本車より安く設定した価格が、大きな売りものになっていた。それが、マスコミの論調に拍車をかけ、「米自動車産業の巻き返し」と盛んにはやしたてた。

たしかにアメリカの生産性は、八〇年代よりはるかに高くなっていた。品質もめざましいほど向上していた。しかし、シンクタンクや研究者らの分析からしても、総合的にみて、なお日本車のほうが上だった。輸出量も維持していたし、現地生産した車もよく売れていた。当時のジャーナリスティックな論調には政治的思惑も絡《から》んでいただけに、実像がみえにくくなっていた時代である。

ドイツ自動車業界の変貌

一方、ヨーロッパの優等生であるドイツの自動車産業界では、高級車と大衆車の棲み分けがほぼできていて、着実に販売台数を伸ばしてきたが、第二次石油危機以後のマルク高と労働コストの高騰から、競争力の低下に見舞われた。

その対策として、フォルクスワーゲンでは生産ラインのロボット化を進めるとともに、アメリカとブラジルの二大海外拠点で大合理化を進めた。さらに、労働コスト対策として、南ヨーロッパ、東欧にも積極的に進出した。

一九九三年における各国自動車産業の賃金コストを比較すると、ドイツが飛び抜けて高く、フランスの一・八倍、アメリカの一・三五倍、日本の一・二五倍となっている。これでは、いくら生産性が高くても、いずれは限界にぶち当たらざるを得ない。そこで、その対策として海外に生産拠点を移す動きが強まり、その結果、国内産業の空洞化が懸念《けねん》される事態になってきた。

一九九〇年の東西ドイツの統一によって一時的な自動車ブームが起こり、翌年には総生産台数が五〇〇万台を突破したが、九三年には需要の一巡とヨーロッパの景気後退もあって、三七五万台にまで落ち込んでしまった。そのため、フォルクスワーゲン、オペル、ベンツがいずれも赤字に転落した。

このころを境に、ドイツの車メーカーの姿勢が大きく変わりはじめた。たとえば、ベンツは高級車路線からフルライン化へと大きく舵《かじ》を切った。フォルクスワーゲンは、国有企業の名残《なごり》から、自分たちが開発した製品を消費者に押しつけるような傾向があったが、そうした傲慢《ごうまん》さが少しずつ薄れ、顧客の好みを強く意識した市場優先の商品戦略をとるようになって、車もカラフルになった。

そして、ドイツを含めたヨーロッパ全体にいえることだが、とくに環境問題、燃費、安全対策を重視して、自動車の小型化が急速に進んだ。

ともあれ、日本と同様に戦後、急成長をとげ、アメリカを追い上げてきたドイツもまた、国内市場が完全に成熟して、一つのターニング・ポイントを迎えたのである。

バブル後の対応

戦後一貫して成長してきた日本経済も、九〇年代に入って減速、停滞、さらにはマイナス成長となり、産業の空洞化が叫ばれる時代を迎えた。それに対し、かつては輸出先だった東アジアの諸国が目ざましい発展をとげてきた。

ただ、他の主要製造業では、パソコンなどごく一部を除き、ほとんどが七〇年代から八〇年代にかけて成長が一段落し、低成長時代に対応した体制づくりを進めていたが、自動車産業は九〇年代はじめまで成長が続き、低成長時代に対応した体制づくりが求められるようになるのは、バブル経済崩壊後である。

それにしても、たえず右肩上がりできただけに、日本の自動車産業は、長期的な観点に立ったうえでの、低成長時代に即した体制づくりをしてこなかった。

バブル経済の崩壊後、日本の自動車産業に対して、めったに使いもしないような過剰な装備をつけて価格を吊り上げていた新車開発の路線が、まず批判の槍玉《やりだま》にあがった。

ジャーナリズムや評論家たちは、低成長の時代を迎えて、これからは堅実な生活が基調となるため、過剰な装備を取り去った、実質的で簡素な車が求められると予想した。そうした考え方を先取りした新型のトヨタ「カローラ」、日産「ブルーバード」が登場した。

ところが、ジャーナリズムや評論家たちが口にしていた時代認識と、個々の消費者の意識や好みとはかなりずれがあった。バブル期の贅沢な車を見慣れている消費者からすれば、これらの車はあまりに味気なく映った。結局、消費者にソッポを向かれ、さっぱり売れなかった。

日本の消費者には、車に対して、実用性だけでなく、目新しさや夢のようなものを求める風潮がある。それに、消費者の目も肥《こ》えてきたし、洗練もされてきた。ブランド志向の要素も感じられるが、高価格ながら、完成度が高いドイツのベンツ、BMW、フォルクスワーゲンなどの車が人気を集めた。

バブル後の反省の中で、六〇年代から日本のメーカーは主要車種のモデル・チェンジを平均四年サイクルで行ってきたが、それが短すぎるとの批判も起こり、車種ごとの見なおし気運が高まった。

しかし、現実には、景気が回復するにつれて、再びモデル・チェンジが頻繁になってきた。新車効果が薄れてきたときの販売促進策として、マイナー・チェンジを行い、特別限定車として売り出すケースも増えた。

たとえば、一九九〇年代に入って人気が高まり、一時期は乗用車の総販売台数の五割を占めるようになったRV車の新車発表、モデル・チェンジは頻繁で以前よりかえって多様化している。それも、バブル期と似て、過剰な装備をつけて差別化を図ろうとする、にわかづくりのRV車が急増している。同じことが、いま、人気のミニバンで起きている。車名別のブランド数でみると、バブル末期の一九九〇年には一二三だったのが、九六年には二一四にも増えており、その多くがRV車である。

ただ、バリエーションの増加は生産効率を落とす原因となり、車種によって大きく異なるが、従来の三分の二から半分にまで抑えられつつある。

消費者の好みは多様化、個性化し、ライフスタイルも変化して、車の選び方も変わってきた。メーカーは二十一世紀に入り、そうした時代傾向も踏まえながら対応していかなければならなくなったのである。

車のあり方を考えなおすとき

生産面においてはかなり細かいところまで改善が行き届き、もはやそれほど大きな合理化は期待できなくなった。反面、製品の開発・設計面では、頻繁なモデル・チェンジに追いまくられて先送りしてきた課題が、数多く残っていた。そこでまずは、車種を超えた部品の共通化、標準化、規格化、あるいは部品点数の削減が進められた。

たとえばトヨタでは、円高が一ドル＝七九円まで進んで不況に陥った一九九三年には一五〇〇億円ものコストダウンを行ったが、そのうちの三分の二にあたる一〇〇〇億円は部品の共通化を含めた設計の見なおしによるものだという。

同じく、バブル崩壊後の最初のモデルにあたる本田の「アコード」をはじめ、一九九三年夏以降に発表された各社の新型車は、いずれも三〇〜五〇パーセントの部品の共通化がなされていた。その後はさらに進み、最近は六〇パーセントを超す共通化の例もみられるようになった。

かといって、それもあまり極端に進めれば、別の問題が生じてくる。六〇年代の〝ビッグ3〟が行ったように、過度の部品の共通化、プラットフォームの共用は、新車の魅力を失わせるおそれがある。たんにスタイリングを変えただけで、ボンネットを開ければ中身はほとんど同じといったことにもなりかねない。それは、技術者の仕事をつまらなくして、技術の停滞を招き、企業全体としての活力を低下させることにもつながる。

二十一世紀に入り、さまざまな社会的、文明史的な問題や矛盾が、いちどきに押し寄せてきている。これからは、成長一辺倒の時代になおざりにしてきた安全性、環境問題、リサイクル、省資源・省エネ、交通システムの整備、高齢化社会に対応した問題などの課題に本格的に取り組む必要がある。車のあり方、技術そのものを根底から見なおすことも必要になっている。

第四章　戦略と組織の大改革

商品戦略の時代

気まぐれな時代

いつの時代も人の心は移ろいやすく、気まぐれである。とりわけ車のような人の好みに左右されやすい商品では、ちょっとした時代の気分や流行で、売り上げが大きく変わってしまう。

しかも、日本の市場は世界でもっとも気まぐれなことで知られている。これといった理由もなく、ある日突然、高級車ばかりが次々と売れ出したり、ちょっと気のきいたCMが受けたことで、製造が注文に追いつかないほど売れ出したりする。それだけに、車の開発担当者たちは日夜、頭を悩ますことになる。

前述のように、六〇年代から日本車メーカーはほぼ四年ごとに主力車種のモデル・チェンジ

ホンダ「オデッセイ」1994年型

を行ってきた。したがって、少なくとも四年後の消費者の好みを予測して、新車の企画をしなければならないのである。

この読みがはずれたら、結果は悲惨《ひさん》である。高価な商品だし、一台の新車を開発するのに、数百億円もの費用がかかっているのだから。自分が責任者として開発した新車の売れ行きが悪かったりしたら、それこそノイローゼになりかねない。開発責任者が出社拒否症になった例もある。

たとえば、九〇年代半ばから後半にかけて流行したRV車などはこれほど売れるとは、だれも予想していなかった。独自のオフロードRV車「パジェロ」を開発した業界三位の三菱自動車だけが、バブル後の不況時にもさほど業績を悪化させることがなかった。ところが、人気の高まりとともにRV車が多様化すると、「パジェロ」のようないかめしい車はあきられ、人気もいまひとつとなった。消費者の急激な好みの変化に追いつけず、「パジェロ」一車種に頼っていた三菱は、またたくまに低迷することになった。

一方、セダンにシフトしたことで不振のどん底にあった本田技研が、商品戦略を転換して、それまでにないコンセプトのRV車や続いて流行となったミニバンなどを次々と売り出した。「オデッセイ」を牽引車《けんいん》にして「CR—V」「ステップワゴン」「S—MX」「ライフ」と立て続けにヒットを飛ばした。売り上げは急上昇し、売り上げ、利益ともに史上最高を記録した。一九九七年度も好調を維持した。

この結果、業界五位に低迷していた本田が、またたくまにマツダ、三菱を抜いて第三位の座にのし上がった。一九九七年十一、十二月には、一時的だが、二位の日産を上まわる販売台数を記録した。

消費者ニーズに素早く対応する本田

一九九九年十二月にはモデル・チェンジした「オデッセイ」、そして二〇〇〇年十月に「オデッセイ」より一まわり小さな新型車のミニバン「ストリーム」が発売されたことで、折からのミニバンブームの波にいち早く乗って両車種とも大ヒットした。加えて、二〇〇〇年九月にはモデル・チェンジした主力車種の「シビック」が加わり、北米での好調にも支えられて、売り上げは過去最高の六兆四六三八億円となった。

二〇〇一年度も好調に推移していて、上半期の売り上げ、利益とも過去最高を達成してお

ホンダ「フィット」

り、九月に起こったアメリカの同時多発テロ事件の前の予想では、五パーセント増の二七一万台を見込んでいる。その理由は、二〇〇一年四月にモデル・チェンジされたやはり人気の「ステップワゴン」が好調で、これに加えて六月、本田が並々ならぬ力を入れて開発した世界戦略車（WBC）の「フィット」が発売されて、予想を超える好調な売れ行きを示しているからだ。

ちなみに一三〇〇ccの「フィット」は日本やヨーロッパ市場で多大な需要が見込まれているリッターカーで、二年前に先んじてトヨタが発売した「ヴィッツ」に対抗するものである。燃費は「ヴィッツ」を五キロ上まわるリッター二三キロ（一〇・一五モード）であり、今後、この二車種に加えて、同車種を開発中の三菱とダイムラー・クライスラーや日産・ルノーなどが世界戦略車を市場投入してくる計画となっている。

トヨタ「ヴィッツ」

こうした販売の好調を受けて、本田は二〇〇一年度の売り上げを一〇・六パーセント増の、これまた過去最高の七兆一五〇〇億円を見込んでいる。軽自動車を含んでいるとはいえ、同年度の日産の予想は六兆三〇〇〇億円であることから、かなり上まわって差を広げ、国内業界第二位の地位を固めることになる。

本田はさらに強気の見通しをもっており、二〇〇〇年度の国内販売台数は七七万だが、二〇〇三年度は九四万台、二〇〇四年度は一〇〇万台を目標に掲げている。

このあと二〇〇三年までに一三種類の新型車を発売する予定だからである。

トヨタなどより会社規模が小さい本田はその分、小まわりが利き、消費者ニーズに素早く対応してRV車を、さらにはミニバンなどの新型車を重点志向で次々と発売していく。あるいは、流行を自らつくり出していく業界の先導役すら果たしている。

組み立てラインの制約から、車高を低く抑えざるを得ず、賭《かけ》を覚悟で発売した「オデッセイ」の、たった一車種が思いがけずヒットして、たちまち業界順位が入れ替わってしまう。本田の「オデッセイ」は、そんな不安定、不確実な時代がやってきたことを証明していた。

V字回復を狙う三菱

それと対照的なのが、一九九〇年代半ばまで業界第三位だった三菱である。「パジェロ」に安住してこれにこだわりすぎ、守りの製品戦略をとったために、移り気な消費者の嗜好《しこう》をつかみきれず、売り上げを落として一気に低迷への道をたどることになった。

先代の「パジェロ」以降、現在まで、これといったヒット車がなく、画期的なGDIエンジンの強みも十分に生かしきれていないために新車の投入効果が得られず、一九九六年以来、五年連続で国内販売台数は減少した。

一九九八年三月期の決算では一一〇〇億円の経常赤字を出して、上場以来初めて無配となり、二〇〇〇年七月には一連の車種でリコール隠しが発覚して消費者の不信を招き、販売台数はさらに落ち込んだ。

このため、二〇〇一年三月期の営業利益は前年度比で九六四億円減となった。そのうえ、二〇〇三年度までに九五〇〇人の人員削減や大江工場の閉鎖などを含めた国内生産能力を二八パーセント減らす計画である。こうした退職金などの引き当てもあって当期の純損益はマイナス二七八一億円にも膨《ふく》らんで、これまた過去最大の赤字額を記録した。

こうした低迷から一九九九年夏以降、株価は急落して、半年後には半額の三〇〇円代前半にまで落ち込んで、有利子負債は一兆七〇〇〇億円にものぼり、追いつめられて、二〇〇〇年三月、ダイムラー・クライスラーとの資本提携を余儀なくされた。ダイムラーが二二五〇億円を投入して三菱に三四パーセント出資し、主に乗用車事業で戦略的な提携関係に入った。

三菱は追い込まれての資本受け入れを含めた包括的提携だけに、中身はきびしい内容で、ダイムラー側は三菱に最高執行責任者（COO）を派遣する。また、シュレンプ会長は「われわれは三菱に対する出資を三年後には無制限に引き上げることができる」と自信たっぷりに語り、完全子会社化の可能性も公言している。

日本を代表する、誇り高き三菱財閥グループの中核を占める三菱自動車でさえ、過去の成功に甘んじて油断し、ヒット車が生まれない場合には、マツダや日産などの例と同様に、またたくまに外資に飲み込まれてしまう現代における自動車産業のきびしさを如実《にょじつ》に物語っている。

シュレンプ会長は三菱への出資を「商用車部門のアジア戦略をより完璧なものとするのに大きな意味を持つステップである」と語り、今後、ダイムラーグループで手薄な小型車の開発、生産やアジア市場進出の重要な役割を担《にな》うことになるが、加えて、二〇〇二年秋に販売が予定されている世界戦略車のZカーの開発も引き受けることになった。

市場ニーズに即応した体制づくりを目指し、これまで三菱の弱かった乗用車デザイン部門を強化するため、二〇〇一年四月、その責任者に、ダイムラーの前デザインセンターのゼネラルマネージャーであったオリビエ・ブーレイを起用した。ブーレイはベンツ時代にSおよびCクラスのデザインを担当したことで知られており、ダイムラーグループの三菱に対する期待をうかがわせる。

この他、三菱は二〇〇一年秋には新型軽自動車の「eKワゴン」を投入した。二〇〇三年には主力乗用車の「ギャラン」の次期モデルを市場投入するし、技術面では、二〇一〇年をめどに、強みであるGDIエンジンやCVTなどを組み合わせた電子制御システムをすべてのガソリンエンジンに展開する方針である。こうした一連の改革、体質強化で、日産と同様なV字回復を狙っている。果たして思惑どおりに事は運ぶであろうか。

近年は、新車効果の期間が極端に短くなっただけでなく、開発リードタイムも短くなった。そのため、ヒットした新車はすぐに他社にまねされて、次々に似たような車が発売され、包囲網ができ上がる。もはや、かつてのように、長く続いてきた安定した主力車種のブランド、たとえば「ブルーバード」や「コロナ」「ファミリア」などが確実に売れるとかいった読みはできなくなった。

移り気な若者や三十代の家族持ちを中心にトレンドをつくっていく最近のマーケットでは、機敏に先を見抜いて企画・開発しなければならない。なにしろ、リクルートが高校生を対象に行った「クルマ購入意識調査」によれば、六四パーセントが「憧《あこが》れの車はない」と回答している。ちなみに、スーパーカー・ブームなどを経験した三十代では、特定のブランドに憧れを抱いている人は六一パーセントにのぼっている。

一家に一、二台は当たり前、いまでは三台以上あるケースも珍しくない時代となった。手に入りにくかった昔のように、車に憧れたり、夢見たりすることもなくなった。それだけに、消費者を引きつけ、夢を与えるような車を開発することがむずかしくなってきている。

俊敏《しゅんびん》がのろまを食う

八〇年代までは、日本の各メーカーともひたすら品質の向上とコストダウンに邁進《まいしん》していた。ところが、生産部門や部品メーカー、下請けに強《し》いる従来型のコストダウンや品質向上は、ほぼ限界に近づきつつある。かわって、九〇年代は開発と商品戦略が重要になってきた。こちらのほうはまだまだ改良の余地がある。

一九九五年八月、「トヨタの変革」を唱えて社長に就任した奥田碩《おくだひろし》はトヨタの大胆なグローバル展開を強力に推し進めたが、矢継ぎ早に新たな方策を打ち出して、国際競争も含め、なにごとにおいても「スピードが要求される」と強調している。また、クライスラーのイートン会長も、「自動車産業の競争では大きい者が小さい者に勝つのではなく俊敏な者がのろい者を食う」（日経産業新聞・一九九六年九月二十三日付）と述べている。

一九九六年六月、経営不振からフォード傘下に入ったマツダの社長に就任したヘンリー・ウォーレスも、再建のカギとして次のように強調している。

「生き残るのは、顧客志向が強く、市場の求める商品に素早く対応できる企業グループだということは、はっきりしている」（日経産業新聞・一九九七年四月十三日付）

九〇年代半ばになると、「先んずれば人を制す」の格言そのものの時代が到来したのである。時代のニーズを読み取り、他社よりも素早く開発して市場に送り込み、確実にヒットさせていくことが重要になってきた。製品の開発だけでなく、生産設備の切り換えや更新、海外への進出、新技術の開発など、経営すべてにおいてそれが必要である。そうしたことによって、売り上げが大きく上下する時代を迎えたのである。

開発リードタイムの短縮

こうしたシビアな時代になって、もっとも大きな問題となるのが、開発リードタイムである。

開発リードタイムとは、新型車のデザインを固めてから量産を開始するまでの時間をいう。最近は、消費者の好みが目まぐるしく変わるため、国内メーカーの開発リードタイムが従来のように三十六ヵ月とか四十八ヵ月もかかっていたのでは話にならない。

一九八〇年代までのヨーロッパの高級車では十年をかけるのが普通であり、アメリカでは八年が一般的だった。たとえば、フォルクスワーゲンの主力車種では、八年かけていた。

開発リードタイムが長いほど開発コストもよけいにかかるが、それだけが問題ではない。それよりも、市場に投入するころにはすでに消費者の傾向が変わっていて、見向きもされなくなっていることがこわいのである。もちろん、搭載した新技術も陳腐《ちんぷ》化《か》してしまう。

世の中の好みの変化に素早く対応でき、最新の技術も盛り込めるよう、開発リードタイムをできるかぎり短縮しなければ、これからの競争には勝ち抜いていけない。最近では、他社より一日でも早く市場に投入して新鮮味があるうちに売りさばくことが至上命令となっている。

それに、新型車の読みがはずれたとしても、開発リードタイムが短ければ、傷をできるだけ深くしないうちに、次の商品を素早く開発して切り替えられる。これが、消費者の好みを予見することがむずかしい時代の処方箋《しょほうせん》であり、企業が致命的なダメージを受けないですむ方策でもある。

こうしたやり方は、なにごとにも組織で取り組み、残業に次ぐ残業もいとわず、がむしゃらに突き進む日本のメーカーの得意とするところである。

同時並行開発方式とデザイン・イン

技術者のプライドが高く、個人主義傾向の強い欧米のメーカーでは、これまで製品を開発する場合、専門の垣根《かきね》を取り払って、部門を越えて話し合い、調整しながら同時並行で進めるということができにくかった。

一般的に、プラットフォーム、エンジン、ボディ、内装、電気関係といった主要部門が独立したかたちで開発を進めていく方式だった。こうしたやり方では、プラットフォームやボディの設計ができ上がったあと、エンジン周辺や内装の設計を進めていくことになる。そうしないと、ボディ設計の途中で問題が発生したり、変更の必要が出てきた場合、収拾がつかなくなってしまうからだ。この方式では、かなりの時間もかかってしまう。

ところが日本では、六〇年代前半ごろから、開発主査に大きな権限を与えて新車開発の各部門を統括させ、同時並行で開発を進めていくという、サイマルテイニアス・エンジニアリング(同時並行開発)方式を採用している。

これはトヨタが先鞭《せんべん》をつけたもので、途中で変更があれば、主査が調整役あるいは最終決定者となって、各部門が話し合って決めていく。

ベンツでは高級車の開発に十年もの時間をかけていたが、トヨタの高級車「セルシオ」などでは、同時並行開発方式によって、ベンツの半分の開発リードタイムでベンツ車に近い車をつくり上げている。

この方式では、開発の初期段階から各部品メーカーが参画《さんかく》し、重要な大物部品の設計をまかされて、自らも図面を描き、同時並行で共同で進めていく。これをデザイン・インと呼ぶ。かつてのように、完成車メーカーから完成した図面をもらって、そのとおりに部品をつくっていたのでは、時間がかかってしまうからだ。

日本の部品メーカーは、たんなる下請けから脱皮し、完成車メーカーと同等に研究開発し、設計して、新しい技術を積極的に提案できるだけの力をつけてきたことを物語っている。

同時並行開発方式の盲点

日本車メーカーではこの開発方式を武器に売り上げを伸ばし、輸出を拡大してきた。日本の成功で、欧米のメーカーもこの方式を取り入れることになった。しかし、一方で、サイマルテイニアス・エンジニアリングによって、新車開発の数が不必要に増えたり、過度のモデル・チェンジを生む要因ともなった。

日本車メーカーは俊敏なるがゆえに、自転車操業的に次から次に開発を進め、矢継ぎ早に新車を出すことになる。また、顧客のニーズに対する過剰反応のあまり、消費者のわがままやちょっとした流行に振りまわされすぎるところもある。その結果、必要のない装備をつけたり、車種をいたずらに増やしたりすることにもなり、少し時間がたてば飽きられてしまう。

モデル・チェンジの数が増えれば、生産設備への投資も膨らむ。しかも、その結果、でき上がった商品に、特徴もなければ、メーカーとしての主張も一貫性もない、いわば総花《そうばな》的な商品となってしまう可能性もある。これといった不満もないかわりに、コンセプトにメリハリも個性も感じられず、全体として魅力に欠ける商品になってしまう。

日本車にはこうした傾向が強く、消費者の不満を買っている。日本のメーカーでは、じっくり時間をかけて検討し、自らの主張も込めて、自信をもって世に問うというやり方をしているところが少ない。乗れば乗るほどよさがわかり、消費者を魅了してやまないという車が少ない。

膨大《ぼうだい》な量の販売情報や市場調査のデータをコンピュータにインプットして分析し、その結果に基づいて新型車のコンセプトを決めていくことが多い日本の開発方式では、どうしても特徴のない車が生まれやすいし、申し合わせたかのように各メーカーからいちどきに同じような車が発売されたりする。こうした無駄なモデル・チェンジを繰り返す日本のやり方は浪費そのものとして、欧米から批判を受けているのも事実である。

基幹情報システムの構築

一九九七年三月、日産自動車は、九七年度以降に発売する新型車は、車種を問わずすべて、開発リードタイムを従来の三十ヵ月から十九ヵ月に短縮すると発表した。一九九〇年代半ばから後半にかけて流行したRV車や最近のブームであるミニバンなどは、一刻も早く市場に投入する必要があるため、最近では各社とも開発リードタイムが十三ヵ月というのも珍しくない。

日産における従来の開発手順では、まず設計部門が描いた図面をもとに十ヵ月を要して忠実に試作車をつくり、このあと、生産部門が二十ヵ月かけて生産の具体的な手順を決めていた。

この両者を同時並行に進めることで、開発期間を短くすることができるわけだが、そのため、設計段階から、両部門のあいだで設計データなどを常時やりとりできる大容量の基幹情報システムの構築が不可欠で、同社ではいま、次世代の三次元CAD、CAM、CAE（コンピュータによる設計、製造、エンジニアリング）の本格的な導入を進めた。

このシステムによって、スタイリングの決定から、従来は試行錯誤を繰り返していたエンジンまわりや室内空間の設計、衝突や空気抵抗、冷却、騒音までもシミュレートし、コンピュータ・グラフィックによる三次元モデルでの検討もできるようになった。

また、コンピュータ内の設計情報や図面は、生産技術や生産管理、資材、購買、品質管理などの工場部門からもリアルタイムで引き出すことができる。これによって図面の完成度が高まり、これまで二、三回つくっていた試作車を一回に減らすことができるという。そして、設計が完了したときには、少しおくれた程度で生産方式、組み立て手順、治具《ジグ》、工具まで決まっているという、迅速な段取りが可能となる。

日産では、生産手順を決めるとき、かつては三〇〇〇回から五〇〇〇回も設計の見なおしをしていたため、多くの時間がかかっていたが、いまでは五分の一以下に減っているという。それが可能になった一因に、部品メーカーのデザイン・インがある。それも、最近では、部品メーカーが、二つ以上のコンポーネントをユニットにしたシステムのかたちで完成車メーカーに納入するモジュール化が一般的になっている。部品メーカーがかなりまとまりをもったサブ・

アセンブリー状態まで設計し、きちんと組み立てて検査をすませてから納入するので、完成車メーカーの手をわずらわせることが少なくなった。

このモジュール化による組み立ては、自動化率が高い、ヨーロッパの新鋭工場で最近、とくに盛んになっており、中でもフォルクスワーゲンは九〇年代半ばごろにはすでに実現しており、コストダウンの有力な武器となっている。もはや、個々の部品レベルでのコストダウンは出尽くしているため、それらを統合化し、まとまったシステムとして外注化（アウトソーシング）することで、組み立て作業の軽減や物流、工場のレイアウトまで簡素化している。

日産がこうした方針を打ち出した背景には、九〇年代後半の売れ筋だったRV車などで出おくれが目立ち、シェアも過去最低の二〇・八パーセントにまで落ち込んだことに対する危機感があった。その巻き返しの手段として、開発リードタイムの短縮を推進したという。

ヨーロッパでの取り組み

開発リードタイム短縮化の傾向は、日本や〝ビッグ3〟だけでなく、ヨーロッパでも同様である。日本的生産方式の採用に続き、独自の技術やノウハウに強いこだわりをもっていた開発面でも、ヨーロッパのメーカーはなりふりかまわず日本的な方式を採用しつつある。

ただ、そこには弊害《へいがい》も見受けられる。現実には、コスト競争、時間との戦いばかりがエスカレートし、それまで維持してきた各メーカー特有の独自性や主体性、主張や思想性を失わせていることは否めない。それはまた、メーカーが自らのアイデンティティに対して自信を喪失してきていることのあらわれでもある。

また、開発リードタイムの短縮は必要であるが、その結果、じっくりと時間をかけた車づくりは困難になる。高級車は別として、世界各国で生産する世界戦略車は生産数量が多いため、試作段階での実験や確認試験、耐久試験の期間が著《いちじる》しくけずられることになる。こうした試験結果からフィードバックして改良を行う期間もけずられていく。

そのため、開発リードタイムの短縮が、かえって安全性、耐久性を損なう結果に結びつかないともかぎらないし、製品のリコールが増える可能性は十分にある。このあたりが、今後の問題点として残っている。

グローバル・ネットワークの構築

「ネオン」でのCALSの試み

一九九四年一月、クライスラー社が〝日本車キラー〟と銘打った「ネオン」を発表したが、日本の各社は、その中身からして、おそるるに足らずと、いささか醒《さ》めた反応だった。

日本での販売は、二年半後の一九九六年六月からはじまったが、案の定、同クラスの日本車と比べて割安といわれながらも、十ヵ月の合計台数は目標の四〇〇〇台をはるかに下まわる一六六〇台でしかなかった。同時期に日本市場に投入されたGMの「キャバリエ」も、ほぼ似たような状況だった。

いかに低価格だったとしても、日本の消費者の要求はアメリカに比べて細かく、しかも欲ばりである。「ネオン」は日本の消費者からすれば、あまりにも味気ないつくりでしかなく、魅力に欠けていた。

それより、「ネオン」をめぐっては、車そのものとは別に、日本の各社が注目し、驚かされたことがあった。それは「ネオン」がCALS（電子ネットワークを用いたデータ統合情報システム）を使って開発されていたことだ。

CALSは開発から生産まで広い範囲をカバーしており、CAD、CAM、CAEも含まれている。「ネオン」で使われたのは、おもに三次元モデルを駆使したペーパーレス・システムのCATIAだった。これは、軍用機メーカーであるフランスのダッソー・システムズが開発したソフトである。

日本よりはるかに長い六年もの開発リードタイムが当たり前だったクライスラーだが、「ネオン」では、従来の半分以下の三十一ヵ月だった。やがては日本車並みに二十四ヵ月になるといわれている。

クライスラー「ネオン」1995年型

もともとCALSは米国防総省がつくったシステムである。先の基幹情報システムと共通するが、図面やマニュアルなどを、共通のルールに基づいて電子化してデータベースにする。ネットワークを研究、開発、製造、品質管理、販売といった親企業の各部門だけでなく、部品や材料のメーカーにも広げる。それによって情報の共有化が進み、三次元画面でのやりとりができるようになる。また、製品の研究開発段階から並行して資材の調達や製造工程への指示などもできる。

海外拠点や部品メーカーとの設計変更などのやりとりも即座に対応でき、販売店からの顧客情報も共有できる。もちろん、開発リードタイムの短縮やコストダウンには大いに役立ち、IT時代に即した情報システムでもある。それだけに、大いに期待され、以後、ますます盛んになっている。

ただし、システムが大きく複雑なだけに、使いこなすまでには相当の年月が必要である。

遅まきながら日本でも

情報システムの分野にかんしては、日本はアメリカより三年以上もおくれているといわれている。三次元CADなどのコンピュータによる車のデザイン設計には、各社とも十年以上も前から取り組んできた。ところが、最初は慣れないせいもあって、コンピュータより人の手で図面を描いていたほうが早く、効率もよかった。欧米と比べ、日本車メーカーはモデル・チェンジが頻繁で、しかも短時間で開発しようとするため、どうしても手っとり早い人手に頼ってしまいがちになり、CADを活用した設計への転換が十分にできなかったのである。

「ネオン」の開発で使われたCALSは、遅まきながら日本でも導入されることになった。一九九六年、日産をはじめとする完成車メーカー、部品メーカー、富士通など情報関連企業を含めた六〇社が、CALSプロジェクトの推進母体となるV―CALSコンソーシアムを設立した。通産省（現・経済産業省）の支援を受けるかたちで実証実験が進められており、その一つに、最近流行のバーチャル技術を利用した車のデザイン設計がある。

これはNEXT（ネットワーク・オブ・エキスパティーズ・アンド・テクノロジー）と呼ばれる方式で、トヨタ、日産、本田など大手自動車メーカー五社を最新のオンライン・システムによってつなぎ、共同で電気自動車のデザイン設計を進めてきた。各社が電気自動車の各部分を分担して、互いにデータを交換したり、電子会議によって検討しあったりしながら設計を進め、試作模型をつくり上げるというものである。

こうしたバーチャル技術を使って実際に開発されたのが、トヨタの小型車「bB」である。画面上に三次元の「バーチャルファクトリー（仮想工場）」を設けて、組み立てのさいに部品同士の干渉が起きないかなどを確かめたりした。

各社が共同でCALSを進める理由はいくつかある。

コンピュータ・メーカーと共同で進めてきたシステムは、どこも似たようなものを目指していながら、導入するコンピュータが違っていたりしていた。もちろん、各企業にはそれぞれの戦略やノウハウがあり、独自で進めざるを得ない部分はある。しかし、その前段階での標準化や規格化、あるいは操作方式などは、各社共通でもかまわない。それればかりか、各社が勝手に独自の規格化を進めれば、自動車業界全体の統一化が図れなくなってしまう。

各社まちまちなコンピュータ・システムでもっとも不都合が生じるのは、部品メーカーや材料メーカーである。複数の完成車メーカーと取り引きしている場合、社内に幾種類もの規格が横行することになり、コンピュータ機器も使い分けなければならなくなる。管理が煩雑《はんざつ》になれば、コスト高に結びつくし、時間のロスも大きくなる。

そこで、各社が異なるCADシステムを持っていても相互に情報交換できるよう、共通規格（STEP）の標準化やセキュリティ技術など、ネットワーク・インフラの整備を進めている。

これは、CALSに向けた環境整備であり、相互の歩み寄りの結果である。

グローバルな視点の欠落は命取り

CALSはなお発展途上にあり、適用範囲も広がりつつあり、利用価値はますます高まってきている。とくに、これからさらにグローバルな時代を迎え、国内業界の統一化だけでは不十分である。

アメリカやヨーロッパでも国際標準化を目指すCALSの計画が動き出している。最近では、車種が増え、色や装備の組み合わせ、あるいは有無などで、バリエーションが一〇〇近くにものぼる。それだけに、総コストを下げるためにも、設計から生産、部品の発注、客の注文、販売、納車にいたるまで、これまで以上にコンピュータ・ネットワークを駆使した一元的管理が望まれる。

従来のカンバン方式による意思伝達では、介在する人の数が多すぎて、情報システムとしては効率が悪い。また、これまでのような人海戦術に頼った新車開発では、設計段階での無駄が多すぎる。

そこで、たとえば日産では、一九九八年末までに超高速デジタル回線で国内事業所、グループ企業をカバーし、順次、八〇〇以上の部品メーカー、ディーラーなどに広げたが、その中心を、同社の研究開発の拠点であるテクニカル・センター（神奈川県厚木市）に設置した。

トヨタでも、グループ企業を含めた新たなネットワークの構築を行った。さらに、海外の部品メーカーや現地法人、販売会社も含めた高速ネットワークに拡大し、一九九七年中に六〇〇社と結ぶ情報網を完成させた。

アメリカはIT先進国だけにその活用は盛んで、旧〝ビッグ3〟がインターネット技術を取り込んで、通信手段の標準化を進め、これをもって自動車業界の世界標準に据えようとしている。トヨタや日産のような完成車メーカーと部品メーカー間における部品調達や開発に利用するネットワークはもちろんだが、販売ディーラーやサービスショップ、サプライチェーンとのあいだの新車販売や補修部品の取引など、サービス分野にも全面的かつ体系的な導入が図られている。

一般ユーザー向けのインターネットによる新車販売も盛んに行われており、これらはGMの傘下に入ったいすゞや富士重工、スズキなどにも導入されることになる。

八〇年代から、高品位テレビ（ハイビジョン）の世界標準をめぐって、「アナログかデジタルか」の対立が日本、アメリカ、ヨーロッパのあいだで十年以上にもわたって続いた。結局は、日本のNHKが推《お》すアナログのハイビジョン放送は敗北し、アメリカが主張するデジタル方式に決まった。

ビデオディスクにおけるVHS方式とベータ方式の争いでも同様だが、こうした事例は自動車業界にとっても人ごとではない。日本版CALSも、せっかく膨大な時間と資金を投入してつくり上げながら、これまでのように国内業界だけでまとめようとする体質では、旧〝ビッグ3〟が推進する世界標準から孤立するおそれがある。パソコンにおけるマイクロソフト社やインテル社の例にみられるように、こうした基準づくりではアメリカが圧倒的な強みを発揮している。すでに国境を越えてネットワークが構築されるIT革命の進展によって、グローバルな視点の欠落は、命取りになりかねないのである。

これからのメガコンペティションに勝ち抜いていくためにも、世界に散らばった部品メーカーや自社の生産拠点や販売店ほかを、情報ネットワークで結ぶことによって、さらに効率的な生産を行っていくことが必要になる。いま自動車業界で進みつつあるメーカーの提携や合併を内実のあるものとする意味においても、こうしたグローバル・ネットワークの構築が不可欠で、もっとも差し迫った課題となっている。

プラットフォーム統合化

いま世界の自動車メーカーが新型車の開発・生産でコストを削減する最重要課題として競って取り組んでいるのが、プラットフォームの統合化である。

プラットフォームとは、車の骨格になるエンジンなどを取り付ける枠組みをかたちづくっている「車台」のことである。共通化した一つのプラットフォームに、どんな種類のサスペンションやエンジン、トランスミッションなどを取り付けるか、その組み合わせによって、セダンやクーペ、RV、ミニバン、あるいは2WD、4WDなどの多様な車をつくり分けることができる。

このような意図からして、プラットフォームの種類はたんに大型車、中型車、小型車といった分け方だけでなく、FF車（前部エンジン・前輪駆動）やFR車（前部エンジン・後輪駆動）といったタイプ別の分け方になる場合が多い。

プラットフォームの統合化は同時に、膨大な数と種類がある部品やシステムの共通化もうながして絞り込みが可能となるので、コスト削減に絶大な効果がある。そのことはおのずと、さまざまな種類の部品を生産する部品メーカーの合併や再編をうながし、しかも、世界各地で生産されることになるため、世界的な規模での生産拠点づくり、供給体制をどうつくりあげていくかが問題となってくる。

その結果、共通化したプラットフォームや部品、システムはこれまでよりはるかに生産量が増えてスケールメリットによる三割ものコストダウンが図られることも珍しくない。

自動車メーカーは市場ニーズを尊重して、多種多様の車をすばやく投入しなければならないが、そのためにも、すでにある統合化されたプラットフォームをベースとして次々と派生型の車種を安く、短期間に開発できて二重投資も回避できる。

そのうえ、世界各地で売る自動車の同一化、同一品質が保証されるだけでなく、統合された主要なプラットフォームモデルは年産一〇〇万台規模となり、これに搭載する主要なエンジンやトランスミッションは一〇〇万から二〇〇万基規模となってコスト削減に貢献する。

こうした相乗効果が得られるので、従来どおりの方式で、ほどほどの量を生産するメーカーの車と比べて生産原価が大幅に下がり、収益率に差が出てくるとともに、競争力も高まることになる。

熾烈な国内競争から、場当たり的に新型車の開発やモデル・チェンジを次々と行ってきた日本車メーカーは、欧米のメーカーと比べてプラットフォームの統合化がおくれていた。中でも、トヨタを強く意識して追随《ついずい》し、フルラインメーカーとして数多くの車種を開発していた日産はその典型例だった。

一九九六年末、神奈川県厚木市にある日産の開発拠点、テクニカル・センター（NTC）に、まだ日本では発売されていない車も含め、おもなヨーロッパ車メーカー、ルノー、フォルクスワーゲンなどの最新の小型乗用車やRV車などが一堂に集められた。これらの車を首脳陣や開発部門などの関係者が三日間にわたって、微《び》に入《い》り細《さい》をうがってながめまわした。設計思想が変わってきたと伝え聞くヨーロッパ車が、現実にどのようになってきているのかを、実物を目の前にしながら確認し、研究しようとする試みだった。

もっとも注目されたことの一つは、プラットフォームの統一化がいかに行われているかだった。日本より先をいくヨーロッパ車の進化に刺激された塙義一《はなわよしかず》社長は、「ルノーは一つの車台（プラットフォーム）から七つものモデルをつくり分けている」と強調して、出おくれている日産の開発陣に檄《げき》を飛ばした。

また、大久保《おおくぼ》宣夫《のぶお》常務は、すでにプラットフォームの絞り込みがかなり進んでいるフォルクスワーゲンなどでは、「一車台あたり一〇〇万台が世界で通用する大衆車の条件になる」と指摘した。

こうした検討の結果も踏まえ、日産でも大々的なプラットフォームの統合化を進める基本方針を決定し、それにともなう開発体制の見なおしが行われ、一九九七年七月一日付で商品開発本部の組織変更が発令された。

それによると、従来、車種群ごとに三つに分かれていた商品開発本部を二つに集約し、セダンとRV車を一つの開発本部で手がけるようにした。この狙いは、これまでのセダンとRV車を別のプラットフォームとする考え方を改め、両者を統一化したうえでつくり分ける方式として、部品の共通化をより進めようというのである。

日産にはこれまでセダンやRV車など合わせて一五種類のプラットフォームがあった。これを、今度はFF車三種類、FR車二種類の合計五種類に統一する。これに、派生車種を加えて、年間一〇〇万台を超える生産量にするという計画である。これにより、日産が世界で生産する車の四割近くを一つのプラットフォームに集約したことになる。

開発の費用や期間が大幅に節約され、なおかつ量産効果が得られ、しかも、部品の種類が一挙に減り、購入も大口になって、さらにコストダウンが図られる。こうした一連の改革によって、三〇〇〇億円のコスト低減ができる見込みだという。トヨタでも、プラットフォームを現在の三分の一以下にする計画を進めている。

日本車メーカーはこれまで、混流生産を極限まで進めたジャスト・イン・タイム方式を駆使することで、多様な車種、多くのバリエーションをつくり上げて、顧客のニーズにこたえてきた。たとえ新型車の開発のたびに新たなプラットフォームをつくっても、労働者の優秀さ、柔軟さでカバーし、現場におけるきめ細かい改善の積み重ねによって、効率的な生産を維持してきた。

その点、欧米では労働組合の反対などもあって、日本のような小まわりのきく生産方式がとれず、むしろ、設計段階で統一化、共通化することによって生産部門に負担をかけないかたちでの生産方式をとってきた。

そうした、生産部門にもたれかかる日本式のやり方が、九〇年代半ばになって限界に達したのである。

トヨタのプラットフォーム統合化

トヨタは、一九九九年一月に発売したニュー・ベイシック・カー（NBC）と呼ばれる世界戦略車「ヴィッツ」の発売以降に続々と登場させた新型車モデルによって、プラットフォームの統合化は加速し、市場シェアの拡大を図ろうとしている。

主要な乗用車では、軽自動車、八〇〇cc、リッターカー（ヴィッツほか）、大衆車（カローラほか）、小型車（コロナほか）、中型車（カムリほか）、上級車（プログレほか）、高級車（クラウンほか）の八種類とし、これに加えて、主要な商用車は、軽、ハイラックス、デュトロの三種類に集約されて、合計で一一種類となる。

ちなみに現在、トヨタの車種はセダン系が三七種類あり、「オーパ」などステーションワゴンが三種類、「ソアラ」などスペシャリティ系が六種類、「ハリアー」などSUV系が七種類、「エスティマ」などMPV系が一五種類の合計六八種類がある。

これにトヨタグループの日野およびダイハツと重複するプラットフォームの統合が今後、進められることになる。

統合の最初のモデルケースとなった「ヴィッツ」は、これまでの「スターレット」「ターセル」「コルサ」「カローラII」を統合化した後継モデルとして位置づけられている。このプラットフォームをベースとして、トヨタは立て続けに派生の新型車、「ファンカーゴ」（九九年九月）、「プラッツ」（九九年九月）、「bB」（二〇〇〇年一月）、「W·iLL Vi」（二〇〇〇年二月）の四車種をわずか五ヵ月の間に次々と発売した。これらの新型車は、中高年を主な顧客層としてきたトヨタが食い込めなかった女性や若者向けを狙ったニッチ市場も掘り起こし、統合化にともなう効果がいかに大きいかを見せつけた。

他社からは「わずか五ヵ月間に四車種も立て続けに市場投入するなんて神業《かみわざ》だ」と羨《うらや》まれて

いる。

中でも「bB」は、トヨタでは初のコンピュータ上のバーチャル空間を多用して、過去最短の十三ヵ月で開発している。

これによりトヨタは二〇〇〇年度、「ヴィッツ」およびその派生型車を合わせて四五万三〇〇〇台、ヨーロッパでは「ヤリス」の名で二〇万台を販売した。従来より約三割ものコストダウンを達成して収益に大きく貢献している。「ヴィッツ」シリーズは、これまでトヨタが苦戦を強いられていた小型化が進むヨーロッパ市場でも現地生産して発売された。

なにしろ、日本では四〇パーセント、アメリカでは一〇パーセントの市場シェアをもつトヨタだが、ヨーロッパではわずか四パーセントでしかなかった。このため、「ヴィッツ」のデザインはヨーロッパで採用したギリシャ人デザイナー、ソドリス・コボスに託したが、トヨタとしてはきわめて珍しい選択であった。

その狙いは見事に的中して、日本車では二台目となるヨーロッパ・カー・オブ・ザ・イヤーを受賞した。このように、「ヴィッツ」はまさしく世界戦略車であることを十分に念頭において計画されたプロジェクトであり、トヨタのもっとも弱い地域のヨーロッパでヒット車となったことは、今後の展開に自信を深めさせた。

なにしろ、ユーザー調査での購入動機の第一位にデザインがあげられていたが、それはいままで、日本車がヨーロッパで受け入れられるうえでもっともむずかしいとされていたことであった。

その「ヴィッツ」の功労者となって注目を浴びたコボスだが、まもなくドイツ自動車メーカーに三倍の年棒で引き抜かれてしまった。これにあわてたトヨタは、早速、フランスの有名なリゾート地、ニースに構えるデザイン開発拠点のデザイナーらに、功績に応じて支払う新たなボーナス制度を導入して人材の確保をすることになったが、日本とは異なる雇用制度を必要とするヨーロッパの現実をあらためて教えられた。

第二弾となる大衆車クラスの世界戦略車として統合化されたプラットフォームを利用したニュー・センチュリー・バリュー（NCV）からは、二〇〇〇年八月に発売された主力車種の新型「カローラ」を手はじめとしてわずか一年間でその派生の五車種、「カローラフィルダー」（ワゴン）、「カローラランクス」「カローラアレックス」「カローラスパシオ」「WiLL VS」などが続々と登場し、このあともまだ生み出されることになる。

また小型車クラスでは、「カムリ」「ウインダム」「マークIIクオリス」「ハリアー」「ソアラクーペ」「アバロン」「クルーガー」など製品の多様化が先行してきたが、これらも、次期モデル・チェンジにおいて順次、「カローラ」のプラットフォームなどに統合化されていくことになる。

日産のプラットフォーム統合化

先述したように、一九九〇年代後半からプラットフォームの統合化を進めていた日産だったが、その後、提携したルノー車も含めたより多くの車種を念頭においての集約化が行われている。計画では、二〇〇四年頃までに日産内のプラットフォームがそれぞれのクラスごとに統合化され、「マーチ」「サニー」および「プリメーラ」「マキシム」「スカイライン」「セドリック」の五車種程度に絞り込まれる。

さらに、二〇一〇年までには、ルノーとのあいだで再統合が進められて、最終的には両社を合わせて一〇種類とする。

ちなみに現在、日産の車種はセダン系が一八種類、ステーションワゴン系が四種類、スペシャリティ系が三種類、SUV系が七種類、MPV系が一〇種類の合計四二種類である。

トヨタの「ヴィッツ」に相当する世界戦略車の発売でも日産は出おくれているが、これに相当するのが、二〇〇二年二月に発売を予定している新型「マーチ」である。二〇〇一年十月から十一月にかけて開かれた東京モーターショーで、その原型となる「エムエム(mm)」が発表されたが、このプラットフォームBはルノーの「クリオ」および「ディンゴ」とも統合化されるため、二社合わせた年産一七〇万台が見込まれ、日、欧で販売される。

続いて二〇〇四年に発売が予定されている、「サニー」クラスを統合化したプラットフォームCでは、これもまたルノーと共通化するため、年産二〇〇万台を見込んでいると公式発表された。これらのプラットフォームをベースとして、やはり「ヴィッツ」と同様に次々と派生の新型車を発売して巻き返しを図る計画だ。

本田のプラットフォーム体制

一方、フルラインメーカーとはいいがたい本田のプラットフォーム統合化は、トヨタや日産とやや性格を異にしている。これまで、「シビック」と「アコード」の二車種のプラットフォームをベースとしながら、各種の派生型車を開発してきた経緯から、これといったプラットフォームの統合化計画は持ち合わせていない。車種を少なくして大量生産するフォルクスワーゲンと似て、むしろ、共通したプラットフォームを利用して派生の新型車を次々と開発してきたこれまでの方式は、他社より進んでいたというべきであろう。

今後の主要プラットフォームの体制としては、軽乗用車、「フィット」「シビック」「アコード」、高級乗用車の五種類となり、ミニバンやセダン、RV車のほとんどは、いずれもこれらの派生型車となる。

ことに、二〇〇一年六月に発売されたスモールマックスシリーズと呼ばれる「フィット」は、これまでの「アコード」より高度に進化したワールド・ベーシック・カー（WBC）で、これまで以上に広範囲にわたる体系性を持っている。国内のリッターカー市場の半分を占めるまでに拡販して圧倒的な強さを誇示《こじ》しているトヨタの「ヴィッツ」シリーズを射程《しゃてい》においている。「フィット」はその斬新な設計、デザイン、性能などから二〇〇一年の「カー・オブ・ザ・イヤー」を受賞しただけでなく、発売から半年後には、それまで月間販売台数でつねに首位を独走してきたトヨタの「カローラ」を抜いてトップに躍り出た。この勢いは当分続きそうで、本田はじまって以来の大ヒットとなっている。

「フィット」に用いられた新開発のグローバル・コンパクトプラットフォームからは今後、二、三年をかけてミニバンやSUVなどの派生型車が次々と発売される予定で、これらを含めて年産三〇万台が計画されている。この考え方でいくと、二〇〇一年三月に新たに設定した新「シビック」用のグローバル・コンパクトプラットフォームからも同様な派生型車が続々と登場してくることになる。

このWBCの特徴はコストダウンの上でもきわ立っており、これに続く「シビック」シリーズでは、新型車投入の初期投資をこれまでの三分の一にまで減らし、生産準備期間でのコストも三〇パーセント削減する計画である。

そればかりか、日本、北米、ヨーロッパなど世界の主要拠点でこれらのベーシックカーをすばやく立ち上げ、しかも、新たな設備投資が少なくてすむようなフレキシブル（生産）ラインを導入するなど、生産体制の大幅な見直しも進めている。さらに、二〇〇三年にはタイおよびブラジルでもこのフレキシブルラインを導入する計画である。

フレキシブルラインの必要性

このフレキシブルラインはトヨタを初めとするどのメーカーでも進められているが、その狙いは、数多くある車種を生産ラインに流す場合、売れ行きに応じて柔軟に入れ替えて、ユーザーの注文に素早く対応して納車までの時間をできる限り短くするものである。たとえば現在、生産ラインへの新型車の投入や生産車種の入れ替えには最大で二ヵ月かかっているものを、二年後には二日程度に短縮しようという驚くべき効率化を図り、つねに設備の稼働率を高い値に維持して収益性を上げようとするものである。

トヨタの発表によると、高岡工場などで導入を進めている新たなフレキシブルラインの導入に基づく効率化によって、三割強だった二〇〇〇年の受注生産比率を二〇一〇年には七割に引き上げるとしている。この狙いは、先のようにユーザーの注文から納車までの日数を縮めるのはもちろんだが、需要変動に素早く対応すると同時に、トヨタカンバン方式の基本理念である在庫を極力減らすことにも貢献する。

このように、より効率化が求められるトヨタでは、スピード化する生産ラインには、従来のカンバン方式では対応できないため、IT化した電子カンバン方式で対応しようとしている。

プラットフォームの統合化は世界のどの自動車メーカーでも進めているが、この間の提携や合併を盛んに行ったGMやフォード、ダイムラー・クライスラーなどでは、これらのメーカー間での調整が必要となって、計画の練り直しが行われている。

同時に、提携は多国間にわたっているだけに、全グループの得手不得手を念頭におきながら、どのプラットフォームに基づくどんな車種を、どの国のどの工場で生産して、どの地域あるいはどの消費地で販売すればもっとも合理的で効率がよく、収益性が上がるかなどの、グローバルな観点からの高度な調整、判断が必要となってくるため、「ヴィッツ」や「フィット」のような体制をつくりあげるのはかなり先のことになる。

もし、世界レベルでの効率的な体制に基づくGMの世界戦略車が登場してくれば、生産量がトヨタや本田を上まわるだけに、その成り行きが注目されるが、その反面、日本のメーカーと違って小まわりが利かず、対応ののろさが気になるところだ。

マツダ、三菱のプラットフォーム統合化

フォードの傘下に入ったマツダや三菱など中堅メーカーにおいては、グループ全体の中で特定の役割分担が与えられることになる。たとえば、マツダの場合では、フォードとのプラットフォームの統合化も含めて、グループ全体およびアジア地域向けの小型車を主に開発、生産していくことが計画されている。しかし、いまはフォード本体で大量のリコール問題が発生し、経営も急激に落ち込んできてその対応に追われており、両社間の調整は進められつつも役割分担が明確にはなっておらず、迷走している。

またダイムラー傘下に入った三菱でも、リッターカーである一一〇〇から一五〇〇ccクラス

の世界戦略車Zカー計画が進んでおり、これはグループ全体の中で位置づけられている。もともと、ダイムラー・クライスラーは同クラスの有力車種を持っていないだけに、三菱が得意とするGDIエンジン、CVTあるいはダイムラーが開発するディーゼルエンジンを搭載するZカーに対する同グループの期待は大きく、二〇〇二年秋に発売する計画である。

生産規模は三菱とダイムラー合わせて五〇万から六〇万台、これに韓国の現代《ヒュンダイ》自動車の参加も検討されており、そうなると七五万から一〇〇万台に達することになる。

Zカーはアジア向けにも予定されており、同じアジアにあって小型車を得意とする現代との間でどう調整していくのか。GMやフォード、ダイムラー・クライスラーは陣取りゲームで先を争うように次々と資本提携や合併を行って巨大なグループに膨《ふく》れ上がってはみたものの、相互の調整と体制づくりには問題も多く、動きはいま一つである。下手をすれば重複にともなう工場閉鎖や人員整理のリストラが大々的に行われかねない。あるいは、競争力を高めるためとして資本提携し合併したメリットが十分に生かせず、かえって足を引っ張る結果にもなりかねない。そんな危うい姿が垣間みえる昨今である。

GMの合理化計画と海外展開

では、世界のトップ・メーカーであるGMは、どのような世界戦略を進めようとしているのだろうか。

八〇年代のGMは組織的に硬直化して、官僚主義的になっていた。そこで、経営陣を全面的に入れ替え、若手のジョン・F・スミスが社長兼会長となって、大胆なリストラを断行した。

その「合理化計画」では、一九九一年から五年間で一〇万人を削減し、設備が老朽化《ろうきゆうか》した工場を中心に、北米だけでも二一の工場を閉鎖するとした。二〇〇一年現在の従業員数は三六万三〇〇〇人である。また、八〇年代後半ごろまで盛んに進めていた多角化から一転して非自動車部門や部品事業部門のデルファイなどの切り放し、売却を進め、採算性の高い自動車部門に集中させた結果、従業員数は十年前の半分以下にまで減少した。

GMの組織は大きく分けて、北米市場を担当する北米事業部と、それ以外の全地域を網羅《もうら》する海外事業部の二つだが、フォードと同様、GMでもまたプラットフォームの共通化を進めている。従来の四グループを、「サターン」と「ランシング」から構成される小型・中型車グループと、「キャデラック」「ビュイック」からなる大型・ラグジュアリー車グループの二つに統合する。これらの部品の統合化によって共通化を図り、製造工程やシステムの共有も図ろうとしている。

一方、GMの海外戦略の中核となるGMグループのオペル（ドイツ）でも、四つあるプラットフォームを一つにまとめ、一九九六年から、オペルの上級モデル「オメガ」のプラットフォームをベースにして米GM向け輸出の「キャデラック・カテラ」を生産するなど、海外事業部と北米事業部との連携も進みつつある。

フォードと比べ、地域ごとの独立性が高かったGMグループだが、現在、ドイツのフランクフルト郊外にあるオペルの技術開発センターには、GM本社、日本のいすゞ自動車やスズキ、富士重工らの技術者も集まって、世界全域をカバーする新型モデルの開発やプラットフォームおよびエンジンの共通化が進められている。

このように、GMグループ全体としての連携を強めた、統一性のある開発戦略を展開しようとしている。

こうした動きの一環として、一九九七年七月、GMグループにおけるディーゼルエンジンの開発・生産は、四九パーセントを出資しているいすゞ自動車にすべて移管する方針を発表した。燃費の向上で有望視され、今後、需要の増大が予想されるディーゼルだけに、大胆な決定である。これにより、いすゞは年間約八〇万基の生産から、二〇〇五年には世界最大の一八〇万基に増大するものと予想されている。いすゞは、もっとも得意とするディーゼルエンジンにおいて、GMグループの世界戦略の重要な一端を担うことになったのである。

大型トラックは一九九九年から排ガス規制がきびしくなったため、これに対応するためには、エンジンや車体などの開発費が一〇〇〇億円以上もかかるといわれている。このほか、今後も膨大な研究開発費が発生するディーゼルにかんして、いすゞが主体となって、GM全体を一本化することで二重投資を避けようとしている。

その中でもとくにヨーロッパ各社が競って開発を進めている〝三リッターカー〟(主に低燃費

のディーゼルエンジンを使い、三リッターで一〇〇キロ走ることができるコンパクト・カー）の開発が重要性を増している。

また、いすゞの小型ディーゼルエンジンは、本場のヨーロッパでも高い評価を得ている。

一九九八年五月二十七日、GMはさらに、世界戦略車として位置づけた小型自動車「シボレー・クルーズ」（一三〇〇〜一五〇〇cc）の開発、生産をスズキと共同で行うことを決め、二〇〇一年秋から生産を開始し、販売をはじめた。スズキはカナダにあるGMとの合弁会社で、スズキの「エスクード」や「カルタス」を生産している。

このほかの海外展開では、二〇〇一年までにアルゼンチン、ポーランド、タイの各大型工場が相次いで稼働しはじめた。さらに、ロシア、ウクライナ、中国でも現地生産を計画中である。これらの工場が稼働しはじめるころには、二十数種類の新型モデルが開発され、生産分担が明らかになる。そうなると、生産車種の世界的再編が行われ、労賃の高いドイツから安い海外の工場へと移転されて、国内生産の落ち込みと空洞化が進むおそれがある。事実、オペルでは生産現場を中心に一万人規模の人員削減の計画が検討されており、ドイツ国内での労働組合による反対が予想されている。

オペルのテコ入れと合わせて、一九九九年、GMは世界最大の部品生産事業部門であるデルファイ社を独立させた。

GMは旧〝ビッグ3〟の中でも部品の内製率がもっとも高く、七〇パーセントにも達して、コスト高を招いていた。その改善策として、最適調達を積極的に進め、アウトソーシングの方針を大々的に打ち出した。このため、すでに非中核部門となる事業部門の売却総額は四〇億ドル以上にのぼっている。これと同時に、納入する部品メーカーの絞り込みも進めている。

フォードの世界戦略

フォードでも部品メーカーを一〇分の一以下に絞り込んだ。クライスラーも従来は六〇〇社にのぼっていた部品メーカーを、「ネオン」プロジェクトでは一四〇社に絞り込んだ。

ちなみに最近の内製率はGMが約五〇パーセント、フォードが四〇パーセント、クライスラーが日本と同じく二〇パーセントといわれている。これらの数字はさらに低くなるだろう。

フォードもまた一九九四年に大胆な「フォード二〇〇〇」と題する世界戦略を発表した。それまで北米（一九ヵ所の工場）とヨーロッパ（九ヵ所の工場）の二つに分かれていた自動車事業を一本化し、残るアジア・太平洋、南米、アフリカの三つの事業部門もまとめるグローバルな時代に対応する組織改革を行った。

八〇年代に進めてきた大々的なリストラの効果があらわれ、アメリカの好景気にも支えられて業績は急回復して自信を深め、事業効率を高めるグローバルな戦略を打ち出した。利益ではGMを上まわることもあって、やがて売り上げでも追い越すものと予想されていた。

GMとフォードの経営姿勢の違いを比べると、前者は傘下におさめた各メーカーとの資本関係を持ちながらも経営の自主性を許すのに対して、後者はリーダーシップをとって傘下にあるジャガー、ボルボ、マツダと経営、技術開発面でも一体化を強めて、世界レベルでの有機的で、効率的な生産、開発体制を構築しようとしているのが特徴である。

それだけに、フォードはGMやダイムラー・クライスラーと比べて、プランづくりや調整に時間がかかり、マツダ、ボルボとの共通化したプラットフォームやモジュール化を強力に進めているが、その成果はまだあらわれておらず、発表された計画よりおくれ気味である。とくにマツダはフォード本社に振りまわされてばかりで、社内では不満がつのっている。

合理的合従連衡法《がっしょうれんこうほう》

世界の主な自動車メーカーならどこでもプラットフォームの共通化を進めているが、ダイムラー・クライスラー、フォードやGM、そして、トヨタや本田の取り組みは、二十一世紀の主要な流れである世界最適生産を目指すと同時に、国際戦略車として計画されているという点で、他メーカーをしのぐスケールである。世界的な規模で事業展開しているメーカーならではの世界的再編活動で、その行方が注目されている。

GMの最適生産はまた、自社だけでは完成されない。GMといえども、世界のすべての市場に対応した製品、技術、生産設備、部品供給を独力でカバーすることはできないからだ。

そのため、他社との合併、資本参加、ジョイント・ベンチャー、技術供与、完成車の供給、部品供給、共同開発、共同生産、販売協力などさまざまなレベルでの協力関係、共同事業といった多角的な結びつき、ネットワークづくりが必要になってくる。

このような動きの中、一九九〇年代後半に入ると、必然的ともいえる世界レベルでの合併や資本参加によるグループ化の嵐が吹き荒れたのである。先にも紹介したが、最大のきっかけとなったのはいうまでもなく、ベンツが小型車生産の技術とアメリカ市場での地位を手に入れようとして仕掛けた米〝ビッグ3〟の一つ、クライスラーとの電撃的な合併である。

すでに大胆な路線転換で台風の目になりつつあったダイムラー・ベンツの会長、シュレンプの攻勢に危機感を覚えたGMやトヨタ、フォード、フォルクスワーゲン、ルノー、BMWなどがただちに反応して、各社が入り乱れた陣取り合戦の合従連衡《がっしょうれんこう》がはじまったのである。

舞台裏をのぞくと、一九九七年から二〇〇〇年にかけての三年のあいだに、無節操《むせっそう》とも思えるほど相手かまわずそれぞれが、これとおぼしきメーカーに対して二股、三股をかけて、同時並行で提携や合併をもちかけて交渉を進めていた。

たとえば、ルノーの経営参加を受け入れて「弱者連合」と書き立てられた日産のように、四兆三〇〇〇億円の有利子負債を抱えて銀行からの貸し渋りにあい、大手格付け機関からは格下げされて金融市場からの資金調達もままならなくなって追いつめられ、せっぱ詰まった結果として運命を託す一世一代の資本提携が成立した。ところが、その過程を検証すると、本命とみられていたベンツさらにフォードとのちょっとした行き違いや誤解からこうした結果にいたった内幕《うちまく》もあって、悲喜こもごもである。

国営企業であったルノーは民営化していたとはいえ、国が株式の四四パーセントを保有する半官半民の企業で、仏の大手タイヤメーカー、ミシュランからカルロス・ゴーンを引き抜いて、大規模なリストラを断行して経営を立て直した。業績が急回復したとはいえ、ベルギー工場の閉鎖など、一連の大胆なリストラを最優先したため、ルノーは海外展開や技術開発はあとまわしになっており、しかも、一九九八年の生産台数は三菱程度の一六七万台である。これでは長期的にみて、二十一世紀を生き残れないと、合併あるいは提携相手を探し、最初に目を付けた三菱には相手にもされず、かわって日産をターゲットにしたのである。

その日産は、ルノーのラブコールに一応は付き合いつつも、むしろ、フォードかベンツを本命としつつ、この三社とのあいだで提携交渉を同時並行で進めたのである。

結局、フォードはマツダの場合と同様に、完全に経営権までも手中におさめる基本方針を持っているため、これを警戒した日産の塙義一社長は断念した。ジャーナリズムで合併間違いなしとまで騒がれていた相手のベンツだが、クライスラーとの合併を先にしたことで、その準備や体制づくりに追われて日産との資本提携があとまわしになった。

経営危機が迫る日産は、資金繰りをしなければ経営破綻《はたん》するため、時間切れで第三番目の候補だったルノーの資本参加を受け入れることになって運命が決まった。合わせて日産の姉妹会社であるトラックメーカーの日産ディーゼルもルノーから二二・五パーセントの資本参加を受けてグループ入りすることになった。

これ以後、次々と実現した合併や資本提携の成立は、いずれも多かれ少なかれ、日産とルノーとの合意と似て、時の運や相手とのすれ違い、誤解や思いこみなどをはらみながら、結果的に現在のような姿に落ち着いた場合が少なくない。

それでも、スズキや富士重工のように、資本提携した相手のGMが、経営の自主性を保証してくれることが合意の理由になっているケースもある。

日産の姉妹会社ともいうべき富士重工の会長・河合勇は元日産副社長、社長の田中毅は元日産取締役である。それだけに、日産が提携したルノーに合流するかと思われたが、ルノー自身にそんなゆとりはなく、突き放されたため、富士重工は独自に提携相手を探すことになった。

日本車を代表するブランドで根強い人気のステーションワゴン「レガシー」を二代続けてヒットさせた富士重工は、アメリカでも高く評価されている4WDの技術を有している特色あるメーカーである。とはいえ、水もののこの業界にあって、もし次期モデル・チェンジでこの主力車種がヒットしなければ、屋台骨《やたいぼね》はすぐにもゆらぐことになるのはわかりきっている。

生産台数も、海外を合わせてせいぜいが六〇万台であって、この程度の規模では、これからの時代、独立して生き残れる道はない。

富士重工との提携にはフォードが熱心であったが、ほかにもヨーロッパのフィアットやプジョーからもラブコールがあったといわれる。だが、田中はGMを選択した。富士重工は米イリノイ工場でいすゞと共同で現地生産を行っている。すでにGMの傘下に入っているいすゞからすれば、もし富士重工がGM以外のメーカーから資本を受け入れれば、両社の関係を清算する必要性も出てきて、イリノイ工場の運営に支障をきたすおそれもあって、GMグループ入りを熱心にすすめたという。

経営の自主性

しかし、田中が決断した決定的理由は「GMならば経営の自主性を尊重してくれるから」というものだった。戦前の中島飛行機の流れを汲む富士重工の技術陣は自負心が強く、他社との安易な妥協を好まない風潮があるだけに、この「自主性を尊重」がキーワードになった。それは、マツダの経営が完全にフォードに握られている姿から、GMならばと決断したのである。

これはまたスズキでもそうであった。

そして、最後に残った誇り高き三菱グループの三菱自動車は当初、自立の道を選択し、全方位外交で乗り切ろうとしていた。三菱の社長・河添克彦はGDIを武器にして複数のメーカーと技術提携やエンジン供給関係を結ぶ、「互いの強みを生かした〝ウイン・ウイン〟の関係を築きたい」としばしば公言していた。

一九九一年、三菱はオランダ政府、ボルボと合弁でオランダに乗用車生産会社を設立した。二〇〇〇年七月には、イタリアのフィアットと四輪駆動車の共同開発で契約を結んだ。その翌月には、ボルボと五パーセントずつ株を持ち合い、トラックの開発、生産、販売事業の提携を発表した。このほか、ルノーやプジョーへのエンジン供給や韓国の現代へ一・五パーセントを出資している。

一九九九年一月、提携関係の強いボルボの乗用車部門がフォードに買収された。これを機に、フォードが三菱に接近し、資本提携が有力とうわさされた。ところが、フォードとボルボとのあいだで乗用車のプラットフォームの開発計画が立てられ、すでに三菱とのあいだで計画されていたプラットフォームの開発には熱を入れなくなった。

このころから、三菱はフォードへの不信感を強め、残る有力な提携相手の一つであるGMはすでに富士重工をパートナーに選んだため、がぜん、ダイムラー・クライスラーが有力になってきた。ダイムラー・クライスラーは、世界戦略を進めるうえで手薄なアジア事業を強力にテコ入れする必要があり、ルノーに走った日産にかわって三菱への接近を図った。

その三菱は、先に述べた、「パジェロ」に頼りすぎて経営が低迷して一兆七〇〇〇億円の有利子負債を抱え、そのうえ、大量のリコール問題が発覚して販売は大きく落ち込み、株価も半値以下に下落して、そのダメージは決定的となり、もはや、自力での経営の再建はむずかしいと判断された。

二〇〇〇年三月、旧クライスラーとの合併後の組織融合でめどを付けたダイムラー・クライスラーのシュレンプは積極的に動いた。アジア事業の戦略を立てるうえで本田に接近したが、すでにGMとのあいだでエンジンにかんする技術提携を行っていることから、脈はなく、残された三菱に働きかけた。一九七一年以来、資本提携の関係にあった旧クライスラーが保有していた三菱自動車株は、一九九三年に売却されて、両社の関係は解消したが、その後も旧クライスラーへ乗用車のOEM供給やエンジン供給を行っていた。

こうした過去のつながりもあって、三四パーセントの資本の受け入れを含めた包括的提携を結ぶことになり、おさまるべきところにおさまった感がある。

トヨタよりも幅広い各種の自動車——軽自動車から小型・中型乗用車、RV車、大型トラックまでをそろえて生産する、世界でも希有《けう》な存在の三菱だが、そのわりには合計生産台数が一八〇万台でしかない。ということは、一部の売れ筋の車種を除いては、多種少量生産となっており、これでは収益性は悪く、これからの時代を自立して生き延びられそうにもない。

スズキ、富士重工、三菱の経営トップはともに資本提携は生き延びるための必然としながらも、相手を選択した理由には「経営の自主性を尊重してくれる」をあげて強調してみせた。だが、この言葉は経営トップのメンツも含めた一方的な思い込みをともなう願望でしかない。

たしかに、GMのリチャード・ワゴナー社長は、いすゞ、スズキ、富士重工の三社間の事業展開の調整については「三社がそれぞれ相互利益のために決めることだ。GMは意思決定に直接かかわらない」と発言しているが、米国流ビジネスの現実からして、本体企業のGMの経営事情や世界戦略の展開次第では幻想に終わりかねず、一寸先は闇である。

日産の最高責任者に就任したゴーンが立てた日産の大リストラ案となった「リバイバルプラン」がそうであったように、日本人経営者ではとても立案できないような情をはさまない、経営の合理性を前面に打ち出しての大胆な施策を推し進めるのは当たり前である。

これまで図体がでかくて小まわりが利かないことが問題だった巨大メーカーがより巨大なグループを形成したのである。それぞれのグループの今後の経過によっては、これら日本車メーカーに非情なまでのリストラや再々編が起こる可能性も十分に考えられる。

このようにして、一一社あった日本の自動車メーカーは、トヨタグループのダイハツ、日野、GMグループのスズキ、富士重工、いすゞ、フォードグループのマツダ、ダイムラー・クライスラーグループの三菱、ルノーグループの日産、日産ディーゼルの五グループと、一社独立して残る本田となった。

ところで、ダイハツと日野自動車は事実上、トヨタの傘下にあるが、ベンツがクライスラーとの合併を発表し、さらに日産ディーゼルを傘下におさめると発表した二週間後、トヨタは日野への現在の出資比率二〇・一パーセント、ダイハツへの三〇・四パーセントを、それぞれ最大五一・九パーセントまで引き上げて、子会社とすることを発表した。

その席上、奥田社長は「ダイハツ、日野も戦力として活用、一丸となって競争を勝ち抜く」とし、「トヨタとしてはグループの結束を強化し、いままで以上の努力をしてほしい」とトヨタグループとしての結束を強調した。

合併による弊害

ただ、最近の日本の自動車産業では、他産業にみられるように、合併をしたことで一方の社名が消えてしまうという例はきわめて少ない。

先にも紹介したが、一九六六年八月、日産とプリンス自動車が合併して、プリンスの社名が消滅した。新生日産は一時は国内生産台数でわずかながらトヨタを追い抜いたことがあったが、その後は一方的な下降線をたどり、トヨタに大きく水をあけられている。日産とプリンスは企業風土が大きく異なっていただけに、合併後、長年にわたってぎくしゃくした状態が続き、業績が伸び悩む要因となった。販売も別々で、人事や労働組合、工場間での生産配分や製品の統一化、標準化などをめぐっても非合理さが目立ち、けっして成功した例とはいえない。

顧客第一で、消費者のブランド・イメージを大切にすべきいまの時代にあっては、歴史も性格も違う企業の安易な合併がけっして得策ではないことを示した顕著《けんちょ》な例である。自動車の世界では、たとえ経営の一体化を進めても、互いのブランドや地域的な特殊性をある程度残したままの形態をとる場合が多い。

合併、提携、資本参加、共同生産、ＯＥＭ供給など、どのような形態をとればもっとも効率的なグローバル・ネットワークを築き上げられるか、その選択がむずかしい。とかく日本企業は自社の経営方式をそのまま海外の進出先に持ち込みたがる傾向が強いが、国境を越えたグローバル・ネットワークが広がることで、これまで国によって違っていた生産方式や製品開発のシステム、規格などは、しだいに似かよったものになっていくことが予想される。

部品メーカーの肥大化

デンソーの追い上げに危機感

一九九六年九月、イギリスのルーカス・インダストリーとアメリカのバリティという世界の大手自動車部品メーカー同士が合併した。両社合わせた売上高は約九〇〇〇億円となり、これまでにない国境を越えた歴史的な合併劇として大きな波紋《はもん》を呼んだ。グローバル時代の最適調達、モジュール化が進む中で、集約と再編の時代を迎えた自動車部品業界を象徴する出来事だった。

つい四、五年前まで、日本の大手自動車部品メーカーは外資系との大々的な合併を経験したことがなかった。

ところが、一九九七年七月、燃料噴射装置メーカーの大手である日本のゼクセルと、自動車部品メーカーとして世界ナンバー3の規模であるドイツのロバート・ボッシュが、次世代のデイーゼルエンジン用噴射装置の開発で基本設計、図面を共通化することを決めたが、それは部品業界再編のはじまりだった。

これまでにも両社はアジア戦略などで提携していたが、デンソーの追い上げに危機感を抱いたゼクセルがボッシュにもちかけて実現したものである。ゼクセルの太田穰《おおたゆたか》社長は関係強化の意図を明確に述べている。

「デンソーの存在は意識した。デンソーの資金力、開発力に対抗するためには単独ではむずかしい面がある。東南アジアでの共同事業も検討している。グローバルなパートナーとして資本関係が強いほうがいい」

両社の関係をより強化して協力し合うことで、互いの新製品開発の期間を短くし、コスト面でのリスクも分散するという狙いがある。二〇〇〇年以降には、ほぼ全製品で基本設計の共通化を行う予定であり、しかも、ボッシュはゼクセルの四〇〇〇万株の譲渡を受けて出資比率を三〇・一パーセントとし、筆頭株主になり、開発技術者の相互交流も活発に進めていった。そして、二〇〇〇年七月、ゼクセルは社名をボッシュオートモーティブシステムに変更した。太田社長は正直に語っている。「もし提携がおくれていれば生きていけなかっただろう」

二〇〇五年をめどに日、欧でディーゼルエンジンの排ガス規制が一段と強化されることになっている。そこで大いに期待されている新世代のコモンレール式直噴ディーゼルエンジンの排ガス浄化技術の開発で、いま世界の完成車メーカーおよび部品メーカーがしのぎをけずっている。ところが、ゼクセルはこのコモンレール式の燃料噴射装置に不可欠な高度化した電子制御技術を欠いていたのである。これまでゼクセルが主力分野としてきた燃料噴射装置技術で決定的なおくれをとっていることに危機感を抱いた太田社長は決断して、ディーゼル噴射ポンプでは世界の六五パーセントを占めるまでに圧倒的強さを誇るボッシュの傘下に入ることで生き延びる決定を行ったのである。

ゼクセルの提携は、次世代の有望な環境対策技術でおくれをとると、かなりの規模の部品メーカーでも生き延びることはできないことを教えている。一九九九年、二〇〇〇年と、コモンレール技術一つをとっても、こうした大手あるいは中堅部品メーカーの合従連衡が盛んに行われている。

部品メーカーの再編が急進展

このような例はこの数年、数多くの部品メーカーで激増しているが、それ以前の次のような数字をあげると、一九九〇年代前半、年間、三十数件だった日本の部品メーカーの海外生産・開発拠点の設置件数は、一九九五年になると急増して一四〇件近くにもなった。ところが、その後は急減して、一九九九年には十数件にまで落ち込んだ。その理由は、一九九〇年代後半に起こった完成車メーカー間の巨大合併や資本提携によるグループ化が急速に進んだため、体制がととのうまでには時間がかかる海外生産・開発拠点の新設ではまにあわないため、相互のメーカーとつながりの深い部品メーカー同士による国境を越えての合併や提携による業界の大再編が起こったからである。

完成車メーカーに連なる数百社の部品メーカー同士が、まるでマージャンのパイをかき混ぜるように入り乱れての提携をわれ先に進めて有利な地位を確保しようと狂奔《きょうほん》したからでもある。また、完成車メーカーもこの動きをあと押しした。

それも、先のプラットフォームの統合化やモジュール化、世界戦略車の開発、生産、あるいはEUの成立を機に、トヨタや本田などがヨーロッパで本格的な現地生産を大規模に開始したり、日産とルノーとの提携による統合化した生産などが起こってきたからだ。

一方これまで、完成車メーカーと部品メーカーとの結びつきが強い日本へはとても進出できなかった欧米の部品メーカーも、時代状況が変わり、最適調達などに対応するため、アジア地域に生産拠点をつくる動きが活発化したのである。

たとえば、プラットフォームの統合化によって部品の生産数量が一車種でこれまでの数倍の一〇〇万個規模になるため、それだけの量の部品を供給できる体制を急ぎ現地につくらねばならない。しかし、いままでの部品メーカーの生産体制ではとても対応しきれないので、巨額の投資をともなう大規模な工場の建設が急務になってくる。だが、そう簡単に現地に進出するわけにもいかず、現地の部品メーカーと提携や合併をすることで体制をととのえようとしたからである。ただちにそうしなければ、完成車メーカーの要求にこたえられず、受注競争から脱落する運命になるからだ。

それに輪をかけて、ヨーロッパの自動車メーカーは日本車メーカーと比べて部品の内製率が倍以上にもなっており、五〇パーセントに近かった。もともと完成車メーカーは部品メーカーより労賃が高いので、内製する部品はどうしても高くなる。このため、どのメーカーも内製率を下げて外注化することでコストダウンを図ろうとした。

たとえばダイムラー・クライスラーの「スマート」は内製率がわずか六パーセントに過ぎず、外注化することで二〇パーセントのコストダウンに成功した。こうした部品の内製部門を売却する動きも加わって、なおさら、ヨーロッパにおける部品メーカーの再編が加速した。

ちなみに、部品メーカー同士による業界の再編や提携の件数は、ベンツとクライスラーによる完成車メーカー同士の大型合併を契機にはじまった資本提携の動きに連動して、一年おくれで急進展し、驚くほど急増した。

一九九八年における部品メーカーの主な再編や提携の件数は一八件だったが、一九九九年、二〇〇〇年、二〇〇一年の前半までの二年半の合計はその二〇倍近い三五〇件近くにものぼったのである。

欧米の巨大部品メーカーの攻勢

これによって、日本、ヨーロッパ、アメリカの三地域におけるトップレベルの部品メーカー同士が結びつく大型の戦略的提携のケースが多くなって、支配的なシェアを維持・拡大したり、技術面でのそれぞれの強みを生かした提携が増えた。その結果、巨大で競争力のある部品メーカーがより肥大化《ひだいか》し、完成車メーカーからの発注も集中するため、そうでない中堅あるいは弱小メーカーは受注が激減して脱落していくケースも目立って、各分野での収斂《しゅうれん》が進んでいる。

このように、現在起こっている数多くの戦略提携に基づく部品業界の世界的再編の目的は、先のような最適調達やスケールメリットの追求と合わせて、完成車メーカーが強力に推し進めるモジュール生産に対応した動きでもある。一つの車を七、八ブロックのモジュールに分割し、それぞれを大手部品メーカーのレベルで各種の部品を組み合わせて一かたまりのシステム部品として組み上げてから納入するため、それらを構成する個々の部品を生産する部品メーカー同士をおのずと結びつける結果となって、再編や合併をより強くうながしたのである。

このようなプラットフォームの統合化やモジュール生産では、ヨーロッパの自動車メーカーが先んじていたため、部品メーカーの再編や提携はこの地域から活発化し、日、米へと広がっている。

さらには、欧米の巨大部品メーカー（システムサプライヤー）、GM系のデルファイ、フォード系のヴィステオン、ドイツのボッシュ、米TRWなどの動きが活発で、彼らは二十一世紀の経営戦略として最重視しているアジア・大洋州事業の拡大に向けた足がかりを確保するためにも、日本の部品メーカーの企業買収や資本参加、あるいはお互いの強みを生かした戦略的提携が増えたのである。

これまでに紹介した部品メーカー同士の提携によるモジュール化の推進やシステム統合、スケールメリットの追求だけではない。大手の部品メーカーに顕著にみられる電子制御部品およびシステム部品、付加価値の高い次世代製品や成長分野へのシフトも目指している。

そうしたシステムやモジュールの開発能力を獲得しようと、欧米のシステムサプライヤーは、その点で進んでいる日本の部品メーカーをターゲットにしてM&Aの攻勢をかけたり、戦略的パートナーとして抱き込むケースも増えている。ところがこれまで、日本の部品メーカーは完成車メーカーの系列企業グループを形成していて、寄らば大樹の陰に安住してきただけに、M&Aなどは未経験で、とまどうケースも多くなっている。

部品メーカー、下請け企業の命運

これまで紹介してきたように、完成車メーカーは最近の戦略の顕著な特徴として、部品やプラットフォームの統合化、部品点数の削減、モジュール化、デザイン・イン、開発リードタイムの短縮、世界戦略車の現地生産にともなう最適調達、アジアへの進出、グローバル・ネットワークの構築などを強力に推進している。このうちのどれをとっても、完成車メーカーを支えている自動車部品産業に大きな影響をおよぼすものばかりである。

しかも、こうした動きは、完成車メーカーの部品メーカーへの依存度をますます高めることになる。極論すれば、完成車メーカーからモノづくりの現場が消えて、次第に部品メーカーに移っているともいえる。

同時に、部品メーカーの規模は肥大化し、寡占《かせん》化が一気に進みつつある。それと並行して、特定の地域や市場、技術分野での強みや基盤を持つ部品メーカー同士のグローバルなレベルでの一連の戦略的提携は、結果として、それらを束ねる大手数社を頂点とする部品メーカーの連合を生み出して、世界の支配的シェアを獲得することになり、車を構成する大物のサスペンションやブレーキ、制御システム、シートなどの世界的な収斂が一気に進んでいる。

その一方で、得意とする独自の技術を持てず、完成車メーカーや大手部品メーカーからいわれるままに製品をつくっていた零細部品メーカーや二次、三次の下請け企業は危機にさらされ、よりいっそうのコストダウンも迫られて倒産の憂《う》き目にあっている。

日本的〝系列〟の崩壊

日本の産業界全体にいえることだが、低成長時代に入り、その企業ならではの特徴ある技術、生産体制を持つ必要に迫られている。それは自動車業界でも同じことである。とくに、自動車ではデザイン・インやモジュール化が進んでいるだけに、完成車メーカーからの指示を待ってそのとおりに動くだけでは時代の流れから取り残されていく。自らの技術力を前面に出し、新製品を自分から提案して、逆に完成車メーカーをリードしていくような経営のあり方が必要となってきた。もはや、ただ部品を生産するだけでなく、開発の初期段階から完成車メーカーに入り込んで、設計に参画、あるいは委託を受けて進めていかなければならない。自動車生産全体の中での自分たちの役割を認識し、自ら設計し、試験して性能を確認し、品質を保証していけるだけの技術開発力や基礎研究部門を持たなければならなくなっている。

従来の日本の自動車産業は、完成車メーカーを頂点に、主要コンポーネントを生産する一次部品メーカー、一次部品メーカーに部品を納入する二次部品メーカー、さらに三次部品メーカーと続く、いわゆるピラミッド構造を成し、巨大な系列企業グループを形成していた。これら系列化された部品メーカーは、完成車メーカーごとに協力会を組織して、情報交換や親睦《しんぼく》を深め、結びつきを強くしていた。

もちろん、一次の有力部品メーカーの場合には、取引相手として一つの完成車メーカーだけでなく、各社にコンポーネントをおさめている。だから、いくつもの完成車メーカーの協力会に加盟している。それだけに、生産する部品の数は膨大なものとなっている。

ところが、最近はそうした系列が崩れ、不文律とされていた系列外取引が当たり前となってきつつある。コストダウンに際限はなく、完成車メーカーは競争の激化から、品質のよい部品が安く手に入るなら、たとえ他社系列の部品メーカーでも発注する。それも、最適調達の方針も含めて、国内外を問わず増えてきた。

何十年と続いてきた日本的な慣行——親会社と関連会社、下請けとの仲間意識に基づく家族的な関係を大事にし、互いに思いやり、融通し合う方式が崩壊に向かっている。完成車メーカーは、関連企業や協力企業を抱えつつ、もちつもたれつの関係では今後のきびしい時代を乗り切っていくことができないと判断し、ビジネスライクに割り切る姿勢をとりだしている。むしろ、必要以上に依存されることを嫌い、部品メーカーの自立を歓迎し、ドライな取引関係に変わりつつある。部品メーカーとの結束を重視してきたトヨタの企業城下町、豊田市にもその波は押し寄せ、欧米の有力部品メーカーが続々と進出してきている。

トヨタは、デンソーへの依存体質からの脱却を図り、GM系のデルファイなどへも発注することで競争原理を導入して、さらにコストダウンを図ろうとしているのである。

とくにアジアでは、最適調達の考え方から、たとえ他社系列であっても、手に入れやすい近隣地域のメーカーから購入するというケースが当たり前になりつつある。

フォードの傘下に入ったマツダでは、最適調達の方針のもとに、海外部品の購入拡大を進めており、マツダの企業城下町では、関連企業の倒産や自動車離れが相次いでいる。

そんな暴風が吹き荒れる部品業界にあって、主力商品を得意とする単品に絞り込み、品質の向上とコストダウンを図ることで世界の自動車メーカーから注文を受けているというケースが多くみられる。あるいは、他業種への進出を図ろうとしている部品メーカーもある。

たとえば、地味な製品ではあるが、自動車用ネジのメーカーであるイワタボルトや佐賀鉄工の成功例がある。大手部品メーカーが兼業としていた利幅の少ないネジ生産から相次いで撤退する中、両社は逆にネジに特化して、技術も品質も高めてきた。

佐賀鉄工は日産の系列だが、トヨタなど国内のほとんどの自動車メーカーと取り引きする一方、旧〝ビッグ3〟やヨーロッパのメーカーとも広く取引を行っている。

車一台あたり約三〇〇〇本が使われているといわれるネジやボルトは、国やメーカーによって規格が違っている。しかも、使う個所によって特殊なネジもあるため、種類が多く、大量生産と多種少量生産が併存している。

佐賀鉄工での生産は一万種を超えており、管理は煩雑《はんざつ》となるが、多品種のネジをこなすことで蓄積される技術、ノウハウによって、メーカーからのきびしい要求にもこたえていけるため、世界のメーカーから信頼を得て、グローバルな最適調達の時代をたくましく乗りきっている。

一方、完成車メーカーのフォードなどでは、全車種に共通して使われる、たとえばシールやベアリングなどは、全社（米フォード、欧州フォード、マツダ他）一括して一社の部品メーカーに発注するグローバル・シングル・ソーシングを進めている。これによって、発注量がまとまって一品あたりの数が多くなって、数百万個の単位となり、量産効果からその分だけコストダウンができて安く購入できるので、このような発注形態は他メーカーでも進んでいる。

しかし、こうした世界規模で一つの部品メーカーに発注する量を追求した方式の落とし穴もある。それは、供給元が一社に限定され、通貨変動でかえって高い部品を購入する場合も出てきて、最適調達とは相いれないことになる。あるいは、工場災害や欠陥品、ストのときなど、影響が大きく、完成車の組み立てラインがストップする場合も出てくることになる。

たとえば一九九〇年代末に起こったフォード社のドル箱であるSUVの「エクスプローラー」で多発したブリヂストン・ファイアストン社製のタイヤが破損するトラブルでは、六五〇万本ものリコールが発生した。両社は互いがトラブルの原因は相手にあるとして訴訟を起こし、フォード側は独自にファイアストンのタイヤを回収して、三六〇〇億円もの費用が発生した。このため、フォードはイメージの低下を招くだけでなく、大幅な赤字を出して、一気に業績が悪化した。

だが、問題はそれだけでなかった。発注を一社に絞っていたために、急遽《きゅうきょ》、グッドイヤーほかに発注するも当分のあいだ、生産は追いつかず、ユーザーからの不満と不信を買っており、やり手で知られるジャック・ナッサー社長兼最高経営責任者（CEO）の失脚にもつながった。巨大完成車メーカーが競争に勝ち抜くため、量を追い求める大量生産の考え方には、こうしたリスクをはらむこともまた現実である。

膨らむ部品メーカーの規模

プラットフォームの統合化やモジュール化および合併の進展は、部品メーカー同士を結びつけて規模を大きくするとともに、体力強化にも役立っている。

世界の四大部品（コンポーネント）メーカーあるいは部品事業部門の一九九五年の売り上げは、トップのデルファイが三兆五〇〇〇億円、第二位のビステオンが二兆三〇〇〇億円、デンソーが二兆円と、きわめて巨額になっている。デルファイの売り上げは、日本の完成車メーカー第二位の本田の単独売り上げより多いのである。

これまで、旧〝ビッグ3〟の中で部品の内製率がもっとも高かったGMは、社内でつくったほうが安定供給できるし、量産効果も上がるとして、資金力にものをいわせて、主要な部品メーカーを次々に買収して取り込み、いわゆる企業の垂直統合を図ってきた。

それに比べ、日本では、内製率は低くても、系列化することでゆるやかな企業グループを形成してきた。グループ内では相互の協力関係を緊密にすると同時に、完成車メーカーが部品メーカーを指導してレベルアップし、品質を高め、安定的な供給体制を形成してきた。

ところが、九〇年代に入ってからのGMの戦略では、部品事業部のデルファイを切り放す方向で進め、一九九九年二月、独立させた。二〇〇〇年六月、ビステオンもフォードから独立した。世界最大の部品メーカーとしてのデルファイが、GM以外の世界の自動車メーカーにも大いに部品を供給していこうというのである。

デルファイの従業員数は約二一万人、製造拠点は世界四二ヵ国に一八四ヵ所、合弁企業四四社、テクニカル・センターは三一ヵ所にもなる。アメリカに本社を持ち、ヨーロッパ、アジア

・太平洋地域、南アメリカに地域本社を持っている。

開発、設計から生産、サービスまで一貫して行い、あつかう製品はシャシーのブレーキ、サスペンション・システム、シート、エアバッグ、照明などの電気関係、エンジン・トランスミッション関連、操縦・駆動システム、空気・燃料供給システム、排気システム、バッテリー、オールタネーター（交流発電機）など、あらゆるコンポーネント、システムにおよんでいる。

資金力が豊富で、ここ数年来、海外進出が目ざましい。ことにアジア・太平洋を重点地区と位置づけ、二地域の二〇〇五年の売り上げは一九九九年の倍の三八億ドルにまで高めたいとしている。

中でも中国へは、GMの完成車生産工場の進出も念頭において、二十一世紀を見すえた投資がきわ立っている。一九九〇年代半ばから十数件もの合弁事業を立ち上げて、生産をはじめている。

デルファイのJ・T・バッテンバーグ社長は、全体の売り上げに占めるGM以外の比率を五〇パーセント以上に引き上げるとする目標を掲げているが、二〇〇一年上半期現在で三二パーセントにとどまっている。

また、同社では、部品の市場シェアが業界で一位か二位でない部門は次々と売却し、一九八八年に三〇〇あった製品グループを、九年間で一六七にまで絞り込んだ。バッテンバーグは、「付加価値の高い有望製品に集中させる」と言いきっている。

部品メーカーの技術レベル

グローバル化と合わせて着目すべきは、部品メーカーの肥大化にともなう技術面でのレベルアップである。各種システムを開発し、実験・確認試験をするため、テクニカル・センターには、完成車メーカーが保有しているひととおりの実験・試験装置、機器がそろっている。

一九九六年一月にGMが発表した次世代の電気自動車「EV1」は、同年秋から市販をはじめて世界の注目を集めた。この「EV1」の開発にはデルファイが積極的で、GMに強くはたらきかけ、重要なコンポーネントは同社が開発した。

さらに、一九九七年一月、無公害の〝夢の自動車〟として、また二十一世紀の代替エネルギー車として注目されている燃料電池自動車の開発を、GMの完成車部門とではなく、ライバル関係にあるクライスラーと共同で進めると発表した。二〇〇一年二月には、BMWと共同で開発した燃料電池自動車を発表して運転試験を実施している。

こうした、かっての親会社を超えての協力関係は独立以後、急速に進んでいる。

これまで、どちらかといえば、完成車メーカーの陰に隠れて地味だった部品メーカーの役割も規模も大きくなり、重要性を増してきている。

しのぎをけずる完成車メーカーは新車開発競争に追われ、中でも中堅メーカーはモデル・チェンジだけで四苦八苦している。これに加えて、ハイブリッド・カーや燃料電池自動車などの代替エネルギー車など、地球環境に配慮した車づくりが求められ、莫大な開発投資が必要となっている。その分、自動車の内実となるコンポーネントを部品メーカーに依存するようになってきた。

大手部品メーカーの首脳は豪語する。「これからの完成車メーカーはデザインと販売だけを担当して、あとはわれわれ部品メーカーにまかせておけばよい」

日本では、どこの完成車メーカーも、開発リードタイムが従来の半分となる十数ヵ月に短縮されてきた。となると、完成車メーカーは部品、コンポーネントのコンセプトをデザインする時間的な余裕などなく、部品メーカーにまかせっきりにならざるを得ない。しかも、リードタイムが短くなってきたために、部品はあらかじめモジュール化され、システム化された状態で完成車メーカーに納品されてくる。そのため、ますますノウハウや、確認試験などにともなうシステム技術までも部品メーカーに移っていき、完成車メーカーの技術は空洞化していく。

さらに、完成車メーカーは熾烈《しれつ》をきわめる販売競争に勝ち抜くため、これまで以上に多種多様な車を開発し、生産することになる。それに反し、部品メーカーは完成車メーカーを超えた部品の共通化によって、一品あたりの数量を増やすため、量産効果が得られて、収益性を高めることになる。

これからの完成車メーカーのよし悪しや経営力は、どれだけ優秀な部品メーカーを選定しえたかにかかってくる。

完成車メーカーの空洞化

二十一世紀に入り、低公害車、代替エネルギー車の開発が重要性を増し、さらに、車のインテリジェント化にともなう情報通信システムの整備が進んでいる。安全対策も含め、これからのキーテクノロジーとして、エレクトロニクス技術、制御技術、化学関係の技術、情報通信技術が大きくクローズアップされてきている。もはや、機械系が主力を占めていた完成車メーカーの技術では、カバーしきれなくなってきた。こうした次世代の新しい技術は、部品メーカーが開発して完成車メーカーへ供給するというケースが多くなってきた。

先に紹介したモジュール化と合わせて、完成車メーカーは開発期間の短縮やコストダウンのために次世代技術のキーテクノロジーまでも部品メーカーに依存する体制になってきた。

独立系で北米最大手のデーナ社のウッディ・モーコット会長は「部品業界は世界全体で五十社程度の大企業と規模の小さいメーカー群に収斂されるだろう」（日経産業新聞・一九九八年八月三日付）とまでいい切っている。

それればかりか、北米ではすでに、巨大部品メーカーと完成車メーカーの力関係が逆転しつつあるといわれている。

一方、モジュール化の進展として起こる完成車メーカーの技術の空洞化、あるいはモジュール部品の中身がわからないブラックボックス化にどう対応するかが今後の問題となってこよう。

トヨタでは、技術の空洞化や部品の品質保証の問題も含めて、過度なモジュール化に対しては慎重な姿勢を示している。それだけ研究開発に対する自信と資金的な余裕があることを示す証拠である。その反面、欧米の完成車メーカーはブラックボックス化もやむを得ないとして、新たなキーテクノロジーを含んだモジュールの開発も部品メーカーにまかせるケースが多い。これによって、当面の開発効率は上がるが、長い目で見るとき、完成車メーカーはますます空洞化して、技術蓄積が乏しくなり、新たな技術の開発時に力不足が起こって、部品メーカーに主導権を握られ、衰退につながっていくおそれは十分にある。どちらの方式が好結果を生むかの答えが出るには、少なくともあと七、八年はかかりそうである。

さらには、異業種からの参入も増えてこよう。たとえば、ベンツでは超小型のエコ・カー「スマート」の開発・量産を、スイスの時計メーカー、スウォッチで有名なＳＭＨ社との共同事業とした。ポスト・ガソリン車の本命といわれる燃料電池車の燃料電池では、カナダのベンチャー企業、バラード社が世界の先頭を走り、各社に技術を供給している。

今後、グローバル・ネットワークの構築ともからんで、巨大化した部品メーカーの比重はますます大きくなるだろう。

第五章　戦場はアジアへ

アジアのモータリゼーション

アジアの自動車産業の現在

九〇年代半ば過ぎまでのアジアの自動車産業は、将来に向けた活力をみなぎらせていたが、突然の通貨危機が襲い、混沌《こんとん》とした状態が数年続いた。しかし一段落して体制を再構築し、再び上昇カーブを描いている。将来の方向を見定める意味では、この数年がもっとも重要な時期となろう。五、六年後には大きく変貌《へんぼう》し、家電やエレクトロニクス製品に続く産業として勢いづくものとみられている。

ところで、私たちはアジアをひとまとめにして考えがちだが、そこには多様な民族と文化、歴史を持つ国々が存在している。それぞれの国で、民族や宗教、風俗習慣はもちろん、市場、産業基盤、経済制度、政府の政策や性格も大きく異なっている。車の使われ方も、売れるタイプもさまざまである。

アジアの状況を考えるとき、ちょうど昭和二、三十年代ごろの日本の自動車産業のイメージが浮かんでくるが、次の点で大きな相違がある。

日本は〝ビッグ３〟の脅威《きょうい》を感じつつも、かなりの時間的な余裕がある中で、自ら工夫を重ねながら徐々に力をつけて発展させていくことができた。ところが、いまアジア諸国は待ったなしである。最初から巨大なアメリカ、日本、ヨーロッパの自動車メーカーが続々と進出してきて、立ち上がりの時期から、彼らとのかかわりを抜きにしては、自国の自動車産業の発展はあり得ない。しかも、十数ヵ国にのぼるアジアの諸国が互いに競争相手として、同時並行で生産を立ち上げようとしているという、非常にきびしい状況にある。それだけに、モノづくりにじっくり取り組もうとする姿勢に欠けている。

巨大なアジア市場

韓国、中国、香港、台湾の東アジア四地域と、タイ、インドネシア、マレーシア、フィリピン、シンガポール、ベトナム、ミャンマーの東南アジア七ヵ国、それにインド、パキスタンの南アジア二ヵ国を合わせた一三地域の自動車販売台数は、八〇年代後半から急な立ち上がりをみせている。

発展段階は国・地域ごとに異なっている。自家用車の普及期に入ったのがシンガポール、マレーシア、台湾で、タイはモータリゼーションが緒《しょ》についたところ、それを、インドネシア、フィリピンが追いかけているといった状況だ。

自動車一台あたりの保有人口比率でみると、日本が一・九人であるのに対し、台湾が四・一人、韓国が四・二人、マレーシアが四・七人、タイは一〇人、中国は八七人、インドでは一三〇人である。

販売台数でみると、アジア市場は九〇年代に順調に伸びてきて、九六年には五七二万台に達した。通貨危機以後の経済の低迷によるあおりで一九九八年には約三〇パーセント減の四〇七万台にまで落ち込んだが、その後は順調に回復して、二〇〇〇年にはピーク時の台数を超え、二〇〇一年には六〇〇万台を超えるものと予想されている。

このままいくと、二、三年後には日本を上まわり、十年後にはヨーロッパやアメリカの水準に達するものとみられている。景気変動などで波はあるものの、日本や韓国の例からして、長期的には工業化の進展にともなう所得水準の向上によって上昇カーブを描いていくものとみられている。

世界の自動車市場は、日本が六〇〇万〜七〇〇〇万台、欧州が一七〇〇万台、北米が一五〇〇万台であり、それから考えても、アジアでの増加分がいかに大きい数字かがわかろう。それに、日、米、欧の市場はすでに成熟し、成長が止まっている。したがって、二〇一〇年代にはアジアが世界一の市場となり、そののちもさらに拡大を続けていくことになる。

欧米や日本での自動車の普及過程をみても明らかなように、一度モータリゼーションの波が訪れると、その後は一挙に台数が増える。自動車が身近になると、必ず持てる者に対する羨望《せんぼう》の念が起こり、それが一種のステータス・シンボルのように考えられて、たとえ所得が低くても、背伸びしてでも手に入れたいと思うようになる。自動車はそんな魔力によって普及してきたのである。

日、米、欧の巨大自動車メーカーが国際企業としてさらに成長を続けて活力を維持しようとするならば、アジアでの拡大路線は不可欠である。ことに九〇年代の好況に支えられて資金力の豊富な〝ビッグ3〟は、いずれもアジアを最重要地域と位置づけ、大々的な投資を行ってきた。しかも、市場としてだけでなく、生産拠点としても重要視している。

競って進出するこれら先進国の自動車メーカーが、アジアにおいてどれだけのシェアを獲得するか、その結果いかんによって、二十一世紀における世界の自動車産業の業界地図が大きく塗りかわることになる。それも、この三、四年が勝負になる。それだけに、世界の自動車メーカーはアジアを舞台に、自らの将来をかけた熾烈《しれつ》な競争を演じている。

アジアの可能性

アジア各国が発表している二〇〇〇年での生産能力を合計すると、一九九五年末の八〇七万台からほぼ倍増の一五六七万台にもなっている。もし現在、アジア各国が立てている生産計画に基づいて生産されれば、完成車の輸入もあるから、五〇〇万台以上もの供給過剰に陥《おちい》ることになる。

各国とも、自動車を産業の中核にすえようと、盛んに育成に力を入れている。生産設備では急激な立ち上がりをみせてはいるものの、九〇年代末には販売台数の伸びが鈍《にぶ》り、やや中だるみの感があった。しかも、通貨が大幅に下落したインドネシアやタイ、韓国では半減して、メーカーが相次いで経営不振に陥り、旧〝ビッグ3〟などの傘下に入ることで生き延びることになった。いずれの国々も生産設備を調整する局面に入っており、設備のスクラップ・アンド・ビルドが進められつつある。

過大と思える各国の生産計画の中には、長期的な観点から、先進諸国への輸出を念頭においているところも少なくない。そうしなければ、生産計画と実際の国内需要とのあいだに大きなギャップが生じてしまうからだ。

しかし、当面は、品質や製品の総合的な水準からして、先進国への完成車の輸出はそれほど多くを望めない。そのため、アジア地域内への輸出となり、なおさら互いの競争が激化することは避けられない。それだけに、各国とも、競争相手となる周辺国より、一刻も早く立ち上げて地盤を築き、有利な立場に立とうとしている。おくれをとることは、たちまち輸入国に成り下がってしまい、あとで逆転するのがきわめてむずかしくなる。

だが、部品レベルでの輸出は増えている。

この場合に問題になってくるのが国産化率である。九〇年代前半までのアジア各国の政策は、主に日本のメーカーと提携して、部品およびユニットで輸入し、ノックダウン組み立てをするのが中心だった。しかし、この方式では貿易赤字を増やすばかりか、いつまでたっても国内産業の育成が図れない。ことに、産業の裾野《すその》を形成する部品工業が育たない。

そこで、近年は各国とも政策を転換し、外国メーカーの進出にさいして、高い国産化率（現地調達率）を設定して、国内産業を育てようとした。ところが、自由貿易の圧力もあって二〇〇五年ごろからはこうした現地調達率の義務化も撤廃せざるを得なくなってくる。

しかし、国内の部品メーカーが弱体なため、ここでも外国メーカーの協力を仰がねばならない。そのため、アジア各国に世界の部品メーカーが続々と進出してきている。

問題は、どの程度のテンポで技術・品質の水準が高まり、完成車メーカーに部品を供給できるのかである。品質が先進諸国並みになれば、労賃の安さから部品のコストも下がり、家電製品のように先進国への輸出が一気に増える可能性も出てくる。

そのときは、アジア諸国が先進諸国への部品供給基地にもなり得る。部品の品質、コストで競争力がつけば、労働集約的な性格の強い完成車の組み立ての強みを発揮することになる。そして、アジア諸国は世界市場の生産拠点として大きな役割を担《にな》うようになり、世界の自動車産業も大きく変貌することになる。そうなると、日本の部品メーカーにとっては深刻な問題となる。

少なくとも現時点では、完成車メーカーにしろ部品メーカーにしろ、アジアでの生産拠点を、自社全体の事業拡大にどう結びつけ、位置づけて、役割を与えていくのかが重要である。

その役割とは、進出相手国の事情に応じたたんなる進出か、それとも、第三国への輸出拠点とするためか、本国との分業体制をつくるための拠点としているのかといったことである。この場合、企業のポリシーを明確にしておく必要があろう。

アジア系列の形成

一九九三年一月、ASEAN地域内での自由貿易地域(AFTA)が発効した。続いて一九九四年十一月には、アジア太平洋経済協力会議(APEC)がボゴール宣言を発表した。これで、同地域での貿易・投資の自由化を、先進国は二〇一〇年までに、途上国は二〇二〇年までに実現することになった。

欧州連合(EU)や北米自由貿易地域(NAFTA)に対応したASEANの自由貿易地域を確立して、域内での経済活動、相互取引を活発にしようとしている。そのため、二〇〇三年から関税率を段階的に引き下げ、二〇〇五年一月までに域内部品調達率が四〇パーセント以上の製品に対する関税を五パーセント以下にまで下げることが決定されている。

自動車産業においても、域内での相互補完、相互調達を進め、日、米、欧への依存度を少なくして、互いに発展していこうとする取り組みである。

アジアでは、いまもっとも大きな課題となっているのが最適調達である。アジアでは、要求品質を満たし、しかも安価につくることのできる現地の部品メーカーはきわめて少ない。それも、エンジンやトランスミッション、制御装置などの技術的にむずかしいコンポーネントを丸ごと生産できる企業は皆無《かいむ》に近い。

それだけに、コストを考慮して現地調達率を引き上げようとするとき、限られた現地の比較的良質な部品メーカーか、日本や欧米から進出してきた部品メーカーに発注せざるを得なくなる。このとき、本国内での系列はなくなり、主にASEAN諸国では、〝アジア系列〟ともいうべき世界の部品取引における新たな相互関係がこの域内で生まれようとしている。

日・米・欧のアジア展開

アジアでは追われる立場に

欧米のメーカーと比較して、日本の自動車メーカーのアジア展開の特徴をいくつかあげることができる。まず、タイ、マレーシア、インドネシア、フィリピンのASEAN四ヵ国には進出が早く、圧倒的に強い。一九九五年の自動車販売台数では日本車が市場の七七パーセントを占めていた。しかし、マレーシアの国民車、「プロトン」が急増して、その分、日本車のシェアが落ちて、一九九九年は五七パーセントになっている。欧米車との競争でいえば、アジアの主要国の多くは右ハンドルの地域であって、経済の交流が深くて距離も近い日本が有利な立場にある。

このASEAN諸国に台湾、中国、インドを加えた七地域となると、日本の販売シェアは五〇パーセント近くに落ちる。これまで日本の自動車産業はたえず欧米の先進メーカーを追いかける歴史だったが、アジアでは守りの立場になったわけである。

アジアでの販売台数が多いのはトヨタ、三菱、スズキで、最近は本田が急伸長している。中でもトヨタはアジア地域でまんべんなく高い販売シェアを確保している。現地生産では資本参加している形態が多く、「カローラ」「コロナ」「クラウン」、新型「カローラ」などを投入している。国内ナンバー2の日産は、日本での不振が反映してシェアが低下し、ルノーとの提携でアジア戦略を立て直そうとしている。

だが、そのトヨタも、インド、中国での現地生産では出おくれている。それは、トヨタ独自の経営スタイルに強くこだわる姿勢を維持し続けているため、現地政府との折り合いをつけることができなかったからだ。また、中国政府が自動車産業を中央で管理していく方針を強く打ち出しているためでもある。

そこで、トヨタは一九九六年六月になって、ようやく天津《てんしん》汽車とのあいだで、年間一五万基の一三〇〇cc乗用車エンジンを生産する合弁事業が認可され、一九九八年七月から生産を開始した。このエンジンは、中国に食い込んでいるトヨタグループ傘下のダイハツの技術支援で生産している「シャレード」に搭載される。それまでトヨタは再三にわたり中国政府にはたらきかけてきた乗用車生産の認可が得られず、グループ企業のダイハツを通じての進出であった。ところが、二〇〇〇年五月、念願の認可が得られて、この年の十二月から、天津汽車とのあいだで世界戦略車の「プラッツ」を、二〇〇一年末にはやはり天津汽車とのあいだで五〇パーセントずつの出資による合弁会社を設立して、「ヴィッツ」の現地組み立て生産を行うことになったのが注目される。

日本的経営方式持ち込みの限界

日本のアジア進出の特徴としては、トヨタに象徴的にみられるように、できるだけ日本的な経営および生産方式をそのまま持ち込もうとする動きをあげることができる。

アメリカの現地生産で成功したように、日本のきめ細かい生産システムを持ち込む方式でないと、アジアでは効率的な経営ができないとみているからだ。そのため、アジア戦略車をまず日本で設計して持ち込み、現地の合弁会社で生産するという方式をとっている。

それとは別に、現地パートナーとの協力体制を重視して生産するケースもある。その中でも

マルチ・ウドヨグ社「マルチ」生産ライン

大規模になるのが、相手国政府が進める国民車計画に参画して生産するケースである。

具体例は、三菱がマレーシアの国民車「プロトン」に協力しており、やがては、合弁事業としてこれをアジア地域に輸出する計画である。最近では三菱が「プロトン」の生産で主導権を握った格好になっている。また、アジア地域内の重要な部品供給基地としても位置づけている。

スズキもまた、インド、中国、インドネシアにおいて、かなり大規模で効率的な重点投資を行っている。生産はいずれも得意な小型車である。

ただ、日本的経営方式の持ち込みにも限界がある。

たとえば、スズキは一九八三年から、インドのマルチ・ウドヨグ社（インド政府と折半出資の事業）で国民車「マルチ」を生産し、アジアでの数少ない成功例として高く評価されてきた。一九九六年には前年を大きく上まわって三四万台となり、同国乗用車市場の八一パーセントを確保している。しかし、生産能力はほぼ限界に達しており、そこで、五〇万台体制に拡大する方針が決まったが、設備投資の資金調達方法と社長人事をめぐって、二年近くにわたりインド政府とスズキとのあいだで深刻な対立が続いていた。

長いあいだ、インド政府は国産車保護政策をとってきたが、一九九一年、経済の自由化を決定し、一九九三年には自動車市場を自由化した。そのため、スズキは、これまでのようなインド政府のぬるま湯的体質に引きずられていては先行きが不安だとして、積極経営で挑《いど》もうとした。ところが、官僚体質にどっぷりつかったインドの官庁からすれば、「国内市場の八割も占めて独占状態にあるのに、なぜスズキはそんなにことをあせるのか」と不信感をつのらせ、両者の対立は深まるばかりなのである。

スズキにかぎらず、インドに進出した外資系企業はいずれも、同政府の官僚主義的な体質に頭を悩ませている。いわば、〝親方日の丸〟と同じ意識が身についてしまっているのだ。なにごとにおいても、経営上の決定が遅く、しかも曖昧《あいまい》であるため、進出企業のやり方とズレが生じてしまう。マルチ社はいわば〝国営企業〟で、税制面でさまざまな優遇措置を受けてきたため、危機感に乏しいのである。

自由化を契機に、九億九〇〇〇万人の人口を抱えるインドの潜在需要を見込んで、アメリカのGM、フォード、ドイツのベンツ、フランスのプジョー、韓国の大宇《ダイウ》がそれぞれ合弁事業で現地生産を開始した。これに続いて、本田技研が一九九七年秋に、トヨタが九九年からそれぞれ生産をはじめている。

これら巨大企業の力を知りつくしているスズキからすれば、過半数の株式を握って経営の主導権を握り、設備の増強や新型モデルの投入など、積極策を迅速《じんそく》に打ち出して、迎え討つ態勢をととのえたいとの方向で交渉を続けた。

だが、インド政府側からすると、スズキはマルチ社の経営を乗っ取ろうとしていると映り、警戒感を強めた。長く市場を閉ざしてきたインドでは、保護してきた国内企業と官僚たちとの結びつきも強く、経済開放政策をとったいまでも、外国企業に対しては好意的ではない。

すみずみまでもコスト意識を徹底させる独特の経営哲学でスズキを強力に引っ張ってきたワンマンの鈴木修《すずきおさむ》社長も、今回ばかりは、「場合によっては最悪の事態も辞さない」と、マルチからの撤退もほのめかす構えを示したが、やはり長いものにはある程度巻かれざるを得ないのが実情である。

各社の参入で、過剰供給となっているインドでは、一九九八年に入り、大幅な値引き合戦がはじまった。

インド政府との合弁事業がなにかとむずかしい中にあって、数々の障害を乗り越えてここまで発展させてきたスズキの例は、程度の差はあれ、今後、アジアで生産する外国企業がともに体験するトラブルでもある。

アジアへの進出を活発化させている日本車メーカーだが、国内では一一社がひしめき合っているため、旧〝ビッグ3〟と比較して、トヨタを除く各社の資金力は乏しい。それだけに、アジア全域を念頭においた大々的な戦略を展開していく力を持ちえていない。積極的にアジアへ進出してきた三菱が、アジア経済低迷の影響をもろに受けて、巨額の赤字をしょい込む例もみられる。巨大メーカーとはひと味違った人的な支援を惜しまず、時間をかけて現地の人材を育て上げていくようなきめ細かな展開が必要であろう。

本田、トヨタがアジア戦略カーを投入

一九九六年四月、本田が日本車メーカーとしては初めてアジア戦略カーの「シティ」を発売した。続いて一九九七年一月、トヨタも「ソルーナ」を発売した。これによって、アジアにおける日本車の現地生産は新たな段階に入った。

本田、トヨタにおくれてはならじと、三菱も一九九七年秋にアジア市場向けの低価格戦略カーを投入した。

このほかにも、国内外の自動車メーカーがアジア・カーの投入を予定しているが、抜きん出ているのはトヨタと本田である。とくに本田は、四輪車に先行するかたちで広くアジアに普及している二輪車のトップ・メーカーとして、そのブランド名はすみずみにまで行き渡っているのが強みである。なにしろ、アジアは世界最大の二輪車市場であり、とくに若者の心をとらえ

ホンダ「シティ」1996年型

て圧倒的人気を誇っている。

「シティ」を発売したことで、二輪と四輪とを相互補完させるかたちで今後の展開を進めていける有利さがある。「シティ」は「シビック」をベースにしており、アジアのニーズに合った車として新たに専用設計されたものである。全長は「シビック」よりやや短い四・二二五メートル、一三〇〇ccで、発売当初の価格は約一六七万円から一八八万円である。現地調達率は七〇パーセントに達し、エンジンおよびトランスミッション以外の部品はほとんどASEAN諸国で生産されている。

ちなみに品質は日本と同じ水準を要求することがむずかしいため、やや落としている。そのため、いまのところアジア以外の地域への輸出はむずかしい。生産および市場投入は一二〇億円かけて建設されたアユタヤ工場のあるタイを皮切りに、台湾、マレーシア、インドネシア、フィリピン、パキスタン、インド、さらに将来は中国でも行う計画となっていたが、アジア経済の低迷で、予定どおりにことは進んでいない。

一九九七年の生産台数は約四万から五万台に、一九九九年には一〇万台を見込んでいて、アジア最大の量産乗用車になる見込みであったが、まったく伸びを示さなかった。しかし当初は「シティ」の売れ行きが好調だったことから、九六年のアジアにおける本田四輪車の販売台数は倍増して九万一〇〇〇台となった。

一方、ASEAN域内ではトップを走るトヨタはタイで生産する「ソルーナ」を発売した。

いずれにしろ、問題はコストと品質である。日本的生産方式を持ち込んではいるが、技術、品質、生産性にはまだ問題がある。部品および組み立ての現地メーカーの技術水準アップをどう図っていくかが今後の課題である。

こうして数年は、順風にみえたアジア・カーだが、思わぬ落とし穴があって、やがて購買層から冷ややかな視線も浴びるようになってきた。それは、発展途上国において自動車を買うのは高額所得者層で見栄っ張りでもあるため、欧米や日本で販売されている車より品質が一段落ちるアジア・カーを敬遠しはじめたのである。

トヨタや本田は低価格車を投入すれば、購買層も広がって若年層やエントリーユーザーにも受け入れられ、販売台数が伸びるものと見込んで、安さを強調して宣伝したが、読みが外れ、「カローラ」や「シビック」のような主力モデルに育ってはいない。

昭和三十年代の日本と似て、アジアにおいて車はステイタス・シンボルでもあるだけに、低価格車ではイメージダウンになるという消費者心理が微妙にはたらいたのである。大衆レベルにまで普及するにはまだ間があるだけに、アジアに投入すべき車の性格づけにはなかなか難しいものがあって「ブランド価値」には十分に配慮する必要がある。

このためトヨタでは、日本やヨーロッパで発売している世界戦略車「ヴィッツ」を二〇〇一年末までに、中国と同様タイでも生産を開始する計画である。さらには、二〇〇四年に、新たな新興国戦略モデルのＩＭＶ（イノベイティッド・インターナショナル・マルチ・パーパス・ビークル）もタイで生産開始する計画で本腰を入れつつある。

一方、本田は二〇〇一年十二月、世界戦略車「フィット」のプラットフォームを使ったアジア戦略車を二〇〇二年からタイの自社工場で生産し、二〇〇三年から日本に逆輸入することを発表したが、これによって、現在の四万五〇〇〇台から七万台に生産台数を引き上げる予定である。また、このアジア戦略車は中国、インドネシアでも生産する計画である。

ほぼ同じ時期、赤字が続くヨーロッパで生産する「シビック」に、インドで生産した安価な部品を供給することでよりいっそうのコストダウンを図ることを決めた。本田は、アジアで生産された部品の「品質は日本と大差がなくなった」と判断した結果だと述べている。トヨタもフィリピン工場で生産された変速機を日本に逆輸入しており、こうした動きはますます増えようとしている。

このように、タイはアジアにおける日本車メーカーの生産拠点と位置づけられつつあるが、これに欧米のメーカーも追随《ついずい》しつつあり、タイ政府自身も、それまでとってきた国内市場中心の自動車産業から、東南アジア最大の生産拠点づくりに向けて走りはじめている。

米メーカーのアジア進出法

〝ビッグ3〟の海外進出あるいは現地生産の歴史は長く、七十年以上におよんでいる。それだけにノウハウも豊富である。日本のように、政治的あるいは経済的環境の変化によって場当たり的に進出を選択するのではない。十年、二十年の長期スパンでもって着実に、しかも計画的にじっくりと進めていく。それは資本力があることと合わせ、生産のあり方とも関係している。

きめ細かい対応で多種少量の生産が得意な日本と違って、旧〝ビッグ3〟やヨーロッパのメーカーは、少種を大量に生産する方式である。そのため、インドや中国は別として、他のアジア諸国では一国の市場が小さいため、量産効果が得られず、採算がとれない。

そこで、日本のように、アジアのいくつもの国に生産拠点をつくるのではなく、大々的な投資を行って一、二ヵ所に大規模な生産拠点を設け、そこからアジア全体あるいは世界へ輸出していくという戦略である。また、アジア諸国への進出では、プライオリティー（優先順位）をかなり明確にして取り組んでいる。

それに、ASEAN諸国には日本が古くから進出していて、シェアが高いため、これを避けて、韓国や中国、台湾といった東アジアあるいはインドに生産拠点を設けようとしている。

旧〝ビッグ3〟の筆頭であるGMのアジア進出の特徴は、傘下にあるドイツのオペルや部品事業部のデルファイ、さらに、この数年、資本提携で取り込んだいすゞやスズキ、富士重工などの強みを十分に生かしつつ、グループ全体として取り組んでいることだ。

計画によると、二〇〇五年までに日本、オーストラリアを含むアジア・太平洋地域での販売台数を、現在の六二万台から三倍の一七〇万台に引き上げ、シェアを五パーセントから二倍の一〇パーセントに拡大するアジア戦略を明らかにしている。

そのための大きな動きは、一九九五年後半からはじまった。たとえば、同年十月に合意した中国の上海《シャンハイ》汽車工業総公司との合弁事業で、中型車を年に三〇万台生産するプロジェクトなどである。さらに、一九九七年三月には、強力なライバルであるフォードやトヨタとの競争に競り勝って、同公司とのあいだで高級乗用車の合弁事業契約に調印した。

GMとの合弁を決めた上海汽車の陸吉安会長は日経産業新聞のインタビューに答えて、次のように述べている。

「一九九四年三月から日本、韓国、アメリカの自動車メーカーと交渉に入った。日本メーカーでは二社と話し合いをしたが、そのうちの一社は他の中国企業と合弁を希望しているようだった。GMとフォードの二社はともに積極的で条件もよく、最終的にGMを選んだ」

また、ASEAN諸国内での活動としては、一九九五年末、タイまたはフィリピンに一〇億ドルを投じて年産一二万〜一八万台の乗用車生産の拠点を新設するという計画を発表した。このうちの八〇パーセントは日本や東アジア諸国へと輸出する計画となっている。インドでは、一九九六年はじめより一〇万台規模の生産をはじめるとのふれこみでスタートしたが、二〇〇〇年の実績は七〇〇〇台にとどまっている。タイの生産能力は年産四万台で、二〇〇〇年五月からスタートし、この年、実際に生産されたのは六五〇〇台で、そのほとんどが輸出され、二〇〇五年までにはフル生産して一三万台にまで拡大するとしている。これらの九〇パーセントは輸出を予定しており、仕向け地は主にヨーロッパである。

GMのアジア展開は、グループに取り込んだスズキがそれ以前から、得意の小型車で中国、台湾、インド、タイで現地生産を行っており、また大型の商用車でも同様に、いすゞがタイやインドネシア、フィリピンでの完成車の組み立て生産やエンジン部品の生産などを行っている。このため、これら日本車メーカーと連携を取りながら、今後はグループとしての強みをどれだけ生かしながらアジア展開を進めていけるかが大きなカギとなろう。

陸社長はまた、日本車メーカーの中国プロジェクトに対する取り組みについて、次のように指摘している。

「中国の自動車市場の将来について悲観的すぎるために、投資が遅いうえに小さくなっている。組み立て生産して販売しようというだけの計画が多く、開発から部品メーカーの育成、輸出までを一つのパッケージとしてまとめたGMのような長期的な視点に立った戦略が欠けている」

豊富な資金力を武器に、長期的な視点に立ったGMの決断だが、反面、自動車本体と部品も含めた大規模な事業となるため、現地政府の政治・経済的な変動によるリスクが巨大となる。

上海汽車をめぐる交渉過程でみられたように、現地政府に都合のよい要望が多く、これにどうこたえつつ、しかも事業として成り立たせることができるかが、今後の進出競争に勝ち抜くカギとなろう。

フォルクスワーゲン、ベンツの動き

フォルクスワーゲンおよびアウディグループのアジア戦略では、中国を最重要基地と位置づけて強化し、その後、台湾、インドへと事業を広げていこうとしている。

合弁事業では、年産五〇万台の生産能力を持つ上海汽車工業総公司とともに「サンタナ」「パサート」「ポロ」などの小型乗用車を生産しており、一九九六年の生産は中国の乗用車メーカーとしては初めて年産二〇万台を超えて、二〇〇〇年の生産は二二万台で国内第二位となった。

第一汽車との合弁では一六万台規模の生産能力を持っているが、いまのところ年産一一万台であり、上海汽車と合わせたフォルクスワーゲングループの生産は中国全体の五五パーセントを占めて、圧倒的な量を誇っている。

また、中国国内の合弁生産は輸出拠点ともなっており、生産されたエンジンや主コンポーネントをアジアだけでなく、広くヨーロッパへも輸出する計画である。

そのほか、九〇年代後半から、インドネシア、フィリピン、インドなどで、「ゴルフ」などを数千台から二万台程度の委託生産を行ってきた。

ダイムラー・クライスラーもまた中国を将来的な最重要拠点とみて、アジアに進出している。一九九五年七月に認可された南方汽車有限公司と合弁でミニバンを六万台、エンジンを一〇万基生産して、中国国内だけでなく海外へも輸出する計画である。

また、得意なトラックと高級乗用車の事業も展開している。他のアジア諸国では、やはりトラックと高級乗用車の販売をこれまで以上に力を入れていく方針である。

このほか、インドネシア、ベトナム、インドなどで合弁による高級乗用車、あるいはトラックを一万〜一万五〇〇〇台規模の生産を予定している。また、タイ、マレーシア、フィリピンで数千台の委託生産を進めつつある。

ベンツのアジア市場における年間販売台数は約六万五〇〇〇台で、総販売台数の約一〇パーセントである。「今後の十年間でこの比率を二五パーセントまで引き上げたい」としている。

アジアにおいて、高級車は一定の市場があるが量は望めず、やはり本命は小型車やトラックである。このため、ジープやミニバン、軽トラックに強いクライスラーと合併し、さらには、小型車が得意な三菱自動車や韓国の現代《ヒュンダイ》自動車を傘下におさめたことで、今後、アジアにおける大衆車、小型車、トラックなど広範な市場で積極的に展開していくものとみられている。

アジア自動車産業の二十一世紀

アジアの国民車計画

本田とトヨタのアジア戦略カーと並んで、アジア各国には国民車計画がいくつもある。

いわゆる国民車構想としては、戦前のドイツでヒトラーが推進したフォルクスワーゲンの〝ビートル〟が有名である。また、昭和三十年代初頭の日本でも、国民車構想があった。それは、外国資本の上陸を前に、小規模の国産車メーカーがひしめく現状を憂慮した通産省の、一刻も早く国産車メーカーを育て、量産体制をととのえたいとする思いから発したものだった。

どこの国も自動車が国の主要な産業になることを十分承知している。できれば自らが主導権を握るかたちで自動車を開発・生産したいとの夢を抱いている。そのため、税制上の優遇措置をとるなどして国産車メーカーを育成し、低価格に抑えた国民車の量産体制を確立して、これを広く国民に普及させていきたいと望んでいる。

たとえばマレーシアでは、一九八五年からプロトン社が生産している第一国民車「プロトン」に続き、一九九四年八月には第二国民車「カンチル」が発売されて、販売も順調に伸びている。

「プロトン」の一九九六年の生産は一六万台、九七年は二〇万台に達したが、二〇〇〇年は一八万台に減少している。しかも、現在の生産は三菱からの技術供与が頼りとなっている。

スハルト大統領が華々しくぶち上げたインドネシアの国民車計画は、政権の崩壊によって混迷の度を深め、破綻《はたん》をきたした。しかし、国内の自動車生産そのものは二〇〇〇年に入り、急回復してきている。

インドネシアの経済はスハルト政権の腐敗にともなう政情不安によって、海外から流入していた大量の資金が引きあげられてしまって低迷した。このため、政府は通貨危機そして政情不安によって破綻した経済を再生するため、ＩＭＦの資金援助を受けるのと見返りに、自動車生産の義務規定である国産化率を定めたインセンティブの規制を緩和した。加えて、完成車の輸入を自由化したため、外国メーカーの展開が活発になり、中でも、国民車育成の優遇政策が導入される以前には圧倒的な強さを誇っていた日本車メーカーが待ってましたとばかりに勢いづいた。

これにより、一九九七年の三八万台から、一九九八年には五万台にまで急落していた生産が急回復し、二〇〇〇年にはピーク時の八〇パーセント近くまで持ち直した。

ブランド別ではダイハツと日野を含めたトヨタグループが四二パーセントを占め、続いて、スズキといすゞを主体とするGMグループの三一パーセント、ダイムラー・クライスラーの二二パーセント、本田の三パーセントとなっている。

経済性だけでは割りきれない

アジアの国々では、自国の自動車産業を早急に育て、発展させたいとしながらも、国内経済の基盤が脆弱《ぜいじゃく》なだけに、産業政策の舵取《かじと》りがむずかしい。

日本でも、モータリゼーションが緒についたばかりの昭和三十年代前半ごろ、富士重工やスズキ、マツダ、三菱、少しおくれて本田などが、小型・軽乗用車市場に相次いで進出した時期があった。当時、日本でも、小さな市場に数多くのメーカーがひしめき合って、過剰生産が懸《け》念《ねん》された。アジア各国が日本と同じように、長期にわたって高度成長を持続させ、国民所得も順調に上昇して、自動車の需要が急拡大を続けるかどうかの保証はない。

とはいえ、自動車産業は基幹産業であり、外貨獲得の有効な手段でもあると同時に、政治的なステータスシンボルでもある。かつての日本の通産省がそうだったように、各国政府にも早く大規模な自動車産業を持ち、内外に向かって胸を張りたいとの思いがある。それだけに、アジアでの事業は、経済合理性だけでは割りきれない、さまざまな不安定要素を抱え込みながら発展していくことになろう。

車も家電のようにいくか？

アジアにおける自動車産業の現状を踏まえつつ、今後の行方を見定めようとするときに参考になるのは、自動車より先をいくパソコン、テレビ、コンポ・ステレオなどのエレクトロニクス、家電製品である。

これらの製品はすでに膨大《ぼうだい》な量がアジアの諸国で生産され、先進諸国へ輸出されている。日本でつくるよりかなり安くできるし、品質においても、カラーテレビ程度の製品なら日本製とほとんど変わらず、すでに輸入品の占める割合のほうが多くなっている。

果たして近い将来に、自動車も電気製品と同じように生産拠点がアジア諸国にシフトされ、問題になっている日本国内の空洞化が起こるのだろうか。

電気製品と自動車の違いはいくつかあげられるが、まず、構成する部品の点数が一桁近く多いことである。加えて、すぐには現地生産しにくい重要なコンポーネントの数が多い。さらに、自動車のほうが下請け、部品メーカー、材料メーカーを含めて産業を支える裾野《すその》がかなり広いことだ。

自動車はジャスト・イン・タイム方式にみられるように、かなり高い効率、生産性を維持しなければ、コスト高を招いて、競争に勝ち抜くことはできない。だから、労賃の安さを目的に完成車メーカーだけがアジアに生産拠点を移しても、成果はあがらない。

下請けや部品メーカーなどがフルセットで進出し、作業者も含めて技術、品質が高まらなければ成り立たない。しかも、採算ラインに乗せるためには、少なくとも年産一〇万台以上でなければならない。巨大な工場や生産ラインの構築など、電気製品とは比べものにならないほどの巨額な設備投資が必要になる。また、技術や品質をレベルアップするための訓練や経験を積むために、かなり長い時間も必要となる。

それだけに、メーカーとしても、安易なかたちでは生産拠点を移す決断ができないのである。

とはいえ、電気製品はすでに第二段階に入りつつある。これまでは、アジア戦略カーと同じように、日本で開発・設計した製品図面を持ち込んで現地生産するという方式だった。ところが、最近ではさらに進んで、その国のニーズに合わせて現地の工場で製品開発・設計もする時代に入りつつある。

それは、アジアの技術水準が上がってきたことや、ＩＴ革命で、先に述べたＣＡＤ、ＣＡＭ、ＣＡＥの導入によって、設計段階で日本とアジアとが自由にやりとりできるようになってきたこともある。なにより、その国ならではの顧客のニーズをきめ細かく汲《く》み取った世界最適設計をするべきだとの認識が強くなっている。

経営的には危機的状況にあるとはいえ、日本のあとに続く韓国自動車産業の技術的な発展ぶりを踏まえると、少なくとも生産の面では、それほど遠くない将来に、アジア諸国のキャッチアップが行われるものと予想される。

「フィット」をベースにしたアジア戦略車をタイで生産して日本に逆輸入することを明らかにした本田の首脳は、「乗用車も電気製品のように生産地よりブランド力が品質イメージを決める日がやってくる」と語っている。

韓国自動車産業の歩み

急発展しつつあるアジア諸国の自動車産業の将来像をイメージするとき、参考になるのが韓国であろう。同じアジアの一員である日本はあまりにもかけ離れているが、現在のＡＳＥＡＮ諸国との中間段階にあって、しかもお手本にされている韓国の発展経過をごく簡単にみておくのも意味があろう。

韓国の自動車産業は、国家的戦略産業、あるいは輸出産業として、重要な位置づけがなされており、政府の主導によって業界の再編や保護政策がとられてきた。

主な自動車メーカーが生産を開始したのは、六〇年代前半から後半にかけてである。いずれも、日本や欧米のメーカーとの技術提携によるノックダウン組み立て生産で、一九六二年に発令された自動車工業保護法に守られながらのスタートだった。

メーカーが続々と設立され、一時は主力五社、現代《ヒュンダイ》、起亜《キア》、大宇《ダイウ》、亜細亜《アジア》、双龍《サンユン》を含め三〇社にまで膨《ふく》れ上がった。そのため、一九七二年には企業数の集約措置がとられ、一九七四年には長期自動車工業振興計画によって最重要戦略産業とされ、強力な育成政策がとられるようになった。ただし、国内需要が乏しかったため、輸出産業として育成されることになった。この点は日本と性格を異にする。

このころから、外国メーカーの技術支援を得て、独自の国産モデルを開発する動きが活発になり、一貫生産に向けた設備投資も急増して、二年後には生産能力が二二万台となった。

そんな時期の一九七五年、トップ企業の現代自動車が三菱の技術供与を得て一二〇〇ccの国産車「ポニー」の生産を開始するとともに、翌年には初の輸出もはじめた。

一九七九年の「ポニー」の生産台数は二〇万台、輸出は三万台に達したが、国内市場の販売は依然として伸びなかった。一九八〇年、八一年になると、生産は一二万～一三万台に落ち込んだ。そこで、政府は自動車産業合理化措置をとり、「五年後に一〇〇万台生産、五〇万台の輸出」の目標を掲げ、現代、大宇が乗用車、起亜が商用車に特化して生産するという集約、再編を行った。

八〇年代半ばのプラザ合意以降、円高が急速に進行したため、輸出競争力が一時的に落ちた日本車の間隙《かんげき》を縫うようにして、韓国製自動車の輸出が急激に伸びた。ピークとなった一九八八年には五七万台となり、一一〇万台に達した総生産台数の過半数を占めるまでになった。

こうした輸出に依存する政策はおのずと国内市場の開放も迫られ、一九八七年、韓国政府はそれまでの保護政策から自由化政策に転換して、同年七月には大型乗用車を、翌年七月には小型乗用車の完成車輸入を解禁した。

ところが、一九八九年になると、韓国車の輸出のほとんどを占めていたアメリカで品質問題が表面化して、その量は半減、以後、三年連続して三〇万台の水準に低迷する。だが、一九九〇年には生産が一三〇万台に達し、輸出は三五万台となった。その後の生産は、毎年十数パーセントの伸びを示し、一九九六年の生産は二八一万台、輸出は一二一万台に達した。

韓国車の最近の特徴として、アメリカ中心だった輸出先を、世界各国に広げ、とくにヨーロッパ市場での販売を伸ばしてきた。その一方、国内需要は頭打ちとなり、過剰となっている生産を輸出でさばこうとする姿勢が目立っている。

技術的にむずかしいエンジンや電子機器、安全、環境に関連した技術を独自開発する動きも活発化している。

さらに、ヨーロッパ、アジア諸国への工場進出、現地生産も目立っており、とくに欧米の大手自動車メーカーと連携（合弁）した生産も盛んである。

こうした華々しい数字が掲げられる反面、建て前としていわれている部品の現地調達率九〇パーセント以上というその中身にはかなり疑問もあり、産業の足腰となる部品メーカーの技術力、競争力にも問題がある。

韓国自動車産業の発展過程では、初期段階から、提携先である日本の自動車メーカーの技術供与、指導がかなり入っており、日本的生産システムも積極的に導入されてきた。東南アジアにおいてもまた同様である。

一九八九年以来、販売ではつねに二桁の伸びを記録して、順調な発展をとげてきた韓国の自動車産業は、各社とも生産設備を急拡大し、加えて、大手財閥が横並びで自動車事業に進出したため、生産能力は次のように増大した。

将来計画をみると、一九九六年の生産能力が約三五〇〇万台であるのに対して、二〇〇〇年代初頭には、国内の生産能力が五〇〇万台、海外の生産能力は二〇〇万台と合計七〇〇万台にもなると予想された。

相次ぐ韓国メーカーの倒産

そんなところへ、一九九七年前半からはじまった通貨ウォンの下落にともなう深刻な経済危機によって、一九九八年の国内販売は最盛期の半分以下にまで落ち込み、生産も三一パーセント減の一九五万台にまで落ち込んだ。もともと韓国の自動車産業は、財閥グループ間の競争が激しく、どこも横並びの強気一辺倒で巨額の設備投資を重ねてきただけに、経営の内実は脆弱で足腰が弱く、収益性も悪かった。それだけに、一気にツケがまわってきた。

このため、販売競争は激化し、大幅な値引き競争が行われたため、稼働率の低下と合わせて、各メーカーの赤字額を大きく膨らませることになった。

国内販売の不振を補う輸出も、新規の市場が一巡したこともあって、生産設備の拡大に見合うほどには伸びなかった。

これまで、低賃金を武器に急成長をとげてきた韓国の自動車メーカーも、労働運動の高まりもあって、賃金水準が上昇し、生産コストも上がったことに加えて、巨額の設備投資の負担がのしかかった。稼働率が下がれば、採算が一気に悪化することは目にみえていた。

このため、一九九七年七月、韓国第二位の自動車メーカーである起亜が数百億円の赤字を出して事実上、倒産し、現代自動車のグループに吸収された。

輸出主導による無謀《むぼう》なまでの拡大路線が破綻したのである。

これまで日本からの車の輸入には制限を加えて、事実上、閉め出していたが、一九九九年から開放した。これに、日産の支援を受けた韓国最大の財閥である三星が自動車事業に進出して、釜山《ふざん》で年産八万台の組み立て工場が稼働し、一九九八年三月から販売を開始したことから、韓国全体の生産設備はさらに大幅な過剰となった。

このため、自動車部門を切り離して他企業に合併させたり、外国資本の傘下に入ることで生き延びることになった。

生産を開始したばかりの三星は、わずか二ヵ月後にして自動車部門の切り離し、身売りが具体化した。三星は事実上、倒産したため、ルノーが七〇パーセントを出資して買収した。

一方、韓国第一位の現代は先陣を切って大リストラを断行中で、四万五〇〇〇人いる従業員のうち、まず八二〇〇人の解雇を発表し、これに反対する組合はストに突入して、いまだに尾を引いている。このため、生産は落ち込み、さらに経営を悪化させたが、リストラによる効果と国内需要の回復、輸出の伸びに支えられて販売台数はピーク時の九〇パーセント近くまで回復している。

一九九八年一月十一日、韓国第二位の大宇は、経営危機に陥っていた双龍（韓国第五位）の株式の五一・九パーセントを買収する契約を結んだ。合わせて、双龍が抱える三兆四〇〇〇億ウォン（約五〇億円）の負債の半分を引き受けることになったが、二〇〇〇年十一月、これまた最終不渡りを出して事実上倒産、負債総額は一兆八〇〇〇億ウォンにものぼっていた。債権団は市場規模に見合わない放漫《ほうまん》経営であったとして、事業の整理と外資の注入を求めていたが、かねてから買収交渉を進めていたフォードが辞退したため事態は混迷した。一年近くを経た二〇〇一年九月、ようやく乗用車部門がGMに買収されることになり、再建の道を歩み出すことになった。ちなみに韓国第三位（二〇〇〇年）に転落していた大宇の国内生産能力は約一三〇万台で、海外は約一〇〇万台である。

韓国は経済危機を契機に、自動車メーカーの破綻が相次ぎ、現代を除く五社が事実上倒産して再編が一気に進み、欧米資本の傘下に組み込まれてしまった。

東南アジア各国の自動車メーカーもまた、一九九〇年代後半に襲った通貨危機以後、欧米や日本の自動車メーカーによるテコ入れで立て直しを図っており、中国とインドを除いて、アジア全体が巨大再編の渦《うず》に巻き込まれてしまった。

中国市場からの撤退の動きも

その大国、インドと中国だが、生産が軌道に乗り、採算がとれるようになるにはかなりの時間と忍耐が必要である。一三億人の人口を擁《よう》する中国市場の潜在需要は巨大で、世界の自動車メーカーにとっては大きな魅力であるが、当分は赤字経営が続くことになり、それにどれだけ持ちこたえられるかが重要なカギとなってくる。

中国政府は、今後、外国メーカーの進出による新規の乗用車生産は認可しない方針といわれている。そのため、撤退を決めたプジョーの持ち株を狙って、新しく進出したいとする本田など日、米、欧、韓国のメーカーによる獲得競争が繰り広げられた。その結果、オートバイや自動車部品の生産で実績のある本田に決定した。本田が五〇パーセントを出資して、一九九八年から早くも生産を開始し、二〇〇〇年の実績は三万二〇〇〇台である。

プジョーにかぎらず、中国に進出した外国メーカーの自動車生産だが、台数こそ伸びてはいるものの、生産能力からすると稼働率はいずれも低く、五〇パーセント前後で赤字経営が続いていて、通常ならば工場閉鎖が迫られる数字である。それでも、〝将来の巨大市場〟との言葉に引き寄せられて先を争うようにして進出した日、米、欧のメーカーは、我慢比べの状態が続いている。

一九九三年までは生産台数が急増していたが、九〇年代半ばからは微増にとどまっていたからだ。ところが、本田が広州に進出した一九九八年からは上向きとなり、翌年は一〇万台規模の生産能力を持つGMの上海進出などもあって順調に伸びている。二〇〇二年には三万台規模の天津トヨタ工場が稼働し、二〇〇四年には三〇万台規模のフォルクスワーゲンの第一汽車工場の計画もある。

中国は二〇〇一年秋にWTOへ加入したことなどから、こうした設備の増強も含めて、二〇〇五年には三二〇万台（うち乗用車は一一〇万台）の目標を掲げた。

そんな中国市場だが、トヨタの奥田社長は強気の弁を口にしている。

「中国戦略は超長期プロジェクトと位置づけて、じっくりと腰を据えてやっていく覚悟だ。二十年とか三十年のスパンで考える。政策や市場は揺れ動くだろうが、それに一喜一憂していたら、何もできない」（日経産業新聞・一九九七年二月十四日付）

中国進出企業の淘汰《とうた》

世界の主な大手自動車メーカーのほとんどが、将来の巨大市場として進出をもくろむインドや中国で、最終的に残るのは、四、五社程度だろうとみられている。中国では、現在、自動車メーカーは零細企業も含めて八〇〇社あまりもあるが、二〇〇〇年の生産台数が一〇万台を超えたのはたった五社にしかすぎない。

中国に進出した外国メーカーの主な合弁事業は、次のとおりである。

フォルクスワーゲンと第一汽車集団公司（長春）による乗用車「アウディ」「ボラ」の生産、

同じくフォルクスワーゲンと上海汽車工業総公司（上海）による乗用車「サンタナ」や「パサート」の生産、ダイムラー・クライスラーと北京汽車工業総公司（北京）によるジープ「チェロキー」などの生産、GMとやはり上海汽車工業総公司による乗用車「ビュイック」の生産、フォードと江鈴汽車集団公司（南昌）による商用車の生産、シトロエンと神龍汽車公司（武漢）による乗用車「ZX」の生産、三菱重工と中国航天汽車総公司（瀋陽）によるガソリンエンジンとトランスミッションの生産、日産自動車と第一汽車製造廠によるトラックの生産、トヨタと天津汽車工業総公司（天津）によるエンジンの生産、スズキと長安機器製造廠（重慶）による乗用車「アルト」の生産、富士重工と貴州航空（安順）の乗用車「雲雀」の生産、それに、先の本田である。

中国政府はこれらの進出メーカーを段階的に絞り込んで、四、五社にしたいと思っている。いずれにしろ、中国市場での生産は当分は赤字経営、長期戦を覚悟しての体力勝負となろう。

これからも、資金的に余力のない企業は撤退していくことが予想され、その結果として、淘《とう》汰《た》が進むことになろう。

世界文明史的転換が不可避

アジア諸国における通貨危機にともなう大幅な通貨の下落は、たしかに先進諸国の自動車メーカーにとって痛手であり、短期的には操業の維持や赤字が増えて問題も多いが、長期的にみれば、望ましい変化であるともいえる。

現地での調達コストを引き下げるだけでなく、生産のコスト低減につながって、現地調達率を引き上げることとなり、しかも、現地からの輸出増を手助けするからだ。その意味では、業績の好調が続いていた欧米のメーカーほど、通貨危機と株安に見舞われているアジアこそ、むしろ積極策を進める好機と受けとめたのである。

アジアで自動車生産を行っている主要七ヵ国、韓国、中国、台湾、インドネシア、タイ、フィリピン、マレーシアにおける一九九〇年代の生産の推移を振り返ってみると、ピークは一九九六年の五七二万台であったが、通貨危機にともなう経済の低迷が続いた九八年には三一パーセント減に落ち込んだが、この二、三年ほどは、フィリピンと台湾を除いては回復基調にある。

楽観的な見通しをしていた一九九〇年代半ばごろの予測は達成しないまでも、二〇〇五年には七五〇万台、二〇一〇年には一〇〇〇万台を超えるものとみられている。

急激に発展し、そのあと通貨危機に襲われて経済低迷も経験して今日にいたった過去十年間のアジアにおける自動車生産の形態を振り返るとき、一九九〇年代末からの大きな様変わりがあった。その一つは、インドやマレーシア、インドネシアで進められてきた、政府の手厚い保護のもとで、外国メーカーの支援も受けつつ国民車を生産して、国産メーカーを育て上げていく政策が行き詰まってきたことだ。

欧米の大手自動車メーカーの、より効率的で高度化した開発・生産方式や、グローバルな展開の最適生産などの波がアジア諸国にも容赦《ようしゃ》なく押し寄せて、これらアジア諸国が進める国民車とのあいだに、品質、コスト、生産体制において、あまりにも落差が生じ、市場競争力を持ち得なくなってきていることだ。

先進国への輸出に依存するアジア諸国の経済体制にあっては、WTOによる関税障壁の撤廃も必然的となってきて、国内自動車メーカーの競争力を高めなければ、互いに競争し合っているアジアの中でも生き残れなくなる。

となると、自前の技術が貧弱なだけに、海外メーカーの進出を仰ぐしかなく、結局、韓国と似たような道をたどることになる。日、米、欧の巨大自動車メーカーとの合弁事業や資本提携の形をとりつつも、やがてのみ込まれていくことになる。

ある意味では、一九九〇年代半ばまで国内メーカーに対する手厚い保護政策を取ってきたため、かえって発展がおくれた面があった。ところが、今後は門戸《もんこ》を開き、海外メーカーが主導権を握って容赦のない経営を展開していくことになるため、その分、発展がうながされることになろう。その結果、安い労働力のアジアが、家電やパソコンと同様に完成車および部品の一大生産・輸出拠点として明確に位置づけられて、世界へと送り出されていくことになろう。

日本は昭和四十年代前半まで、通産省が掲げた国民車構想がきっかけとなって、業界を活性化させた。アジアのほかの国でも似たことがいま起こっている。アジアの国々はさまざまな人種、民族で構成されており、それぞれの文化、美意識、ライフスタイルなどを持っているため、好みに合った車が求められるはずだ。

ただ、モータリゼーションが本格的に起こるのはまだ先であるにもかかわらず、アジア諸国の都市部では、すでに深刻な問題が起きつつある。交通渋滞もさることながら、車からの排気ガスや工場の煙突から吐き出される煤煙《ばいえん》、石炭の使用などによって、先進国よりはるかに大気汚染が進んでいる。車が古いこと、排ガス対策が施されていないこともあるが、工業化の進展とともに、今後ますますひどくなるおそれがある。

エネルギー需給の問題も深刻である。一三億人の人口を抱える中国は、すでに石油輸入国になっている。さらに、人口一〇億人のインド、五億のＡＳＥＡＮ諸国など、アジアの人口は膨大である。これらの地域にモータリゼーションの波が押し寄せれば、世界の自動車保有台数は一挙に上昇、それにつれてエネルギー問題が起こり、石油の逼迫《ひっぱく》、価格の高騰が必至である。そうなると、エネルギーの文明史的転換が不可避となろう。

近い将来、アジア諸国においてもまた、低燃費エンジン、排気ガス対策、代替燃料車の技術開発および普及が、より活発に進められなければならないことだけは確実である。

第六章　安全という名の企業戦略

理念なき日本車の安全対策

衝突実験の衝撃

八〇年代の終わりごろ、日本車の評判は頂点にあり、まさに天下だった。価格が安いにもかかわらず、品質も生産性も世界一で、しかも故障がきわめて少ないと絶賛されていた。

そんな絶頂期にあった一九八九年十二月と翌年四月十四日の二回に分けて、NHKが、「第二次交通戦争への処方箋――死者半減・西ドイツはこうして成功した！」を放映した。

ドイツでは増える一方だった交通事故による死亡者が一九七一年には一万八七五三人となって、大きな社会問題になった。その後、安全論議が高まり、官民一体で取り組んだことで死亡者数は減り続け、一九八九年には約八〇〇〇人にまで低下した。

それに対し、日本の場合、一九七〇年の約一万六八〇〇人から一九八〇年には八八〇〇人にまで急減したが、その後は逆に増えていった。交通安全キャンペーンや取り締まりを強化してもいっこうに減らず、八九年には一万一〇〇〇人になって、その後も一万人を下まわることはない。

ちなみに、ドイツの数字は、交通事故後三十日以内の死亡者数であり、日本のそれは二十四時間以内の数字である。日本もドイツと同じ三十日以内とすると、数字はさらに大きくなる。

この番組には、日本の行政や業界が安全対策への取り組みをないがしろにしていることへの批判が込められていた。その中でもとくに衝撃的だったのは、七〇年代にドイツ連邦道路交通研究所が行った、時速八〇キロで車をコンクリート壁に衝突させる実験の映像である。

激突した瞬間、車はそり返り、前部と後部がくっつくようにしてU字形に折れ曲がってしまった。客室空間が完全につぶれたため、搭乗者がいたら間違いなく即死である。

その映像は車の衝撃力のすさまじさを見せつけたが、それだけではない。衝撃によって人間の脳がびまん性脳損傷を起こすことが多いとの指摘も衝撃的だった。衝撃によって、豆腐が崩れるように脳が損傷するというのである。これによって、植物状態となったのち、しばらくして死亡するケースが多い。この実験はまた、車の構造がいかに弱いものかも教えていた。

この番組が放映された一九八九年当時の日本車の安全対策は、衝突実験の映像に出てきたドイツの七〇年代とさほど変わっていなかったのである。

番組ではこのあと、ドイツでの安全対策にスポットを当て、主にベンツとフォルクスワーゲンでの取り組みが紹介された。

画期的な三叉《さんさ》式緩衝機構

ベンツはスウェーデンのボルボとともに、早くから安全にかんして熱心に取り組んでいることで知られており、ベンツ車の安全性には定評がある。一九五三年には早くも、クラッシャブル・ゾーンと呼ばれる車体構造を採用していた。これは、衝突時の衝撃をできるかぎり吸収して搭乗者へのショックをやわらげ、かつ、客室の生存空間を確保しようとするものである。

一九五八年には、それまでの二点式にかえて三点式のシートベルトを装備し、一九五九年には初の衝突試験を行っている。そして、先にも紹介したように、その翌年、開発部に事故調査部を設置し、警察、政府と共同で事故調査を行うようになった。安全の第一歩は、実際に起こった事故を解析することからはじまるからである。衝突時のスピード、角度、車の損傷の度合いなど三〇〇〇ものチェック項目に沿って調査が進められている。

七〇年代に入り、ベンツは安全対策への取り組みをさらに本格化させた。一九七〇年にアナログ式のアンチロック・ブレーキ・システム（ABS）を発表した。翌七一年には、アメリカの提唱によってスタートした実験安全車（ESV）の開発にも参画《さんかく》している。

一九七二年にベンツが設置した衝突実験のためのテスト・センターでは、高速度カメラを駆《く》

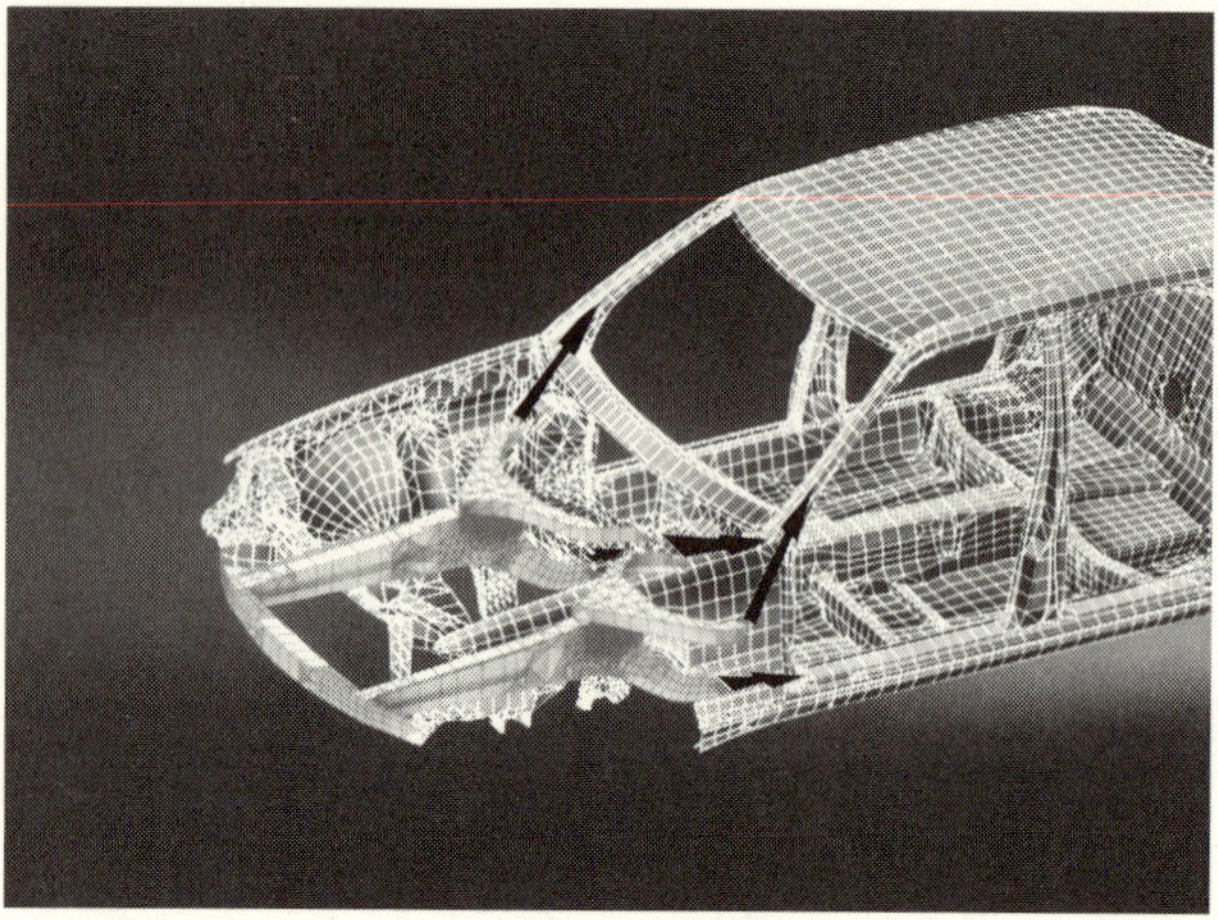

ベンツの三叉式緩衝機構

使《し》して衝突の瞬間を数千コマの画像に収録し、詳細に分析できる。こうした分析の結果から、法律で衝突基準が義務づけられている前面衝突より、車体が片側に寄った状態で一部分がぶつかるオフセット衝突のほうがダメージが大きいことが判明した。しかも、実際の事故を調査すると、オフセット衝突の件数のほうがはるかに多いこともわかった。事故の瞬間、ドライバーが反射的に回避動作をとるからである。

そこで、ベンツでは一九七三年からオフセット衝突に対する安全実験を繰り返し、その成果を車体構造に取り入れて設計したのが、三叉式緩衝機構である。車体前部の左右両サイドに、後端部が三叉状に分かれた頑丈なサイド・メンバーを配置し、衝突したときのショックを、Aピラー（フロントガラスの両サイドのフレーム)、センター・トンネル(車体中央部)、サイド・メンバー(サイドドア下部)の三方向に分散させる仕組みである。

試行錯誤の末に完成した三叉式緩衝機構は、一九七九年発表のSクラスのセダンに搭載され、以後、ベンツの全車種に採用されていく。

一九八一年には、エアバッグとベルト・テンショナーを登場させている。ベルト・テンショナーとは、車の衝突時のショックによるG(加速度)を感じたとき、シートベルトが瞬時に作動して、そのたるみと乗員を同時に引き込んでシートに固定する装置である。さらに一九八五年には、電子制御によりデフロック装置が作動して両後輪に均等なパワーをかけてタイヤを滑りにくくするASD、ブレーキを踏み込んでタイヤの回転が止まった状態の車を電子制御するASRなどの安全システムが発表されて、随時、量産車に採用していく方針を決めた。

ずさんな国内向け日本車の安全性

当時の日本の自動車メーカーでは、オフセット衝突にかんする実験などほとんどなされておらず、ドイツのような独自の事故データも持ち合わせていなかった。

リスク覚悟で、金、人、時間をつぎ込んで困難な技術革新に挑戦していくというパイオニア精神が、日本車メーカーには欠如していた。欧米から「基礎研究ただ乗り」と揶揄《やゆ》され、ものまねと批判される所以《ゆえん》である。まして、直接利益に結びつかない安全性への取り組みには無頓《むとん》着《ちゃく》だった。

輸出向けは、借りものの技術で欧米の安全基準を満たすようにつくってはいたが、国内向けは、欧米よりも低い運輸省（現・国土交通省）の基準に合わせてつくっていた。そこには、自ら安全性を追求していこうとする姿勢は微塵《みじん》も見受けられなかった。

アメリカでは、欠陥車問題を契機に、七〇年代に入って衝突安全基準が設けられたが、そのほかの国には、衝突実験を義務づけるような基準がなかった。そのため、国内用と輸出用とが使い分けられ、一部が違った構造になっていた。国内向けには、側面衝突時に効果を発揮するドアのインパクト・ビームも、衝撃力を吸収するためのバンパーも採用されていなかった。

安全基準や規制を策定する立場の運輸省は、国民の生命の保護より、業界の利益を保護する立場に立って、安全基準のハードルを低くし、要求すべき項目を少なくしていた。〝世界一の自動車生産国〟を自負しながら、一方で、こうした内外格差が公然とまかりとおっている事実が初めてテレビで明らかにされたことで、一般国民に与えた衝撃は大きかった。

NHKの放映から約二年後、ドイツの自動車雑誌『アウトモートル・ウント・シュポルト』がドイツ技術検査協会と協力して行った各国の中・上級車のクラッシュ・テストの結果を公表した。それによると、BMW、ベンツ、ボルボの車は衝突による危険度が低かったが、日本、イタリア、フランス、アメリカ系資本のドイツ車メーカーの車は、多少の違いはあれ、いずれも高かった。

バブル華やかなりしこの時期、日本車メーカーは販売競争に勝ち抜くため、使いもしないような過剰な装備はつけても、人の生命に直結する安全対策には力も金も投入していなかったのである。

経営者らはつねに「ユーザー・オリエンテッド」（消費者志向）、あるいは「カスタマー・サティスファクション」（顧客満足度）といった輸入語を口にしていた。ところが、実態はそうした言葉にはほど遠く、車づくりの倫理観すら問われる実情だった。

六〇年代の欠陥車問題、排ガス規制、省エネ問題においても、日本車メーカーは、規制がなければ取り組もうとはしなかった。外圧によってしか動き出さない体質であり、そうした姿勢は安全性にかんしても例外ではなかった。

当時の日本車メーカーは、ベンツやボルボのように製品価格が高ければ、日本でも十分な安全対策がとれると称していた。しかし、その後の経過からも明らかなとおり、安価な大衆車でもそれなりの安全対策が可能なのである。

開発された車がどのくらい安全かは、メーカーや事故調査を行った警察、保険会社、自動車業界の研究機関などが明らかにしないかぎり、消費者が知ることはできない。こうした日本の機関や企業は、欧米と違って、情報を開示しないことを旨としている。そのため、日本のユーザーは長いあいだ無知の状態におかれたし、車の馬力やスタイルには敏感でも、安全性に対しては無関心だった。

ベンツなどドイツのメーカーが安全性に熱心に取り組むのも、環境問題も含め、ドイツ国民の意識が高く、批判的な精神を持っていることがベースにあったからである。その意味では、日本のメーカーもユーザーも、生産台数でこそ世界一になっても、車にかんする認識においては後進国でしかなかった。メーカーは巨額の利益を得ていながらも、人の生命にかかわる安全対策につぎ込む金は惜しんでいたのである。

「安全が商売になる」時代に

従来の日本の消費者の車選びの基準は、「より速く、より強力に、より格好よく、より豪華に」だった。だから、いくら安全対策に金をつぎ込んでも、それで車の売れ行きが伸びるわけではないというのが業界の常識だった。ようするに、「安全は商売にならない」と考えられていたのである。

日本車メーカーの車づくりの基本姿勢は、「売れ行きにつながらないことはいっさいしない」であり、「規制があるものは、最低の線を守ればよい」というものだった。そうすれば、コストも安くてすみ、それだけ利益が増えるという考え方である。

それが、NHKの番組が大きな反響を呼んだのをきっかけに、日本車メーカーもやっと安全に対する取り組みに本腰を入れるようになった。放送のあと、ベンツやBMW、ボルボ、フォルクスワーゲンの車の売れ行きが目に見えて上昇したからである。

フォルクスワーゲン「ゴルフ」1990年型

たとえば、一九九〇年、フォルクスワーゲンが安全と環境対策を掲げて第三世代の新型「ゴルフ」を発表した。NHKの番組の中で、日本車とフォルクスワーゲンとの安全対策の取り組みの違いを取り上げ、日本の姿勢を批判したこともあって、新型「ゴルフ」は安全対策を十分に施した車として評判になった。日本車に対する不信感もあって、「ゴルフは安全」という神話が生まれたほどだった。

ユーザーの車選びの基準が、「安心して乗れる車」へと移りつつあることを、〝儲《もう》からないことはしない〟とする日本車メーカーが、見逃すはずもなかった。こうして、日本でも安全も商売になる時代が到来したのである。

九〇年代に入ると、業界はいっせいに安全性を強調する宣伝をはじめた。日本車は危険だとする風潮がそのまま広がれば、売れ行きに影響が出てくるとみたからである。折しも、日本全体がバブル景気で、高価な輸入車の売れ行きも伸びはじめていた。そこで、安全対策のために車の価格が多少は高くなっても、そこを強調して宣伝していけば売れるだろうと踏んだのである。

甘い日本の基準

国民の安全に対する関心の高まりを受けて、一九九三年、運輸省、建設省（現・国土交通省）、警察庁の協力のもと、自動車メーカーからの出資をつのって、交通事故総合分析センターが設立された。交通事故が起きると、センターの調査員が駆けつけて調査にあたる。メーカーは自社の事故にかぎって情報の提供を受けることができるというものである。

また、運輸省は一九九四年から衝突基準を義務づけ、国内で開発される新型車に適用することを決めた。時速五〇キロでコンクリート壁に正面衝突させて、また、時速四〇キロのムービング・バリアを追突させて、一定以上の安全性があることを確認することなどが、その主な内容である。

しかし、運輸省の新基準には、先のベンツの実験にみられたような、オフセット衝突に対する基準が盛り込まれておらず、不十分なものだった。

ヨーロッパでは、一九九八年から時速五六キロでのオフセット衝突と、時速五〇キロでのムービング・バリアによる側面衝突のテストも取り入れた新しい基準が導入されることになって、日本もこれに倣《なら》った。アメリカでもほぼ同様の新基準が導入される予定だ。こうした要求基準をきびしくする欧米の動向を受けて、日本でも改定することになった。

これまで紹介してきたように、衝突安全性にかんする基準は日、米、欧で異なっている。このため、一九九八年六月に採択された国際連合の「一九九八年協定」に基づき、二〇〇〇年夏から環境・安全規制にかんする世界の統一基準を策定する政府間協議がはじまっている。三者間における違いでは、とくにシートベルトについて、日本はヨーロッパの基準に倣って着用義務が定められているが、アメリカでは必要ない。

このため、アメリカにおけるダミー人形を使った衝突試験のときもシートベルトは着用しておらず、日、欧と違ってエアバッグにかかる圧力は大きくなるし、左右にずれる量も多くなる可能性があるので、その分、エアバッグの面積（容量）を大きくしている。

さらには、エアバッグによる安全性をさらに高めた先進エアバッグを開発して、二〇〇四年から導入することが決まった。デルファイは超音波を用いた先進エアバッグシステムの開発に最初に成功したが、これには多数のセンサー技術や高度な電子制御技術が用いられている。

アメリカはなまじシートベルトの義務づけをしていないばかりに、エアバッグの開発に多大の労力と時間をかけざるを得ず、乗員の体格や座席ポジションなどに応じて適切な機能を果たすインテリジェントエアバッグの開発も進んでいるが、非常に複雑なシステムとなってむずかしく、まだ実用化にはいたっていないし、価格のアップが難点にあげられている。

一方、安全にうるさいヨーロッパでは、さまざまな衝突ケースに対応したサイドエアバッグ、下肢部《かしぶ》保護、頭部や首の保護といった安全性も要求する技術開発が重要視されている。

一九九五年七月一日から、日本でもPL（製造物責任）法が施行された。しかし、製造物の欠陥による被害に対し、メーカーがその責任を負うという趣旨のPL法も、欧米より後退した内容で、事故が起こった場合、その原因を消費者自身が明らかにし、実証する必要があるというものだ。設計や試験にかんするデータも持っていない消費者に、独力でそんなことができるはずがない。メーカー側が事故原因に関係する技術情報を開示するかどうか、現実には望み薄である。

日本では、いまのところメーカーに対して製造物の責任を問う件数はきわめて少ないが、アメリカなどでは日常的である。

メーカーは消費者の意識の高まりに乗じて、安全をセールス・ポイントにして、販売拡大につなげたいところだが、PL法の施行で訴えられる可能性も出てきた。ある大手メーカーの安全担当の主査は、次のように述べている。

「事故はさまざまなケースがあるので、安全であると明確に言いきって保証すると、事故が起こったときにPL法で訴えられるおそれがあるのです」

日本のメーカーは、日本国内ではなく、アメリカなどに輸出した製品が訴えられることを極度におそれている。アメリカ人は訴訟を起こすことにさほど抵抗はなく、しかも、PL法での裁判でメーカー側が敗訴すれば、数億から数十億円もの賠償金を支払わされるケースも珍しくはないからだ。

安全対策の二つの方向

一般に自動車の安全に対する考え方は、アクティブ・セイフティとパッシブ・セイフティの二つに大きく分けられる。

アクティブ・セイフティとは、事故を起こりにくくする工夫であり、最初からとっておく策で、いわば予防措置である。

その一つに、不測の事態にそなえて、人間にかわって自動的に危険を回避してくれる装置がある。たとえば、ABS（アンチロック・ブレーキ・システム）は、ブレーキを踏んだときのタイヤのスリップを防止することで十分な制動性を確保する装置である。そのほか、タイヤの空転を自動的に抑えるTRC（トラクション・コントロール・システム）やLSD（リミティッド・スリップ・ディファレンシャル）、アクティブ4WS（4ホイール・ドライブ・スティーリング）、アクティブ・コントロール・サスペンション、VSC（ビークル・スタビリティ・コントロール）などは、いずれも電子制御による安全装置である。

ドライバーの視界を広くするためにフロント・ウィンドウ・ワイパーの払拭《ふっしょく》面積を大きくするとか、サイド・ミラーやメーター、ディスプレー、操作スイッチの位置や大きさを見やすいものにするとかいった配慮も、アクティブ・セイフティの重要な要素である。

それに対し、パッシブ・セイフティとは、万一、事故が発生しても、できるだけダメージを少なくするために事前にとっておく対策のことである。

エアバッグ、シートベルト、車体前後部のクラッシャブル・ゾーンの確保、フォーク状の三叉式緩衝機構、サイド・ドア・ビーム、衝撃吸収ステアリング・システムの装備のほか、燃料タンクを引火しにくい位置に配する、内外部の突起を少なくする、内装部に難燃性の材料を使用するといったことも、事故時のダメージを少なくするための重要な対策である。

短期間で製品化したトヨタの「ゴア」

日本の車メーカー各社のこうした安全への取り組みは、九〇年代に入ってからやっと活発になってきた。

一九九三年末、日産自動車は他社に先がけて運転席用エアバッグを全車種に装備することを発表した。トヨタもそれに追随《ついずい》し、急速に業界全体に広がり、さらには、助手席用エアバッグ、ABSの標準装備へと発展していった。

一九九六年一月にトヨタから発売された新型「スターレット」には、日本で初めてクラッシャブル構造のキャビン「ゴア」が採用された。キャブオーバー型ワゴン車の車体前部にY字フレームを採用、支柱を厚くしたり二重にしたりして強化し、衝突時の衝撃を吸収する構造になっていて、一九九八年施行の欧米の新安全基準を満たすものである。これによって、車重が四

○キロも重くなったという。「スターレット」以後にトヨタが発表した一連の新型車のほとんどに、「ゴア」が採用されている。

トヨタに「ゴア」の製品化を決断させた一つの要因は、一九九五年二月、ヨーロッパのADAC（ドイツ自動車クラブ）が公表した側面衝突実験の結果である。実験に使われたのは、メルセデスC180、ボルボ850、トヨタ・ヨーロッパ車の「カリーナ」（日本では旧型「コロナ」）だった。これにかんし、ドイツのモーター誌が次のように報じたのだ。

「『カリーナ』のボディだけが、まるでバナナのように曲がった」

このあと、トヨタには苦情や問い合わせが殺到したという。この反響の大きさにあわてた開発担当の和田明広《わだあきひろ》副社長が、「衝突安全性で世界のトップ・レベルにしろ」との号令をかけたことから、高強度車体の製品化への本格的な取り組みがはじまり、「ゴア」の完成をみたのである。

同副社長は以前からの基礎的な蓄積があったからと強調しているが、実際には、その気になれば一年で製品化できるものを、それまで真剣に取り組んでこなかったということにほかならない。

「ゴア」開発に投じた費用は、衝突実験も含めて一〇〇億円とも三〇〇億円ともいわれている。ただ、開発期間がきわめて短かったため、にわかづくりの感は否《いな》めない。初期段階の「ゴア」の構造はまだ従来型のボディをベースにしており、新基準の応力に合わせるため、部分的な変更や補強などで対応しているという。

クラッシャブル構造をつくる要素としては、基本的に次の三つがある。①車体前部のように壊れやすい部分をあえてつくることで衝撃力を吸収する、②フレームなどを補強することで客室空間を確保する、③フレームと搭乗者との距離を大きくとることで生存空間を確保する。「ゴア」はこのうちの②を主体とした構造である。日本のトップ・メーカーであるトヨタでさえ、クラッシャブル構造の研究にまだ十分な蓄積がないことを物語っていた。

トヨタに続き、一九九六年六月、日産も新型「シーマ」に「ゾーンボディ」と名づけた高強度キャビンを採用し、以後、各社が発売する新型車にはクラッシャブル構造が採用されていった。

売らんがための安全装備

一九九六年末発売のトヨタ「コロナ・マークII」には、ボルボが二年前に採用したサイド・エアバッグも装備された。さらに、ハロゲン灯よりも三〇パーセント明るいディスチャージ・ヘッドランプやタイヤ空気圧警報システム、衝撃感知ドアロック解除システム、プリテンショナー付きシートベルトなどが新たに装備されている。プリテンショナー付きシートベルトとは、前方からの衝突をセンサーが感知すると、爆薬などのガス発生装置が作動して、ガスの膨張力を利用してシートベルトのたるみと乗員を瞬時に引き込んでシートに固定する。この間、約〇・〇二秒ほどである。

さらに、一九九八年に入ってから発表された新型車には、側面衝突などに対処するための補強なども施されている。

こうした安全性を重視した装備は、他社も追随しており、いまではほとんどのメーカーが採用している。ただし、軽自動車は物理的な制約で安全性が劣《おと》るのは否めない。

エレクトロニクスを利用した制御技術によって二次回避性能を持たせるシステムでは、日本は欧米より先に進みつつある。

こうした動きも含め、新しい安全装備をいかに早く搭載するかをめぐって、いま競争が一段と激しくなっている。その要因としては、ユーザーの安全性に対する意識の向上があげられよう。最近のアンケート結果によれば、新車購入時に考慮する優先順位として、安全性を二、三番目にあげている人が多い。

ただ、こうした傾向にも、問題がないわけではない。新型車ほど安全装備が充実しているのは事実だが、他社との競争を意識するあまり、その効果について十分な検討もなく性急に採用するやり方は、バブル時代の過剰装備を思い起こさせる。

たとえばサイド・エアバッグなどは、その効果について研究や実験が十分になされていないうちから、「他社より早く採用する」ことだけを最優先にして、安全性をことさら強調して宣伝に利用するケースが目立っている。これでは、人命尊重より、売らんがための方策でしかない。

実際の衝突事故は、個々まちまちであるため、あらゆる衝突事故を想定した安全対策を講じる必要があり、さまざまな事故のデータを積み重ね、それらを解析・検討し、実験を重ねたうえでなければならないはずだ。

安全対策が急速に取り入れられるようになってきたが、日本車メーカー特有の理念なき横並び主義は、バブル時代となんら変わっていないというほかない。

世界を先導するベンツの哲学

安全装備の前にやるべきこと

車はただ装備をたくさんつけただけで、安全度が高くなったとは一概にはいえない。重要なのは、ドライバーとの関係も含め、車全体のバランスである。過剰な装備は、かえってドライバーに依存心を起こさせる原因になる。

たとえば航空機では、フライ・バイ・ワイヤーによる自動操縦の進んだエアバス機で、墜落事故が多発しているという実例もある。自動操縦に依存しすぎると、パイロットの注意力が散漫になりやすいし、長期的には操縦技術の低下をもたらし、安全装置のはずが、逆に危険性を増大させるという皮肉な結果を招きかねない。

車についても同様で、安全装置を装備する前に、自動車という一トン前後もある金属のかたまりが猛スピードで走ったときの運動エネルギーのすごさを実感しておく必要があろう。どんな最新の安全装備を施してみても、車が〝走る凶器〟であることに変わりはないのだから。

ベンツの危機感

九〇年代になって自動車における安全対策が大きくクローズアップされてきたわけだが、ベンツやボルボにとっては、長年つちかってきた自分たちの車づくりの哲学や姿勢が正しかったことが証明されたといえよう。ところが、その一方で、彼らは危機感を露《あら》わにしている。

技術開発では、あとからスタートしたほうがはるかに短時間で同じレベルに到達することができる。技術後進国だった日本は、戦後の高度成長を経て、またたくまに欧米先進国に追いついた。それは、欧米の予想をはるかに超えるスピードだった。そしていま、韓国やASEAN諸国は、日本よりさらに速いスピードで猛追《もうつい》している。

一般に、新技術を開発するときは、とくに先の見えないテーマの場合、試行錯誤の繰り返しとなり、完成までに時間も金もかかるが、すでに成功例があれば最短距離で進められてロスも少なく、それほど時間も金もかからないものだ。

安全に対する日本の取り組みはきわめて遅かった。だが、排ガス対策にしろ、コストダウン対策にしろ、日本はひとたび克服すべき課題や目標が与えられれば、全社一丸となって取り組み、欧米では考えられないほどのスピードで自分のものにしてしまうところがある。

安全にかんする微妙な点、車としてのトータルな完成度の高さにおいて日本車はまだベンツやBMW、ボルボに追いつけないだろう。ブランドの魅力やメーカーに対する信頼感においても同様である。しかし、中身のきめ細かさは別として、ベンツなどが得意としてきた主な安全技術を日本がキャッチアップするのは意外に早いと予想される。

少なくとも、日本のユーザーが購入時に抱く不安を払拭《ふっしょく》する程度の安全対策は、十分にできてきたし、上まわるものもある。この二、三年で、安全対策において、日本車とベンツ車とは八〇年代のような開きはなくなり、差はかなり接近してきた。

一九九八年五月、運輸省と自動車事故対策センターは、国内外の主要な新車一四台（うち外車はベンツの一台だけ）の衝突安全性能にかんする情報を明らかにした。

三回目（三年目）となった情報公開だが、衝突テストの方式は、運転席と助手席にダミー人形を乗せて、時速五五キロでコンクリート製のバリア（障壁）に前面衝突させるものである。

その結果から、乗員の傷害の危険度を評価するもので、六段階に分かれている。「重大な傷害を受ける危険性がきわめて低い」とする安全度のもっとも高いランクをＡＡＡとし、次いで以下ＡＡ、Ａ、Ｂ、Ｃ、Ｄとなっている。

少なくとも、このテスト結果では、一四台中、「ブルーバード」がただ一台だけ、助手席がAAAと評価され、ちなみに運転席はAとなっている。

他の国産車では両席ともにAAが二台、運転席または助手席のどちらかがAAで、もう一方がAと評価された車が六台となっている。残り五台が両席ともにAとなっている。

ちなみに、ベンツC200は運転席、助手席ともにAであった。

この結果で、車の衝突安全性能のすべてを評価するのは一面的になるが、それにしても、数年前と比べて、日本車の改善が著《いちじる》しいとはいえよう。

新車の衝突安全性能にかんする試験結果はその後も毎年、公表されているが、年々向上しており、AまたはAAの評価を得る車が多くなっている。

商売にならないという理由で、日本車メーカーは安全対策をないがしろにしていた。ベンツやボルボにとっては、それゆえに自社の商品の差別化をより鮮明にすることができた。しかし、彼らが安全面で独走する時代は終わろうとしている。

ベンツの転換

もちろん、ベンツもこうした状況をただ座視しているわけではない。現実の事態に対応するため、二十一世紀を見すえた戦略をすでに数年前から打ち出している。

一九九三年に日本市場に投入した四〇〇万円を切るCクラス・シリーズ、同年に発表したコ

メルセデス・ベンツ「C200」

ンパクト・カーのAクラスなどは、その一環である。

それまでベンツは、かかった製造原価に応じて価格を決めるコスト・プライス方式をとっていたが、Cクラスではマーケット・プライスを採用して、価格競争力を最優先事項としたのである。

この価格を実現するため、ベンツは日本的生産方式をかなり取り入れた。一台一台をていねいに手づくりするようなイメージから脱して、自動化をより推進し、外注率も引き上げて、従来にないコストダウンに取り組んだ。生産台数もこれまでと違い、年産五〇万台を見込んでいる。明らかに量産企業への転換である。

二十一世紀を前にしたベンツのこの選択は、百年以上も守り続けてきた自らの車づくりを自己否定するものといえる。

Aクラスの衝撃

そんなベンツの二十一世紀に向けた経営戦略は、一九九七年秋に発売された高級小型乗用車Aクラスに端的にあらわれている。

Aクラスが最初に紹介されたのは、一九九三年にフランクフルトで開かれたIAA国際モーターショーで、そのときは「ヴィジョンA93」と名づけられた試作車だった。それは、Cクラスが登場したときよりもはるかに衝撃的だった。

AクラスはCクラスで開発した技術を継承する次世代の車で、全長は三・五七メートル、全幅一・七メートルしかなく、車体の大きさや外観からして軽自動車に近く、排気量でも、日本車が得意とする小型車クラスで、それまでのベンツの製品群からかけ離れていただけに、各方面から驚きの声があがった。ドイツの自動車専門誌は、「ベンツはおかしくなった」と報じたほどだった。

顧客がベンツに対して抱いていた先入観からはほど遠く、この変身ぶりに、ベンツ・ファンのあいだに大きなとまどいが広がった。「たんなる展示用の試作車にすぎない」とか、「人をからかっているだけだ」という反応もあったほどだ。

Aクラスは四種類のエンジンバリエーションがあって、ガソリンエンジンとディーゼルターボがともに二車種ずつとなっている。ガソリン車で排気量が少ないほうが一三九七cc、最高出力八二馬力、最高時速は一六九キロ、燃費はリッターあたり一四・七キロである。ちなみに、ディーゼルターボの燃費は二二・二キロである。

Aクラスは超低排ガス車でもあり、一九九九年から欧州連合として実施予定の排ガス規制のステージ3をクリアした。

Aクラスの特徴は、こうした環境対策に力を入れ、衝突安全にかんしても配慮がなされていることだ。ボディは上下の二層車体の構造となっており、下部の床下にはエンジンやトランスミッションなど駆動ユニットが配置されている。その上部が搭乗者のコンパートメントで、下部とはフロア・パネルによって区切られている。

衝突のさいは、駆動ユニットがフロア・パネルに沿って後方にスライドし、上部のコンパートメントにできるだけダメージを与えないようになっている。年産二〇万台を見込んでおり、価格はオプション込みで二一〇万円である。

Aクラスは、アメリカ流のスピード経営に大転換させるための目玉であり、その試金石となった車である。これまでのベンツが、新技術の採用や新型車の発売のさいにとってきた、着実に前進する安全第一の姿勢から脱皮を図るための重要な第一号車だった。

発売の五ヵ月前から、ベンツにしては珍しいほど派手なテレビCMや新聞広告を打ち「まったく新しいAクラスがやってくる」と繰り返した。

予約販売では一〇万台の受注を得て、納車は八ヵ月待ちとなるほどの大人気で、世界から注目された。

メルセデス・ベンツ「Aクラス」

一九九七年十月、日本などに先駆けて、ヨーロッパで発売されたAクラスだが、わずか一ヵ月後には、「十二週間の出荷停止、大幅改造したうえで再発売」と発表した。

ベンツはじまって以来の不祥事となった発端は、十月下旬にスウェーデンで行われた「カー・オブ・ザ・イヤー」の選考テストでの横転事故だった。時速六〇キロで走行中に、トナカイが前方を横切ろうとする事態を想定したエルヒテストで、急ハンドルを切ったときに起こったのである。

最初は強気で「問題ない」と自信を示して居直っていたベンツも、動揺したユーザーからの予約キャンセルが急増し出したことで姿勢を変え、先の出荷停止を発表することになった。

問題は、たんなる一部の改善や部品の交換ではすまず、スプリングやサスペンションの強度を高め、車高までも変える、設計の基本にまで踏み込んだ変更の必要に迫られたことだった。

これまでベンツがもっとも信頼されてきた安全において問題ありとなったのである。ベンツになにが起こったのか。

Aクラスは同社にとって、初めて小型車市場への参入を狙った画期的な設計の車であると同時に、ベンツにしては開発期間が異例に短い三十二ヵ月だった。小型車市場で競争を勝ち抜くためには、新型車の開発にはスピードが要求されるからだ。

グローバル展開が必要なベンツは、人件費が高いドイツ国内でのこれまでの生産から、外国へ移転しようとしている。その一つがオフロード型のMクラスを生産する米アラバマ工場であり、後述するフランスで生産される超コンパクト・カーである。日本のカンバン方式をより徹底させた生産方式を採用して、ここでも従来のやり方からの脱皮を図ろうとしている。

グローバル展開を図るために大転換しようとするベンツが払わなければならない代償が、Aクラスの失態というかたちで表面化した。同じ転倒問題は続いて発売する超コンパクト・カーでも起こった。いましばらくは、こうした問題が続いて起こらないともかぎらない。

大胆な挑戦か、危険な賭《か》けか

ベンツはAクラスに続いて一九九八年七月には、おもちゃのような二座席の超コンパクト・カー「スマート」を発売して、滑り出しは順調な売れ行きを示した。未来のシティ・カーと位

メルセデス・ベンツ「スマート」

置づけられたこの車は、スイスの時計メーカーSMH社と合弁で設立したミニカー製造会社マイクロ・コンパクト・カー（MCC、本社はスイスのビール）のフランス、アンバッハ工場で生産され、年産二〇万台が見込まれていたが、二〇〇一年の実績は約一〇万二〇〇〇台にとどまっている。

地球環境が問われる時代に、エコロジーを徹底して追求した都市交通のモビリティを念頭においている。そのため、低燃費で、重さは六〇〇キロ、車長は二・五メートルしかなく、〝盆栽自動車〟と呼ばれている。

百年以上の歴史をもつベンツが時計メーカーと組んで生産するこのプロジェクトもまた、ベンツの伝統の枠を大きく踏み出したものである。これまでとは客層が違うだけでなく、従来と異なる販売網をつくり上げるべく、販売拠点をヨーロッパに一〇〇ヵ所近く新設して展開しつつある。

開発の初期段階から下請けのユニット会社一〇社が参画《さんかく》して、デザイン・インが進められた。生産面では日本的生産方式を積極的に取り入れ、下請け企業はこれまでの一〇分の一に絞り込んで約六〇社とし、外注率も当初予定していた五〇パーセントから九四パーセントにまで引き上げた。

生産は、のちに紹介するスペインにあるフォードのバレンシア工場やドイツにあるベンツのラシュタット工場と同じように、モジュール方式を導入している。この工場の周辺に四つの建屋が付属していて、システム・パートナーと呼ばれる七社の部品メーカーが、そこで部品を組み立ててモジュールとしてから、車のアセンブリーラインの流すべき箇所へコンベアでジャスト・イン・システムで搬送する。

この七社がモジュール化したものを組み合わせるだけで、車の組み立ての九〇パーセントが完成する。このため、一台の総組み立て時間が、通常の一五時間から三分の一の五時間に短縮されるという。こうした開発形態や生産方式には、もはや往年のベンツの面影はない。

この車の発売価格が一三〇万円で、高価格車に特化していたベンツにすれば、採算をとるには生産方式の大転換も当然だったといえよう。それだけに、結果が吉と出るか凶と出るか注目されたが、地元のヨーロッパでは売れ行きが芳《かんば》しくなく、日本でもいまひとつである。とくに日本は軽自動車の車種がそろっており、車の大きさや性能からして割高感は拭《ぬぐ》えず、また、日本人の内につちかわれたベンツのイメージとは大きくかけ離れているからでもあろう。

また、一九九八年には乗用車タイプの四輪駆動車Mクラスで、スポーツ・ユーティリティ・ビークル（SUV）市場にも参入した。先にも少し触れたが、生産しているのは、一九九七年春に稼働した米アラバマ州タスカルーサの新工場である。ベンツがドイツ本国以外で乗用車を生産するのは、この車が初めてである。アメリカ市場を念頭においているため、マーケティングの関係上、生産拠点と市場をできるだけ近づけたいとの方針からである。ちなみに、Aクラスの生産はブラジルでも行われている。

こうしたベンツの製品戦略、あるいは生産拠点を広く海外へ分散していく展開には、内外ともに大きなとまどいと軋轢《あつれき》がともなう。常識を破ったベンツの二十一世紀に向けた経営戦略は、大胆な挑戦であるとともに、危険な賭けでもある。「ベンツは果たして、これからも高級車のイメージを維持できるだろうか」との危惧《きぐ》が、内外で広がった。

社長退陣劇と小型車の生産

こうしたベンツの大胆な変身を先頭に立って推進してきた社長のヘルムート・ヴェルナーが、志半ばにして退任することになった。そして一九九七年一月、ダイムラー・ベンツグループの監査役会で、自動車部門のメルセデス・ベンツの吸収合併が承認され、一九八九年にベンツグループから独立していたメルセデス・ベンツが再びグループ内におさまることになった。

ベンツグループは一九八五年から企業買収を次々に断行していった。同年にはドイツ最大の航空機メーカーのメッサーシュミット社、それにドルニエ社を、翌年にはやはり西ドイツ最大の総合電気メーカーであるAGE社なども買収した。それ以後も買収は続き、多角化路線を走り続けた。

売上高は九八五億マルクを記録し、このうち、メルセデス・ベンツが六〇〜七〇パーセントを占めていた。

ところが、一九九〇年十月の東西ドイツの統合で、一次的に需要が拡大したあとの不況は深刻だった。ベンツグループは一連の買収によってヨーロッパ最大の航空機メーカーともなっていたため、東西緊張緩和のあとにはじまった国防費の削減は大きな誤算で、経営は極度に悪化した。

好調を続けてきたメルセデス・ベンツも例外ではなく、一九九三年には急激に失速して一二億マルク（七八〇億円）の赤字を計上するまでに落ち込んだ。この危機を乗り切るため、社長に昇格したのがヴェルナーだった。彼はもともとタイヤ会社の会長で、一九八七年に手腕を買われてベンツの役員に迎えられていた。

これまで述べてきたような大胆な路線変更を行って業績を好転させ、大いに期待されたヴェルナーだったが、結局は、剛腕《ごうわん》で知られる、攻撃型のダイムラー・ベンツ社長ユルゲン・E・シュレンプとの確執によって、事実上、退陣に追い込まれることになったのである。

シュレンプはヴェルナーが進めていた「スマート」の採算性に疑問を持ち、批判的だったといわれる。Aクラスをブラジルで現地生産する計画にも難色を示していたと伝えられる。彼の危惧は的中した。もっとも期待していたヨーロッパでも「スマート」の売れ行きは伸びず、工場の稼働率は四〇パーセントでしかなく、生産が続くあいだは赤字が解消しないであろうとみられている。「スマート」もまたAクラスと同じく、エルヒテストでつまずいたのである。先のAクラスがその後、改良されてベンツとして安全宣言を出した九日後、「スマート」もまた安全性に問題があって、「一九九八年春に予定していた発売を十月以降に延期する」と発表したのである。

ユルゲン・E・シュレンプ

Aクラスが転倒したあと、ドイツの自動車雑誌などでは「スマートも危ないのではないか」とのうわさが流れていたが、外部の第三者によるエルヒテストは行われていなかったため、確たる裏付けがあるわけではなかった。

ベンツはAクラスの失態に加えて、「スマート」の欠陥までマスコミに嗅《か》ぎつかれてすっぱ抜かれたのでは信用が地に堕《お》ちてダメージは大きいと判断し、このさい、両車合わせて一度に問題を処理したほうが得策として自ら公表したのである。

「スマート」もまた車体構造などを設計変更する必要に迫られ、Aクラス以上に問題は深刻だった。安全をなにより売り物にして信用を得てきたベンツの失態は、明らかに、従来の手法を変えて臨《のぞ》んだ小型車開発の経験のなさと、自らが認めた「あまりに開発期間が短すぎた」ことだった。

たとえ高級車の車づくりには絶対の自信とノウハウを持っているからといって、比較的安価な小型車もつくり得ることにならない。小型車は小型車ならではの技術が必要であり、ノウハウを蓄積するには長年の努力と時間を要するのである。シュレンプはこの時点で小型車の生産を得意とするメーカーとの提携あるいは合併をより強く意識したに違いない。

そのベンツが、一九九八年四月に打ち出した中期経営計画で、二〇〇〇年における乗用車販売を一九九七年比で七割増になる二〇〇万台と発表した。小型車市場で販売台数を一気に伸ばそうとする計画だが、実績は一六三万台（旧クライスラー分は除く）でしかない。

ベンツとクライスラーの相性

そんな折も折、五月七日、ベンツとクライスラーの合併が発表されたのである。

ベンツの一九九七年の販売台数は一一三万台で売上高は六九〇億ドル、従業員数は三〇万人、一方、クライスラーは二八八万台で六一一億ドル、一二万人である。

合併や再編が必至といわれる世界の自動車業界にあって、両社の合併は互いに補完し合う意味においては理想的な組み合わせといわれた。それは、得意とする商品ラインや市場が重ならず、それぞれの弱点を補えるからだ。

車種をみれば、Aクラス、Mクラスを投入し、「スマート」を準備して、急速にフルライン化してきたベンツとはいえ、もっとも力を入れているのは高級セダンであり、いずれも高価格帯である。

これに対してクライスラーは低価格が売りものの乗用車「ネオン」や中級クラスのセダンやスポーツカーがあるが、中心はジープやミニバン、軽トラックなどで全体の七割を占めている。これらはベンツのもっとも弱い分野である。

ベンツと競合する、GMの「キャデラック」やフォードの「リンカーン」のような看板となる高級車をクライスラーは持っておらず、立ちおくれている。

市場についても、ベンツはヨーロッパが中心で販売台数の六五パーセントを占めており、アメリカは一七パーセントでしかない。

クライスラーは不況にみまわれた一九七〇年代にヨーロッパから撤退し、北米一辺倒で九〇パーセントも占めている。

現在の日、米、欧の三大市場の一つであるアメリカでいまひとつシェアを伸ばせないベンツ。ヨーロッパに進出できず、日本ではジープの「チェロキー」くらいしか進出できていないクライスラー。

市場においても両社は競合することがきわめて少ない。

主に高級大型車や中型車を得意としてきたベンツは、Aクラスやミニカーの「スマート」といった高級小型車を開発、生産したことで、かえってそのむずかしさを思い知らされることになった。しかし、フルライン・メーカーとなるためには、大衆車もそろえる必要がある。

一九六〇年代から八〇年代にかけて、大型車を得意としたアメリカが小型車の生産を甘くみていたため、煮え湯を飲まされることになったが、安くつくることもまたきわめてむずかしい技術であり、蓄積が必要である。しかし、大競争時代に入ってしまった現在、ベンツには、自らの手でそれを築き上げていく時間的な猶予《ゆうよ》は与えられていない。

この時期のベンツは、クライスラーと合併し、日産とも提携することでそれを得ようとしたのであるが、結果的には、かわって三菱と資本提携してグループ下におさめることになった。

グローバルな展開をより積極的に進めていく必要のある二十一世紀、少なくとも日、米、欧の三大市場に確固たる生産および開発拠点となる足場を築き上げ、一定の販売シェアを持ち得ていなければ、巨大自動車メーカーとして生き残っていくことはできない。

その意味で、ベンツとクライスラーの合併は二十一世紀に向けた巨大メーカーのサバイバル戦争に大きな一石を投じ、米、欧の二大市場に生産および開発拠点を持つことになった。続いて、三菱との提携で、三つ目の市場である日本にも拠点を確保することとなって、これによりアジア市場全体の経営戦略が進めやすくなった。

いずれにせよ、ベンツが安全と高級車だけを生産する希有《けう》な車づくりを志向していた時代は確実に終わったのである。

第二次小型車戦争

成熟化したヨーロッパのマーケット全体が、最近、より小型の車へと急速にシフトしつつある。それもコンパクト・カーと呼ばれる一〇〇〇から一六〇〇ccクラスの車である。この波は石油危機直後のときと同じく、日本やアメリカにも波及してきている。八〇年代初め、日本の輸出攻勢によってヨーロッパに第一次小型車戦争がはじまった。いま、第二次小型車戦争が進行中だ。第一次の主役だった日本車は、ヨーロッパに十分な生産拠点を確立しておらず、いましばらくは脇役にまわらざるを得ないが、トヨタが「ヤリス」(日本車名「ヴィッツ」)を、次に本田が「ジャズ」(日本車名「フィット」)と相次いで世界戦略車をヨーロッパに投入し、これに続いてこの二、三年のあいだに、日産とルノーも、三菱を中心としたダイムラー・クライスラーグループも同様の車を発売する。二〇〇四年以降は、再び日本車が台風の目になる可能性がある。

ドイツでは、フォルクスワーゲンも一九九四年に一六〇〇ccの「ポロ」を発売して、ヨーロッパのベストセラー・カーとなった。続いてスペインの子会社セアトから一九九七年春、一〇〇〇cc、一四〇〇ccのコンパクト・カー「アザロ」、さらに「ルピノ」を発売した。いずれも全長三・五メートルの小型車である。二〇〇一年三月には、一二〇〇ccのターボディーゼルエンジン搭載の超低燃費の〝三リッターカー〟「ルポ」も発売された。その他、ルノーの「トゥインゴ」、フィアットの「プント」、フォードの「Ｋａ」、オペルの「ヴィータ」、プジョーの「２０６」、もちろん、ベンツのＡクラス、「スマート」も入っている。

生産体制でみれば、発展途上国の労働力に依存するべく海外の生産拠点が増大する。また、生産方式では、日本的生産方式を大幅に取り入れて自動化を推《お》し進め、徹底したコストダウンを図ろうとしている。

ベンツもフォルクスワーゲンもそうだが、ドイツでは労働組合の力が強く、労働条件は世界一である。日米の自動車産業との熾烈な競争を念頭におくとき、ドイツの賃金の高さ、短い労働時間によるハンディキャップは、今後ますます大きなネックとなる。そこで、これを克服するためにも、より生産性の高い方式、あるいは海外展開が不可欠になってくるのである。

効率性と品質をキープするうえからも国内生産にこだわってきたドイツの自動車産業の人件費は世界一だけに、その分、日本よりも生産ラインのハイテク化を進めており、自動化率が高く、モジュール化を徹底させた工場、フォルクスワーゲンのホール５４やホール８、ベンツの「スマート」を生産する工場などがある。また、他のヨーロッパ諸国では、フィアットのカッシーノ工場も自動化が進んでいる。

フォードのバレンシア工場

自動化といえば、フォードが地中海を望むスペイン第三の都市、バレンシアに建設している、小型乗用車「Ka」（一三〇〇cc）を量産するための〝未来工場プロジェクト〟が大きな注目を集めている。

三〇〇億円をかけたバレンシア工場の敷地面積は二七〇万平方メートルもあり、隣接（併設）するインダストリアル・パークと呼ばれる工業団地に、三〇社の部品メーカーが整然と並んでいるのが特徴である。

この工業団地のほぼ中央に巨大なロジスティック・センターが建てられ、各部品メーカーで生産された部品はすべてこの施設を中継基地にして、巨大なベルトコンベアによって自動的にフォードのバレンシア工場に運ばれることになる。ただし、その中間段階で、部品メーカー同士でモジュール化していく工程もある。

このベルトコンベアによって完成車メーカーの工場と部品メーカー群の工場を結ぶ搬送方式は独特で、空中トンネルと呼ばれる地上五メートル、幅約一五メートル、高さ約五メートルもある渡り廊下のような空間を、スキー場のリフトに似た搬送機にシートやバンパー、ラジエターなどを吊り下げて流れていく。完成すると、この空中トンネルの総延長は二キロメートル以上にもなる。

組み立ての指令は、バレンシア工場と三〇社の部品メーカー群をネットワーク化したホスト

・コンピュータによって流される。たとえば、シート・メーカーの場合には、三十秒単位で指令が届き、それに応じてシートが生産されて、バレンシア工場へと流れていく。そのため、日本のジャスト・イン・タイム方式のように、部品工場から遠く離れた完成車メーカーの組み立て工場まで、大型トラックで搬送して指定された時間に納入する必要はなくなる。輸送費と輸送時間が節約でき、しかも限りなく在庫ゼロに近づけることができるダイレクト・オートマチック・デリバリー（DAD）と呼ばれる生産システムである。注文を受けてからコンベアで出荷するまで最短四十五分しかかからないという。

日本などの部品メーカーの考え方は、一つの部品メーカーがいくつもの完成車メーカーから受注して、一ヵ所で大量生産したほうがコストの低減が図れるというものだ。

フォードの戦略小型車「Ｋａ」の競合車種として、フォルクスワーゲンの「ポロ」やオペルの「コルサ」などがひしめいている。それだけに、バレンシア工場によってコスト面で抜きん出ようとする野心的な試みといえよう。ブラジルにあるGMのグラバタイ工場でも、同じような生産システムが導入されており、やはり、一〇〇〇ccクラスで低価格のコンパクト・カー「セルタ」が生産されている。

ただ、このバレンシア工場などの弱点は、すべてが一体になっているため、生産量の変動が少なく、つねに大量生産を維持することが前提となる点だ。そうしなければ、全体の効率が下がってしまうからだ。

ともあれ、それだけヨーロッパ市場でコンパクト・カーをめぐる競争がきびしくなっていることを物語っている。

インテリジェント化する自動車

新しい安全自動車ASV

一九九一年から九五年にかけて、運輸省の音頭《おんど》で進められた第一期の先進安全自動車ASV(アドバンスト・セイフティ・ビークル)によって、安全にかんする新たな技術やシステムが提起されている。その特徴は、従来の安全対策に加えて、近年、急速な進歩をみせるエレクトロニクス技術をふんだんに採用したハイテク化、インテリジェント化が進んでいることだ。

運輸省、乗用車メーカー九社、財団法人の日本自動車研究所、学識経験者からなるASV推進検討会で、ASVの仕様の調査・研究が進められた。主な目標は、予防安全、事故回避、衝突時の被害軽減、衝突後の災害拡大の防止の四項目からなっていた。

そして、一九九七年四月末、運輸省は安全技術の開発計画のガイドラインとなる第二期先進安全自動車（ASV）開発推進計画の概要を発表した。先の第一期に引き続き、予防対策や事故回避など六分野の実用化を目指すものである。

　このガイドラインに沿って、トヨタや日産、三菱などが二〇〇〇年に向けた独自の安全技術の開発計画概要をまとめ、発表した。

　たとえば、三菱では先の六分野において二八システムの実用化を目指すとしている。数例を紹介しておこう。

　搭載したコンピュータで車両の運行管理をすることにより、先行車への衝突を回避するシステム。運転手が居眠り運転していると、その状態を検知して警報を発する「ドライバー・モニター・システム」。衝突時に相手の車両がトラックの下にもぐり込まないようにするためのアンダー・プロテクター。車がカーブにさしかかったとき、進入限界速度の推定や道路前方の異常を検知して自動制御する「道路環境情報による事故回避システム」等々。

走る情報空間

ひとたびハンドルを握れば、日常生活から脱け出して、自由なプライベート空間を持つことができる――車にはそんな大きな魅力があった。ところが、インテリジェント化によって、車は〝走る情報空間〟〝動くオフィス〟へと変貌しようとしている。

　一九九六年四月、渋滞や事故、交通規制などの情報を走行する車でリアルタイムに受信できる道路交通情報通信システム（ＶＩＣＳ）がはじまった。

経済活動のテンポがいちだんと速まり、まさに〝時は金なり〟の時代である。車のハイテク化が進み、安全対策も進んでいる。それにもかかわらず、交通渋滞はいっこうに解消されないばかりか、ますますひどくなっている。ある算出によると、渋滞にともなう時間と経済的なロスは、年間五十三億時間（国民一人あたり四十二時間）、一二兆円ともいわれている。

もし、渋滞情報が事前に得られれば、そこを避けて通ることで、目的地までの時間を短縮できる。そうした目的から生まれたＶＩＣＳは、さらに広範囲にわたる多種類の情報提供を目的としたインテリジェント・トランスポート・システム（ＩＴＳ＝高度道路交通システム）の第一歩でもあった。

その仕組みは、情報の送り手となるＶＩＣＳセンターが日本道路交通情報センターなどから受けた情報を、広範囲にカバーするＦＭ多重放送と高速道路上の電波ビーコン（発信装置）、主要幹線上の光ビーコンの三つの通信システムを使って走行中の車に随時、流すというものである。受け手は、カーナビゲーション・システムで受信する。

ＶＩＣＳは、日本が欧米に先がけて導入したものである。一九九六年四月にまず首都圏と東名および名神の高速道路でサービスがはじまり、十二月には大阪府、続いて一九九七年四月には全国の高速道路および愛知県下に広がっていて、五年間で二五〇万台を超える勢いで普及している。これから地方の主要都市、さらに全国へと広がっていく。

将来的には、高速道路の自動料金徴収システムも予定されており、ゲートでいちいち料金を支払う必要がなくなる。ノンストップで通過しても、ゲートに設置されたアンテナからのマイクロ波で車載の受信装置と交信されて、瞬時に金額が計算され、プリペイドICカードなどで決済される。

マルチメディアの分野ではアメリカより三年はおくれているといわれる日本がVICSの導入で先陣を切った背景には、欧米と比べて、あまりにもひどい道路の渋滞がある。しかも、道路や町並みが混み入っており、無秩序な看板や電柱などもあって、道路標識が見えにくい。住居地域の表示方式にも一貫性がなく、わかりにくいという点もあげられる。

ただ、大いに期待されて登場したVICSだが、現在のところ、専用の受信装置を必要とするため、これを購入するドライバーはそれほど多くない。一式約二五万円という値段もさることながら、日本の道路事情があまりにも絶望的なため、果たしてその値段に見合った効果が得られるかどうか、疑問視する向きが少なくないからだ。

いずれにしても、カーナビの普及率では日本が世界でもっとも高く、二〇〇〇年の国内販売台数が一七二万台で、世界出荷台数は前年比四三パーセント増の二七〇万台となっていて、二〇〇五年にはほぼ三倍の八〇〇万台になるものとみられ、驚くべき伸び率である。

カーナビゲーション・システムはアメリカの軍事衛星GPS（グローバル・ポジショニング・システム＝全地球測位システム）を利用した測量技術で、地球上のあらゆる地域で現在位置を確認できる。

カーナビは、道案内だけにとどまらず、インフラの整備とあいまって、公共および民間情報通信システムの端末として、またＩＴＳのユニットの一つとしての機能も持ち合わせた情報通信システムとなっている。とくに最近のカーナビはＩＴ革命にともなうインターネットと一体化してより多様な使い方と情報が得られるようになっている。読み出し専用のコンパクト・ディスクも使われ、そこに全国の道路マップ、地名、交差点、公共施設はもとより、各種レジャー施設、宿泊施設など、運転以外の情報までこと細かに盛り込まれている。

欧米では、カーナビの普及についてかなり慎重である。日本で普及しているカーナビは、走行中、ディスプレーに表示されたデジタル表示の地図をドライバーが目で見て、現在地や目的地を確認していくというものだ。だが、欧米では、この方法は危険だとして、進むべき方向を矢印で示すなどの単純化したカーナビがつくられた。事実、運転中の携帯電話とともに、カーナビの地図に気をとられたことが原因の事故も増えている。

もちろん、日本の各メーカーも表示式だけでは安全性の点で問題があるとして、最近は情報を音声で知らせるものが一般化してきた。さらには、ドライバーが音声でカーナビに指示する音声認識の方式も開発されているが、まだ完成度の点では未成熟であり、日進月歩の状態である。

ともあれ、もはや車は孤立した空間ではなくなりつつある。道路と車の、あるいは車同士の通信、さらにはさまざまな外部機関ともコミュニケーションができるようになりつつある。

道路交通分野での各国の取り組み

こうしたITSのコンセプトは、一九六〇年代後半、アメリカ連邦道路庁によって計画されたものである。しかし、通信インフラに費用がかかりすぎ、技術も追いついていなかったなどの理由から中止となった。七〇年代に日本やヨーロッパでも似たような試みが行われたが、いずれも時期尚早《しょうそう》だった。

一九八五年には、西ドイツがALI-SCOUT計画に着手し、一方、ベンツが提案し、ヨーロッパ各国の政府および自動車メーカーが主導する「プロメテウス」計画も、その翌年からスタートしている。

EU（欧州連合）を視野に入れた一九八五年のEC諸国会議での「情報通信技術の道路輸送分野への適用」にかんする委員会規約の提案書では、次のように強調されている。

「欧州全体の協力が必要な研究開発分野の一つは、情報処理技術、移動通信技術および放送通信技術の分野であり、この研究開発は各国で共通の社会経済的ニーズにこたえるものである。また、この道路輸送分野でここ十年来行われてきた研究開発の主目的は、輸送効率、安全性、環境保護、燃費の改善である」

これまで自動車単体では日本やアメリカに押されっぱなしだったヨーロッパ各国だが、EUの成立とともに拍車がかかり、一体となって協力し合うことで先進技術を身につけ、今後、この分野でリーダーシップを握ろうとしている。

アメリカでは、一九八九年に「モビリティ二〇〇〇」という道路交通の未来化計画が発表され、この延長に、現在のITSの前身であるIVHS計画が打ち出された。交通量、安全性、効率などの向上を狙った車と道路との複合化したシステムである。

これとは別に、交通情報とナビゲーション・システムを一体化した渋滞回避の経路案内を行うシステム「パスファインダー」も進められている。

このほかにも、アメリカ、日本、ヨーロッパでは、担当する省庁や対象範囲の違いなども含め、似たような情報システムの計画がいくつもある。

カー・マルチメディア事業の可能性

以上のような国レベルで進められている情報システムとは別に、メーカー独自の情報サービスもスタートしている。ベンツが日本で一般第二種電気通信事業者免許を取得し、一九九七年九月から交通情報をサービスする通信事業を開始した。これは、NTTの公衆回線を経由せず、独自に運用する専用回線を通じて行うものである。運用主体となるダイムラー・ベンツ・インターサービステレマティック日本（DBTJ）およびその子会社が、双方向の独自の交通情報システムITGSを展開していた。これにより、VICSと同様の交通情報を流すことになるが、それとともに、移動体通信網を利用した通信ネットワークだけに、世界中の顧客と双方向でグローバルな情報のやりとりもできる。

この新しい通信システムによって、交通情報に限らず、メーカーと顧客とのコミュニケーションが密になり、販売活動にも役立つことになる。

ベンツに続いて、国産車メーカーもこうした情報サービスに乗り出している。

また、インターネットの利用人口が急増しているアメリカでは、一九九〇年代末から、GMやフォードがヤフーと提携し、「車もピザ並みに宅配する」とのふれこみで、新車の注文販売や情報サービスの提供、ディーラー情報などを流して、ユーザーの囲い込みを図ろうとしている。そればかりか、膨大な顧客情報を持っているだけに、マイクロソフトと提携するなどして自らインターネット事業に進出している。

その狙いは、サービス業への参入や部品メーカー群とのネットワークづくりもあるが、それだけでなく、車の注文販売をさらに発展させて、インターネット上でユーザーがデザインなど外観や内装、装備品を、多くのバリエーションから選択して注文できる「オーダーメイド・カー」の構想もあるからだ。

本田のスポーツカー「NSX」では、ユーザーに生産する栃木県高根沢の工場まで来てもらって、あれこれ注文を聞き、それに応じて製造、組み立てをしていくが、これに類する対応をネット上で行おうとする取り組みである。

こうなると、必然的に生産システムや販売方式も抜本的に変えていく必要があるが、こうした取り組みは、ＩＴ時代を迎えて変革を迫られる車づくりの一つの兆候《ちょうこう》ともいえよう。

こうした、自動車の通信システムを利用したカー・マルチメディア事業は、グローバル時代における自動車メーカーの通信分野への展開としても大いに注目されている。

ＳＦのようなＡＨＳ

ＩＴＳは警察庁、総務省、経済産業省、国土交通省の四省庁および学界、産業界などが一体となって推進しているもので、その中の一つとしてＶＩＣＳがある。そのほかにも、いくつかのシステムが計画されており、その一つが走行支援道路システム（ＡＨＳ）である。

一九九六年九月十九日、長野県小諸市郊外の未開通の上信越自動車道で、一つの実験が行われた。一一台の乗用車が二〇〜三〇メートル間隔で縦列走行しているが、ドライバーはハンドルにもブレーキにもアクセルにもいっさい触れることがないのである。

道路に沿って敷設された同軸ケーブルから発せられる電波が、路上を走る車や立ち往生した事故車、落下物、渋滞状況などをキャッチして情報を流し、それを走行中の車に搭載した受信装置が受けて自動的にハンドルやブレーキ、アクセルを操作するというものである。たとえば、前方に故障車が立ち往生していれば、電波の指示でハンドルが自動的に動き、車線を変更して衝突を回避してくれる。

道路には磁気装置も埋め込まれていて、車を誘導する信号を発している。これを車の磁気センサーが感知することで、車線からはずれることなく走ることができる。また、どんなにアクセルを踏んでいても、前方車との車間距離は一定以下には縮まらないようになっているため、運転中にうっかり居眠りしても、車線を逸脱《いつだつ》することも、前の車に追突することもない。

ドライバーに負担がかからず、安全な走行と秩序ある交通が可能になるので、渋滞も緩和できるだろうと期待されている。今後この事業に関連して、二十年間に約五〇兆円の新たな需要が発生すると試算されている。まるでSF小説の世界とも思えるようなAHSだが、関係者は二〇一〇年ごろまでには高速道路での実用化にこぎつけたいとしている。

このほか、高知能自動車交通システム（SSVS）、新交通管理システム（UTMS）などの導入が予定されており、道路や交通情報の提供、経路案内や誘導、交通管制、事故検知・通報、単独および集団自動運転などの実現を目指している。

自動車産業そのものの売上高が巨大というだけでなく、車の普及にともなって発生するインフラ整備や関連需要は、これからも膨大な経済効果を生み出していくことだろう。

これからのメーカーのあり方

ただ、安全だけがあまりに強調されすぎると、車の草創期にあった興奮や夢は確実に失われていくだろう。技術の進歩によってハイテクを駆使した装備が盛りだくさんになっていくほど、車本来の魅力は失われていくともいえる。

日産のITS

ＡＨＳは新幹線の運行システムとよく似ている。運転手はいても、自動制御で運転されるため、まったく手を出すことはない。むしろ、手を出してはいけないのである。こうした先進安全自動車が普及すると、装置への依存心が増して、ドライバーの操縦技術や判断力、注意力の低下が予想される。少なくとも、人間はますます背後にしりぞき、「運転する」という感覚は薄れて、自動車に身をまかせるという受け身の姿勢が強くなっていくだろう。

この傾向は、自動制御で車をコントロールすることが多くなった最近のＦ１マシーンとドライバーの関係を思い起こさせる。センサー技術を駆使した自動制御が進んだことで、Ｆ１レースそのものがおもしろくなくなったという声もある。また、ドライビング・テクニックや瞬時の判断力が低下したともいわれている。

自動車からスポーツ性が失われていくと、クラシック・カーのように、よけいなものがいっさい装備されていない簡素な車がかえって人気を博するかもしれない。

もっとも、ITSの導入は、安全性の追求や、渋滞による経済的損失の減少だけを目的としたものではない。排気ガス問題、地球環境の問題への対応も含まれている。たとえば交通渋滞は人口が密集する都市部で起こることが多いだけに、大気汚染にいっそうの拍車がかかる。そうしたことへの対応策としても期待されている。

こうした自動車メーカーの情報通信分野への進出が重要性を増してきたことを強く認識するトヨタは、一九九七年三月に増資した日本移動通信（IDO）への出資比率を二七パーセントから六二パーセントに増やして、事実上の子会社とした。

さらに急速に再編が進む通信業界にあって、トヨタグループ内の長距離系新電電の日本高速通信（テレウェイ）と国際電信電話（KDD）が、一九九八年十二月に合併した。

トヨタは経営方針に掲げる、非自動車分野への進出もさることながら、将来の車のマルチメディア化、ITSを視野におくとき、「自動車と情報通信の融合」は不可欠であり、テレウェイが道路沿いに敷設した光ファイバーを手中におさめることが絶対に必要であるとしている。

一九九八年七月、トヨタが主導する「愛知県ITS推進協議会」が発足した。官民が協力してITSの研究に取り組むことを狙いとし、愛知県内で実際に導入実験を進めている。発起人にはトヨタ、デンソー、NEC、NTT、富士通、松下電器産業の六社と、愛知県知事などが名を連ねている。

全国の都道府県レベルでは初の試みであり、こうした取り組みのためにも、トヨタは積極的に通信業界再編の一翼を担おうとしている。

資金力で他の自動車メーカーを大きく引き離しているトヨタは、はるか先のITS、未来カーにおいても着々と手を打って独走し、ますます引き離しにかかっている。

従来のような、たんなるハードウエアとしての自動車づくりを目的とした経営では立ち行かない時代になってきたのである。

これからの自動車メーカーは、人間文明のあり方を提案していくクリエーターとして変身していかなければならないのである。

第七章　〝夢の自動車〟プロジェクト

クリーンカー・クリーンシティ計画

電気自動車「EV1」

現在、注目されている代替エネルギー車や低公害車の開発は、ガソリン車が主役の戦後の時代にも手がけられてきたが、実用化を目指しての本格的な取り組みがなされるようになってきたのは一九九〇年代に入ってからである。

一九九六年、地球環境に配慮したZEV（ゼロ・エミッション・ビークル＝有害排出物ゼロの自動車）の開発に関係した、いくつかのニュースが世界を駆けめぐった。

その一つは、電気自動車の分野では世界のトップを走っていると自任するGMグループが一月に発表した「EV1」である。かねてから開発を進めてきた新世代の電気自動車「EV1」

GM「EV1」

を、同年の秋から市販すると宣言して注目を集めた。

電気自動車の歴史は百年以上になるが、環境対策車として注目され、開発に力を入れたのは一九七三年の石油危機以降である。世界の自動車メーカーがさまざまな方式を研究したが、いずれも実験の域を出なかった。最大のネックだったのが、搭載する電池である。電池が大きく、重いため、「電池を運ぶための車」と皮肉られてきた。

試作車を一台つくるだけでも数億円もかかる。少し前までのメーカーの本音からすれば、実用化がかなり先と思われる次世代車としての電気自動車の開発にはあまり乗り気がしないが、国家から研究費が出るならやってみようという姿勢だった。

一方、政府としては、エネルギー対策、地球環境対策に取り組んでいるというポーズを見せたいとの思惑もあって、代替エネルギー車や無公害車の開発のための予算を組んでいた。

実用性の点からいえば、ガソリン車と比較して、電気自動車はパワー不足で、一回の充電での連続走行距離も短い。ヘッドランプや冷房用に電力を使えば、さらに短くなる。しかも、充電時間がひどく長い。電池の寿命はあまり長くはないのに、価格だけは高く、とても実用化の見通しは立てられなかった。

ところが、技術の進歩で、それまで主流だった鉛にかわる次世代の電池が登場してきた。リチウム・イオン電池とニッケル・水素電池がそれで、いずれも従来より大幅に小型・軽量化ができる。これが、実用化に向けて一挙にはずみをつけることになった。「EV1」には、GMグループ傘下のデルコ・エレクトロニクスが開発したニッケル・水素電池が使われた。

電気自動車はパワー、高速性、長距離走行の面では、ガソリン車にとうていおよばないが、シティー・カーとして買い物や通勤など、特定の用途としては十分に利用できるものとなりつつある。

高かった価格も、「EV1」では三万五〇〇〇ドルと、ガソリン車の一・五倍近くにまで下がってきた。デトロイトで開かれた自動車ショー「SAE97」の会場で、GMデルファイの「EV1」開発担当重役ドナルド・L・ランクルは、「これは製造価格ではなく、市場を念頭においた政策的な価格で、実際にはこれより高い」と述べていた。量産されるようになればコストはかなり下がるとはいえ、いまの販売台数では売れば売るほど赤字が増えることになる。

「EV1」が発表されたことで、同じ年、後塵《こうじん》を拝していた日本の各社も、電気自動車を次々に発表した。トヨタのそれは「RAV4」をベースにして、ニッケル・水素電池を搭載したもので、ＧＭと同じ一九九六年秋に販売を開始した。本田の電気自動車の電池もやはりニッケル・水素のタイプで、一九九七年からリースを開始した。一方、日産はリチウム・イオン電池を搭載した「プレリージョイ」ＥＶを完成させた。

電気自動車の基本システムは意外とシンプルであり、走行状況に応じてモーターの回転数と駆動力を自由に変化させてやればよい。構造は、ガソリン車のエンジンに相当するのがモーター、燃料のガソリンに該当するのがバッテリー（電池）、制御・駆動系に相当するのがコントローラーである。

だから、複雑で微妙な燃料制御や噴射システム、エンジンの潤滑システムなどの補機類は原則として不要で、排気しないので排気システムもいらない。システムによってはトランスミッションもいらないという、実に簡素な構造の車である。

燃料電池搭載の実用車、ベンツの「ネカー」

二つ目は、同年六月、ベンツが発表した水素イオン交換膜による燃料電池を搭載したコンセプト・カー「ネカー」2も、大きな反響を呼んだ。

詳しくは後述するが、従来の電池よりずっと小型・軽量化させたことで、ガソリン車並みの搭乗者用スペースを確保している。まだ先と思われていた、実用レベルの性能をそなえた燃料電池搭載の小型車の登場だけに、世界の注目を集めた。

燃料直接噴射式エンジン「GDI」

燃料電池は、電解質である高分子膜を負極と正極のあいだにはさみ込んだ一対の積層体構造となっている。負極に水素が補給されると、電極の触媒作用によって水素イオンになり、生成された水素イオンは電解質中を正極に向かって移動する。正極では、供給された空気中の酸素と水素イオンが反応して水となる。このときの反応エネルギーが電気として取り出されるという仕組みだ。

　反応によって生じるのが水であるため、大気汚染はゼロとなる。さまざまな技術課題はあるものの、長年、自動車の動力として君臨《くんりん》してきたガソリンエンジンにかわる方式として、大きな期待が寄せられている。

〝一挙三得〟の直噴エンジン

三つ目は、同年八月、三菱が燃料直接噴射式のエンジンGDIを搭載した新型「ギャラン」「レグナム」を発表した。

燃料消費を約三〇パーセント低減すると同時に、出力はほぼ全域で一〇パーセントほど向上、二酸化炭素の排出量を三五パーセントも減らした、〝一挙三得〟となる画期的なエンジンで、量産車に搭載されたのは、これが世界初である。

直噴エンジンの研究は、次世代のエンジンとして、世界の自動車メーカーで古くから進められていた。一九五〇年代に、ベンツがスポーツカーに搭載した実績はあるが、GDIのように量産車ではなく、また高性能でもなかったため、その後は採用されなかった。

GDIの特徴は、これまでのように吸気通路の内部に燃料を間接噴射するのではなく、燃焼室に直接ガソリンを高圧噴射することでスロットル・バルブのポンプ・ロスをなくし、空気と燃料の混合比をこれまでの三倍近い四〇対一にまで薄めることができた。

従来のエンジンでは、これほどの超希薄燃料で点火・燃焼を維持することは困難だったが、球形にした燃焼室、直立にした吸気ポート、点火プラグ付近に濃い燃料混合気を集める微妙な燃料噴射をコンピュータで制御することなどでこれを実現したのである。

三菱は一九九八年に入り、さらに性能をアップしたGDIを実用化した。

三菱はボルボ社の要請に応じてGDIを供給することを決め、そのほかにも世界のメーカーから引き合いがきている。GDIは三菱が世界でその存在を誇示《こじ》する有力な切り札であり、量産する各車種に次々と搭載され、ダイムラー・クライスラーとの資本提携のさいにも力となった。

三菱の実用化に続き、同年十二月にはトヨタも直噴エンジンのトヨタD4を搭載した「コロナ」プレミオGを発売した。

日本がもっとも早く直噴エンジンを開発した背景には、メーカー同士の競争が激しいうえに、欧米と比べてガソリンの価格が高く、燃費の向上が大きなセールス・ポイントになり得るとの考え方があるからだ。しかも、日本の消費者は新しがり屋で、珍しいものに飛びつく傾向が強い。メーカーとしては差別化する商品戦略としても大いに意味があるだけに、熱心に開発を進めてきたのである。

燃費向上や二酸化炭素の削減は急務であり、中・長期的にみても不可避な流れだけに、直噴エンジンの持つ意味は重要である。GDIを搭載したハイブリッド・カー（HV）などの今後の展開も準備されつつある。欧米の主要各社は日本におくれてはならじと、盛んに開発を進めており、世界的にも直噴エンジンはじわじわと浸透しつつある。

さまざまな環境対策技術

四つ目には、一九九六年九月、ドイツのフランクフルト・モーターショーで、オペルの直噴ディーゼルエンジン搭載の小型セダン「コルサ」ベースの超低燃費のコンセプト・カーが業界関係者の注目を集めた。

前述したように、ヨーロッパでは、環境に配慮したコンパクト・カーがこれからの売れ筋とみられている。車の小型化が急速に進み、中でも、ガソリン三リットルで一〇〇キロ走る超コンパクトな〝三リッターカー〟が目標とされ、各社で開発を競い合ってきた。その先陣をオペルが切ったのである。

これは、環境、省エネをキーワードにした〝ヨーロッパ小型車戦争〟の幕開けを意味している。オペルに続き、フォルクスワーゲン、ベンツのほか、ヨーロッパの各社が直噴ディーゼルエンジンを使っての〝三リッターカー〟が登場しつつある。

五つ目は、一九九七年十二月十日、トヨタがハイブリッド・カー「プリウス」（一五〇〇ccセダン）を世界で初めて月産一〇〇〇台の量産販売を開始した。

電池とガソリンエンジンを状況に応じて使い分けることで、有害物質の排出を抑えようとするハイブリッド・カー（HV）も、電気自動車などと同様に、量産はかなり先のこととみられていた。それだけに、トヨタが環境を重視する姿勢を前面に打ち出す次世代自動車の開発に並並ならぬ決意をもって取り組んでいることを内外に示し、世界を先導する姿勢を明らかにしたものとして、驚きをもって迎えられた。

海外でも、ドイツのアウディが一九九七年十月から、ディーゼルエンジンと電気モーターを組み合わせたハイブリッド・カー「デュオ」を発売したが、トヨタのように量産車ではなかった。

やはり環境対策車の一つである天然ガス車は各社で実用化されている。一九九六年末にはトヨタから「CNGクラウン」が、一九九七年三月には日産から「セドリック」「グロリア」が、そして、同年秋には本田から超低公害車として「シビック」GXが発売された。この後も各社の発表が相次いでいる。

カリフォルニア州大気浄化法

二十一世紀に入り、環境対策、省エネ（燃費向上）を目的とした次世代の車、あるいは代替エネルギー車が次々と登場してきた背景はなにか。

その理由の一つは、一九九〇年にカリフォルニア州が世界に先がけて、一九九八年から大気浄化法を導入すると発表したことである。

当初は、一九九八年以降には全販売台数の二パーセント、二〇〇三年には一〇パーセントをZEV（ゼロ・エミッション・ビークル＝無公害車）にしなければならないとされていた。ところが、技術開発の進み具合からみて、ZEV車を実用化するにはまだ時間がかかるとして、一九九五年に一部を修正した。

同州内で三万五〇〇〇台以上を販売するメーカーは、二〇〇三年以降は全販売台数の一〇パーセントはZEVを投入しなければならない。それに先だって、一九九八年から三年間、ZEVの試験販売をする。さらに、カリフォルニア州大気資源委員会（CARB）と覚書を交わした日米の大手メーカー七社（うち日本車メーカーは四社）は、二〇〇三年以降に義務づけられた台数が満たせない場合、販売数一台あたり五〇〇〇ドルの罰金を科すという、実にきびしい内容である。

だから、各メーカーとも、膨大な資金を投入してでも、ZEVの開発に乗り出さざるを得なかったのである。もちろん、掲げられた目標をクリアできなければ、世界のマッチ・レースからの脱落を意味する。たんにZEVの技術だけでなく、世界企業としてのメンツもかかっているのである。

アメリカではカリフォルニア州の導入に続いて、ニューヨーク州ほかが追随《ついずい》する動きをみせている。さらには、ZEVだけでなく、これに相当するEZEV（エクイバレントZEV）の概念も導入して、これにハイブリッド・カーや天然ガス車も該当することになった。

国家的プロジェクトPNGV

二つ目の要因として、アメリカ政府が進めるPNGV（ニュー・ジェネレーション・ビークルにかんするパートナーシップ）計画がある。

一九九三年九月三十日、クリントン大統領は、アメリカ経済の急激な回復で自信を取り戻してきた国民に向けて、「経済成長のための技術」と題する政策教書を発表した。アメリカの再生を謳《うた》い上げ、二十一世紀においては、技術面でもさらなるリーダーシップを発揮することを目指すとした。そして、エネルギー安全保障、新産業創成、持続する経済成長も含めて目標に掲げている。

具体的な目標課題としては、情報スーパーハイウェー、インテリジェント交通システム、クリーンカー、クリーンシティ、軍事技術の民生化などの技術開発振興策があげられている。

PNGV計画もその中の一つで、これにかんして、自動車の燃費を十年間で三倍に向上させるという大胆な目標が掲げられた。自動車にかんするさまざまな研究開発をさらに加速させることで、アメリカの自動車産業が世界をリードすることを狙いとしている。

日本では、折からのマルチメディア・ブーム、IT革命の波に乗って、情報スーパーハイウエーばかりが注目され、PNGV計画はやや陰に隠れたかたちだったが、旧〝ビッグ3〟は毎年、政府から数百億円の援助を得て、各種の研究開発を精力的に進めている。

ここでは、ハイブリッド・カーと燃料電池の水素燃料が重要視され、石油燃料社会からの脱却を目指している。計画では、二〇〇〇年までに、ロー・エミッション・テクノロジー、新材料、先進デザイン・シミュレーション、超巨大容量のフライホイール、ハイブリッド・カー、燃料セル、燃料リフォーマー（改質器）、高効率タービンおよびディーゼルエンジン、スターリングエンジン、先進バッテリーを開発して、二〇〇四年に生産のためのプロトタイプをつくるという。

旧〝ビッグ3〟が中核となる米自動車研究カウンシル（USCAR）と連邦政府が一体となって、研究開発テーマごとにコンソーシアム（共同企業体）をつくる。これにエネルギー省傘下の七つの国立研究所も加わるが、実際の実行主体は、あくまでも旧〝ビッグ3〟である。

注目すべきは、数ある産業の中から自動車をピックアップして、国政のトップである大統領府が中心となり、副大統領が直接指揮する国家的な政策となっている点だ。自動車王国アメリカの再生を目指して意気込む米政府の強い姿勢がうかがえる。GMの「EV1」やクライスラーとデルファイの燃料電池自動車の共同開発もその一環である。

スタート時は、それまで熾烈《しれつ》な競争を演じてきた相手との共同事業だけに、メーカー間の思惑や手の内をみせたくないといった諸事情から動きは鈍《にぶ》く、あまり成果があがっていなかったが、近年になってプロジェクトとしての活動が活発化してきた。

ソ連および東欧共産圏諸国の崩壊によって東西冷戦時代が終わりを告げたあと、アメリカでは国防費が削減され、軍事技術開発に投入される予算も減ってきた。PNGV計画は、そんな時代の変化も反映し、国防関連企業が開発した高度な軍事技術が、民生分野の自動車産業にも流れ込んできている。

二十一世紀における自動車技術の発展を考えるとき、世界一の予算をつぎ込み、最高の水準を維持してきた軍事技術を利用できるアメリカの自動車産業は、日、欧とは違った可能性を秘めている。

ヨーロッパにも、アメリカのPNGVに似た一連の計画がある。

ヨーロッパの「生活の質」「産業競争力」の向上を目指すために、産業技術の基盤となる研究開発を進めるというEUコミッションでは、その一つに「明日の自動車」を掲げている。二〇〇三年から二〇〇五年を目標にLEV（ロー・エミッション・ビークル）、ZEVを開発するため、自動車業界、部品業界、エネルギー業界が共同で、それに必要な電気自動車用電池および燃料電池やエレクトロニクス技術、軽量化材料などを含めた先進的な動力システムを開発するというものだ。

このほか、ヨーロッパ自動車メーカーの共同による「ハイゼム」計画、「EU　CAR」計画、「ヴェール」計画などもある。前述のオペルの〝三リッターカー〟などは、こうしたヨーロッパの大きな流れの中で登場してきたものである。

また、一九九六年八月、ドイツ自動車工業連盟（VDA）は、二〇〇〇年までに走行距離一〇〇キロあたりの燃料消費を三、四リットルに抑えた次世代型の低公害車を市場投入するという計画が進行中であることを明らかにしたが、実際のスケジュールはおくれ気味である。環境問題に敏感なドイツならではの計画だが、国際競争に勝ち抜くための素早い対応ともいえよう。もちろん、実用化のためには、低コストであることが不可欠の条件となる。

こうした低燃費化の流れが加速する中で、二〇〇一年十月に開かれた東京モーターショーでは、試作車ながら、ダイハツのハイブリッド軽自動車「UFE」が一リットルあたり五五キロ（国内基準、社内測定値）を達成したと発表した。トヨタのディーゼルエンジン試作車「ES[3]」もまた、アルミニウムと樹脂で軽量化を実現して、四七キロ（同）を実現したという。

「安い石油がなくなる」

六〇年代の終わりごろからは、大気汚染問題に関連して世界の自動車メーカーが排ガス対策に取り組んだ。七〇年代前半に石油危機が起こったことから、省エネ対策として燃費の向上に取り組むようになった。いずれも、当面する個々の課題をどう乗り切るかだけを目標にしての技術開発だった。

しかし、二十世紀末になると、こうした個々の問題が、地球レベルでの環境、資源エネルギーという総合的な課題となって浮上し、それにともなって、自動車業界を取り巻く情勢も大きく変わってきた。

しかも、数年後に迫ったカリフォルニア州の規制値だけでなく、各国でも強化されつつある規制をクリアするための短期テーマと、燃料電池などのように、十年、二十年の時間をかけて長期的に取り組まなければ完成できそうにない技術課題とが、同時並行で進んでいる状態にある。

そうした状況下で、一九九八年三月、『サイエンティフィック・アメリカン』誌が組んだ石油にかんする特集が注目を集めた。中でも、スイス・ペトロコンサルタント社のC・J・キャンベルとJ・H・ロレーヌが発表した巻頭論文「安い石油がなくなる」(邦訳『日経サイエンス』六月号)で指摘された事実は重要であり、以下において紹介しておこう。

同社は、石油開発にかんする世界最大の情報サービス会社で、著者の二人は四十年以上、石油業界に身をおいており、国際石油会社(メジャー)であるテキサコ社ほかで探鉱地質学者として、油田探査の専門家としてそれぞれ活躍してきた。

二人が、膨大《ぼうだい》な資料をもとに試算した石油の埋蔵量や未発見資源量、需給見通しなどは、これまで根拠とされていた、石油専門誌『オイル・アンド・ガス・ジャーナル』誌、『ワールド・オイル』誌が示してきた数値とはかなり異なっていた。

上記の二誌の集計とほぼ同じである石油業界がまとめた石油需給の将来見通しでは、今後、確実に採掘できると評価されている石油の埋蔵量は、一九九八年初めの時点で、一兆二〇〇億バレル(一バレルは約一五九リットル)である。

この数字を、現在の年間生産量である二三六億バレルで割ると四十三年分であり、ということは、二〇四一年までの今後、四十三年間は安い石油を安定供給できることになる。

ところが、二人は「ペトロコンサルタント社(ジュネーブ)が保有する膨大な統計資料を利用して、ついに全世界の油田の埋蔵量の真の数値を見積もることができた。これらの統計資料は、同社が約四十年をかけて世界各地の一万八〇〇〇の油田にかんする無数のデータベースから構築される。中には疑わしいものも混じっているが、その補正にはベストを尽くした」としている。

その結果、試算された一九九六年末時点の全世界の石油の総埋蔵量は八五〇〇億バレルとなった。

タイムリミットは二〇一五年

これまでの世界の石油統計は、先の二誌が毎年、世界の石油会社と産油国に問い合わせて集計した石油の生産量と埋蔵量に基づいていた。しかし、この数値を検証するには手間もかかるため、報告の値がそのまま掲載されて、広く世界で引用されてきたのである。

ところが現実には、産油国や石油メジャーが石油の埋蔵量などを試算する場合、不確定要素を数多く含んでいるため、その根拠となる「確実性の程度を意図的にあいまいにして自分の都合のよい数量を公表している場合が多い」のである。外部からは検証しにくいために、それが可能だった。

産油国は埋蔵量の低下を報告しないし、石油メジャーもさまざまな操作をしているため、それらが集計されると、実際よりかなり多い値となる。

しかも、業界の仮定では、今後、数十年先の将来まで、世界の石油生産量がずっと一定のまま維持できるとしている。油田の埋蔵量が減ってきてもなお、最後の一滴まで、現在と同じペースで汲《く》み上げられるとしている。

「どの油田でも、採掘しはじめのころは、生産量はぐんぐん上昇する。しかし、フル生産が続いて、その油田の採掘可能な埋蔵量の約半分を汲み上げてしまうと、それ以後、採掘のペースは下降線を描くようになり、やがてゼロになる」

ということは、石油は埋蔵量によって生産量が変化し、ピークを過ぎてくると、汲み上げる効率が下がり、やがて困難になって時間もかかり、金も高くつくことになる。

このため、キャンベルらは指摘する。現実には、「石油生産がいつピークを迎えるかが重要なのであって、いつ石油を使い切るかは二次的問題にすぎない。つまり世界の石油生産がピークを過ぎたとき、需要が減らなければ石油価格は上昇することになる」。

もちろん、価格が上がれば市場原理によって節約し、過去の石油危機のときのように需要が減り、これに対応して、産油国は減産することになる。

いずれにしても、「二〇一〇年までには世界の石油生産はピークを迎え、減産がはじまると結論するにいたった」と述べている。

アメリカやカナダの石油生産は一九七〇年代に、旧ソ連は一九八〇年代半ばに、それぞれピークを迎えてしまった。採掘し出してまだ日が浅い北海油田も、二十一世紀への変わり目ごろにピークを迎えた。

新しいカスピ海地域の埋蔵量は、規模として北海油田並みとみられ、ピークは二〇一〇年ご

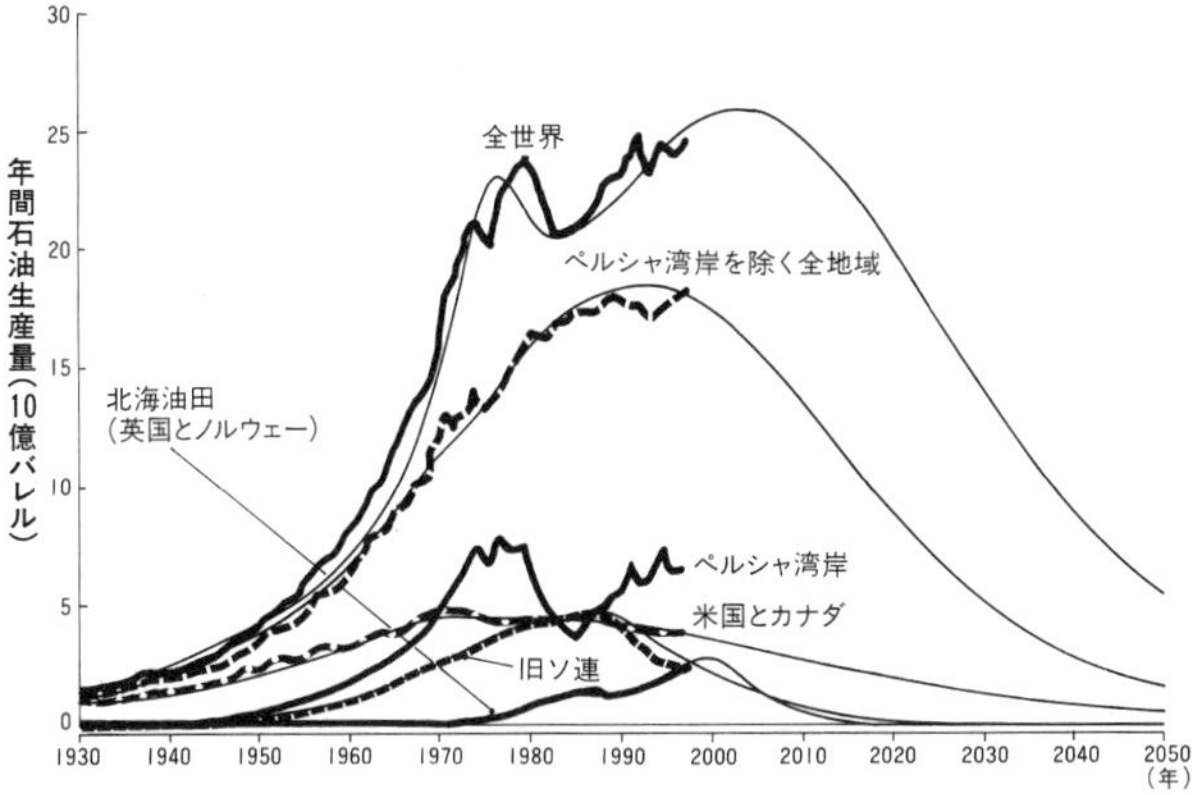

ピークを迎える石油生産（『日経サイエンス』1998年6月号）

ろと予想されている。

中東諸国を主要メンバーとする石油輸出国機構（OPEC）のピークも近づいており、世界的な景気後退がないと仮定した場合、世界の石油生産は二十一世紀の最初の十年のうちにピークを迎え、そのあと下降していくことになる。

期待される未発見資源は、近年の探査技術の著《いちじる》しい進歩で、深海も含めて大規模な油田がみつかる可能性はきわめて低くなっている。こうしたキャンベルらの見方は悲観的すぎ、もっと未発見の油田がみつかる可能性は十分あるとする論者もいる。

それはともかく、こうした実情からして、二〇〇〇年を過ぎたころから、OPECが生産する石油への依存度が一段と高まることになる。

ということは、これまでに二度起こった石油危機に似たことが、二〇一〇年以降はいつ起こっても不思議がないといえよう。

将来の地球環境悪化の度合いの予測でもさまざまな試算があるが、少なくとも、アジアなど発展途上国の経済発展が急であるため、石油消費量の急増とともに、地球環境が急激に悪くなることが予想されている。高度成長時代の日本で起こった多くの公害問題と大気や河川の汚染を思い起こせば、十分に察しがつくはずである。

二〇三〇年における世界の自動車保有台数は、現在の倍の一二億台とみられている。それよりかなり以前から地球環境の悪化と石油エネルギーの逼迫《ひっぱく》がより深刻さを増しているだろうから、タイムリミットの目安として、遅くとも二〇一〇年から二〇一五年ごろには代替エネルギー車の完成および普及のめどをつけておかなければならないだろう。

一九七三年の石油危機以降、開発熱が高まった代替エネルギー車の取り組み経過から考えても、五年程度で実用化にこぎ着けるとはとうてい考えられない。インフラの整備も同時に推進していかなければならないからだ。

たとえば、既存のガソリン車を否定するくらいの強い姿勢で巨額の資金を投入していくなど、メーカーがどれだけ危機感を抱きながら代替エネルギー車の開発に挑《いど》むかといった熱意の問題もある。

代替エネルギー車の現実性

ヨーロッパの新傾向

各種の一次エネルギー源と各種自動車との関係を三八八～三八九ページの表によって示した。石油系燃料にかわる代替エネルギー車あるいは省エネ、環境対策を目的とする車は表に示したように多くの種類がある。

車体の軽量化や走行抵抗を減らしたり、駆動系を最適化することはすべての車に共通する課題だが、そのうえでまず第一にしなければならないのは、既存のガソリンエンジンの熱効率、燃費の向上である。そのための技術として、GDIのような直噴エンジン、希薄燃焼のリーンバーンエンジン、ヨーロッパやアメリカで最有力となっている小型化した直噴ディーゼルエンジンなどが研究されている。

とくにいまヨーロッパでは、ディーゼルエンジンを搭載した小型車が実現性の高い現実的な省エネ・カーとしてもてはやされつつある。ディーゼルはガソリンエンジンと比べて最適な条件で燃費が約三〇パーセントほど優《すぐ》れており、二酸化炭素の削減にも効果がある。

ＧＤＩのように、空気を高圧縮し、高温にした燃焼室に直接燃料を噴射して燃やす方式なら熱効率が高いから、安価な重油や軽油でも可能である。いわゆる希薄燃焼が可能となり、省エネにもつながる。

ただし、ディーゼル特有の黒煙をまき散らし、窒素酸化物や粒子状物質（ＰＭ）の排出も多いため、日本ではヨーロッパほど好まれてはいない。一九九八年秋、石原慎太郎東京都知事は大気汚染のひどい東京都の排ガス対策として、新たな基準を満たさない大型のディーゼルトラックなどは、都内二三区内に乗り入れを禁止する〝ディーゼルエンジンＮＯ〟作戦をぶち上げて、トラック業界に衝撃を与えた。

二〇〇〇年一月には、兵庫県尼崎市の公害訴訟で神戸地裁は、排ガス中の特定汚染物質の排出差し止めを一部認める判決を出した。

こうした一連の批判を受けて、ディーゼル車の排ガスが社会的に批判の目にさらされるようになり、環境庁（現・環境省）も二〇〇七年に導入を予定していた規制の達成時期を前倒しするよう自動車メーカーに要請した。

ヨーロッパでは、二〇〇五年に導入されるユーロ４でＰＭの排出量を現状の一〇分の一に削減することが義務づけられている。グローバル化が急速に進む中、日本の自動車業界としても二年前倒しして、二〇〇五年までにＰＭを現行規制の三分の一にまで削減することを発表した。欧米先進諸国と比べて日本のディーゼル車の排ガス対策はあまりにもおくれており、一昔前の甘えの体質がいまだ続いていた。

これでは、グローバル化したいまの時代、業界を保護するつもりで低く設定した政府の排ガス基準が、かえって日本のディーゼルエンジンメーカーを甘やかせて技術開発をおくらせ、結果として、欧米諸国から取り残されてしまうことを理解していなかった。

日本のディーゼルエンジン技術はいすゞが抜きん出ており、最近では、欧米での現地生産や輸出の多いトヨタや本田も熱心だが、あとのメーカーはかなりおくれている。なにしろ、開発費は数百億円単位にもなるし、実績と技術蓄積も必要だからだ。

ヨーロッパ市場の半分がディーゼル車に

それに引き換えヨーロッパでは、いまやディーゼル車は主流で、日本のように大型トラックや一部のRV車、ミニバンにのみ搭載されているというのとは大違いである。

一九九八年から一九九九年にかけて、ヨーロッパの各メーカーがコモンレール式の高圧直接噴射の技術を駆使した新世代のディーゼルエンジンを投入して排ガス対策を進めたことで、これまで以上に消費者の購入意欲をそそり、市場が変化してきたのである。

ヨーロッパの主要国でディーゼル乗用車の普及率がもっとも高いオーストリアの六二パーセントをはじめとしてほとんどが五〇パーセント以上で、比率が低かったドイツでは普及が急進展し、過去三年間で二倍を超える三〇パーセントになっている。

ディーゼル車にもっとも力を入れているメーカーはフォルクスワーゲングループ、プジョーグループ、ルノーであり、コモンレールなどの最新の燃料噴射技術ではボッシュの独壇場である。

とくにフォルクスワーゲンはヨーロッパにおけるディーゼル車市場の三〇パーセントを占め、一二〇〇ccから三三〇〇ccまでの幅広い領域をカバーしており、ほとんどすべての車種でディーゼルバージョンを取りそろえている。

数年後には、一五〇〇万台を誇るヨーロッパ市場の半分がディーゼル車になり、しかも日、米、アジアでも巨大な市場になることは間違いない。ディーゼルでおくれをとる日本や旧〝ビッグ3〟の販売がヨーロッパで伸び悩んでおり、進んでいるヨーロッパメーカーとの提携によって供給を受けて、テコ入れを図っている。

その一方で、世界でも有力なディーゼルエンジンメーカーであるいすゞの動きは活発で、GMグループ入りしたそのメリットを存分に生かして、二〇〇一年十月、スズキの欧州向け小型車にいすゞ製のディーゼルエンジン（一七〇〇cc）を供給することを決めた。これまでスズキは仏プジョーからディーゼルエンジンを購入していたが、これを廃して、はじめていすゞとの事業協力が成立した。

このほか、いすゞは仏ルノーや本田、独オペルなどへのディーゼルエンジンの供給を広げている。

その本田は二〇〇一年五月、吉野浩行社長が「将来を考えれば、ディーゼルは自分のものにしなければならない技術」と述べて、大々的な自社開発計画を打ち出した。ヨーロッパ市場に攻勢をかけるためには、「数少ない弱点の一つ」とされたディーゼルエンジンの自社開発は不可欠というわけだ。

二〇〇〇ccクラスの新世代のディーゼルエンジンを初めて自社開発して、二〇〇三年にヨーロッパ市場で発売予定の「アコード」に搭載する計画である。出おくれているとはいえ、本田のディーゼルエンジン技術を世界で認知させるにはまず、先進地域であって最大の激戦地でもあるヨーロッパで評価を確立する必要があるとの認識だ。

トヨタもまた、二〇〇〇年七月、PMや窒素酸化物（NOx）の排出を現状よりも八割削減する、世界最高水準の排ガス浄化システム（DPNR）の基本技術を確立したと発表して注目を集めた。このシステムを備えたコモンレール式ディーゼルエンジンは二〇〇三年以降、大型トラックやヨーロッパ向け小型ディーゼル車にも搭載し、他社にも供給するとしている。

このように、次世代のディーゼルエンジン開発に並々ならぬ力を入れるトヨタは、一九九九年夏、イギリスで生産している「アベンシス」に初めて、小型乗用車向けコモンレール式の直噴ディーゼルエンジンを搭載した。

二〇〇一年春には、トヨタは世界戦略車の「ヤリス」（ヴィッツ）にディーゼルエンジンを搭載するため、コモンレール式ディーゼルエンジンをヨーロッパで生産組み立てする計画を明ら

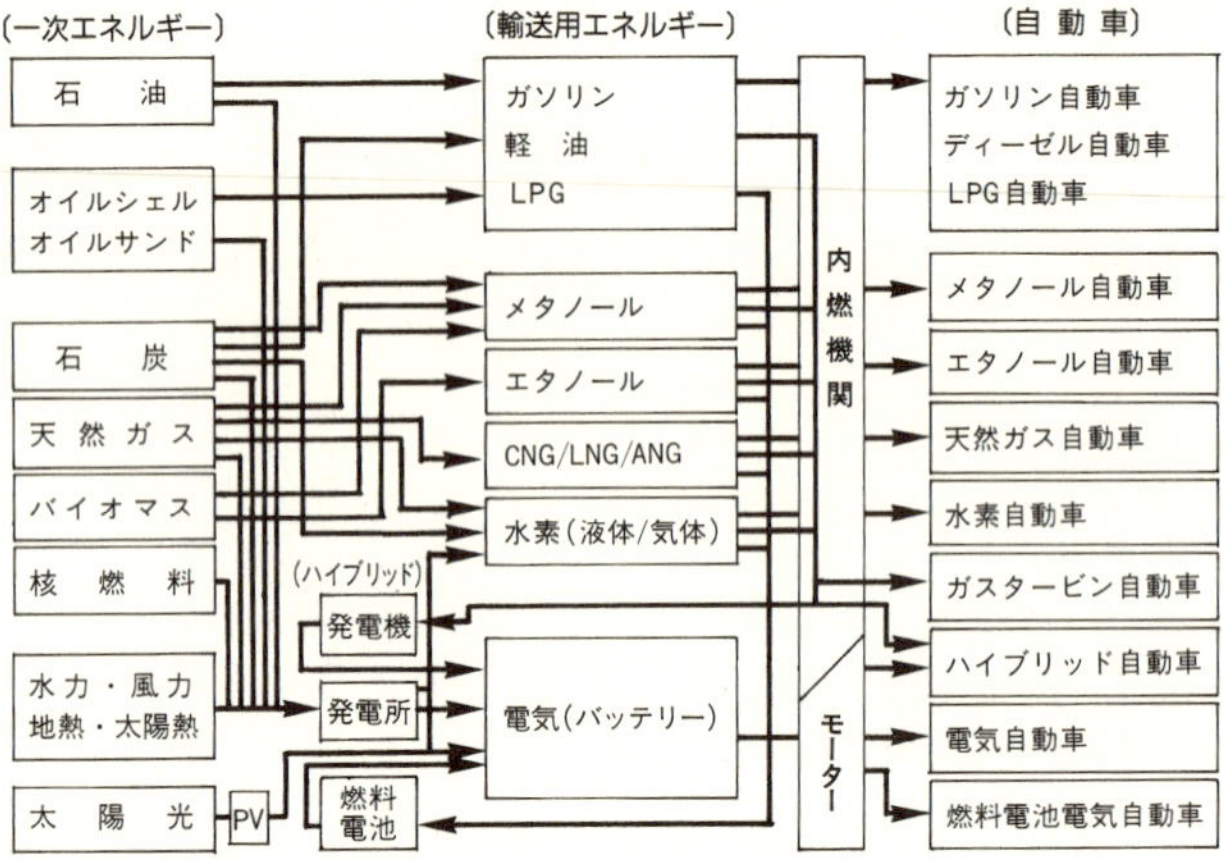

各種エネルギー源と自動車（『自動車技術』Vol.51, No.1, 1997年）

かにした。

また、これまで仏プジョーから供給を受けていたディーゼルエンジンにかわって、二〇〇一年秋から、自社製の直噴ディーゼルを「RAV4」に搭載してヨーロッパに輸出することになる。

二〇〇二年秋に発売を予定する三菱とダイムラー・クライスラーが共同で開発する世界戦略車Zカーは、GDIとは別に、後者が開発する小型直噴ディーゼルエンジンを搭載する計画もある。

これまでヨーロッパのメーカーの独壇場だったディーゼルエンジン市場にも、いすゞを先頭に日本車メーカーが本格的に切り込んでいく動きに、先行するフォルクスワーゲンやプジョーなどは神経をとがらせている。

ガソリン自動車を基準(○)とした場合の相対比較
劣る▲←△←○→◎→☆優れる
ハイブリッド自動車は、制動エネルギー回生を主とするタイプを示す

			排出ガス				車両性能	
			都市環境			地球環境	出力	航続距離
			NOx	CO/HC	黒煙(PM)	CO_2		
現行車	ガソリン自動車		○	○	○	○	○	○
	ディーゼル自動車		▲～△	○	▲	◎	△	◎
	LPG自動車		○	○	○	○	△	△～○
代替エネルギー車	ハイブリッド自動車	ディーゼル―電気	△	○	△	◎	△	◎
		ディーゼル―蓄圧	△	○	△	◎	△	◎
	天然ガス（CNG）自動車		○	○	○	◎	△	▲
	メタノール自動車	オットータイプ	○	○	○	○	○	△
		ディーゼルタイプ	△	○	○	○	△	△
	電気自動車		☆	☆	☆	☆	▲	▲
	水素自動車（燃料電池自動車）		○	☆	☆	☆	△	▲
	ソーラーカー		☆	☆	☆	☆	▲	▲

各種ローエミッション車の比較
(「豊かな環境を次の世代に」日本自動車工業会 1995年)

現実的な天然ガス車

代替エネルギー車は、従来の内燃機関にべつの燃料を使用する内燃機関と、電気モーターなど内燃機関とは異なる動力システムを持つものの二種類に大別できる。前者としては、LPG、メタノール、エタノール、天然ガス、水素などを燃料とする各種の代替エネルギー車がある。後者には、電気自動車や燃料電池自動車がある。ハイブリッド・カーには、両者を組み合わせたものが多い。

比較的実用化が早い代替エネルギー車として開発が盛んなのが、圧縮天然ガスを燃料とした天然ガス自動車である。窒素酸化物や二酸化炭素、一酸化炭素、硫黄酸化物の排出を極端に低減できるし、ディーゼルのような黒煙も排出しない。

世界エネルギー会議のレポートによると、天然ガスの可採埋蔵量は、石油に換算して、その一・五倍から二倍とみられている。天然ガスの探査は進んでいないため、実際にはもっと多くの埋蔵量が見込まれる。それだけに、代替エネルギーとして大いに脚光を浴びている。

ただし、欠点もあって、これを自動車などに使うには、二〇〇気圧程度に圧縮した圧縮天然ガス（CNG）の状態で使うのが一般的だが、それでも、同じエネルギー量のガソリンと比べて、四倍の体積になってしまう。だから、ガス充塡《じゅうてん》を頻繁《ひんぱん》に行う必要があるし、燃料タンクをどの程度の大きさにするかが、スペースとの関係で問題になってくる。

エンジンの構造は基本的にガソリンエンジンとほとんど同じで、燃料供給装置がやや異なる程度である。実用化にさいして技術的に克服すべき課題は少なく、むしろ安全対策や法的な問題、ガス充塡所などのインフラ、価格をどれだけ下げられるかが問題である。

日本国内では一九九九年三月末現在、三六四〇台の天然ガス自動車（CNGV）が走っており、世界では旧ソ連を中心に一〇〇万台も使われている。日本では、この二、三年で急増したが、その七割はガス会社が業務用に使っている小型バンで、普通乗用車は数パーセントにすぎない。自前製品の拡販につながるため、電気自動車は電力会社が、天然ガス車はガス会社が開発に熱心で、ともに自動車メーカーとタイアップして共同で進めている。

一九九八年六月に本田が発売した超低公害車（ULEV）の「シビック」GXは、天然ガスを燃料としている。カリフォルニア州のZEV規制を念頭において、米イーストリバティ工場でガソリン車と混流生産する。向こう三年間の販売台数はアメリカで二七〇〇台、日本で三〇〇台を見込んでいる。

カリフォルニア資源局が定める超低公害車の排出基準は、現行の一〇分の一以下に抑えているが、「シビック」GXは内燃機関を使った市販車としては史上もっとも低公害の車となっている。価格は、ベースとなったガソリン車「シビック」フェリオより六〇万円高い二〇〇万円である。エンジンの最高出力は一一〇馬力で、「シビック」フェリオとほぼ同じ値である。

日本政府は、代替エネルギー車としての天然ガス車の開発を促進させようと、一九九七年四月から、これまでの安全基準を緩和した。しかし、ガス充塡所の数は全国に一〇〇ヵ所しかなく、普及のためにはこうしたインフラの整備も必要である。また、ガスの価格を海外並みに低く抑える努力も必要である。

畑で栽培できる燃料

アルコール系燃料で使われているものには、エタノール（エチルアルコール）とメタノール（メチルアルコール）がある。メタノールは石炭や天然ガスから合成してつくられるが、人体への毒性が強く、最近まで本格的な代替エネルギーとしての研究がなされてこなかった。

一方、エタノールはサトウキビやトウモロコシなどの農作物の発酵を利用してつくることができる液体燃料で、バイオマス・エネルギーと呼ばれている。サトウキビの産地ブラジルなどでは、古くから自動車用燃料として使われており、世界で三五〇万台が走っている。
性質がガソリンに近いため、あつかいやすく、エンジンもほとんど同じ構造でよい。オクタン価が高いので、高圧縮比を得られ、希薄燃焼も可能で、熱効率も高い。原料が農産物であるため、石油のような枯渇の心配がなく、将来の代替エネルギーとして期待されている。
ただし、単位重量あたりの発熱量がガソリンの約半分しかないため、車の燃料タンクを大きくするか、給油を頻繁にしなければならないという欠点がある。

〝夢の自動車〟の現実化

クリーンな自動車といえば、だれもがこれを思い浮かべるほど、電気自動車は一般化してきた。しばしば「実用化近し」と報道もされてきた。しかし、街中を走っている姿を見かけることはほとんどない。

一九九六年春、筆者は日産が発表した「プレリージョイ」ベースの電気自動車を試乗する機会を得た。重さ三三五キロのリチウム・イオン電池を搭載しているせいか、車体が少々重く感じられたが、ハンドルやブレーキ、走行感覚ともにガソリン車と比べてさほどの違和感はなかった。

もっとも大きな違和感は、エンジン騒音がないことだった。振動も伝わってこず、あまりにも静かなため、かえって奇妙に感じられたほどだ。タイヤが小砂利を踏みしめる音だけがやたら響いていた。これほど静かでは、通行人は背後から自動車が迫ってきてもほとんど気づかず、かえって危険ではないかとさえ思われた。

それはともかく、これまで電気自動車は〝夢の自動車〟といわれてきた。この言葉には、現実味がなく、手が届かないからとの皮肉も含まれていた。ところが、一九九〇年代後半から、かなり実用化に近づいてきた。

決め手は電池の開発

電気自動車の最大の課題は小型高容量の電池の開発である。一九九〇年代半ばから登場してきた新世代のＥＶに搭載されている電池はおもにニッケル・水素、リチウム・イオン電池の二種類である。今回、各自動車メーカーのＥＶに搭載されたニッケル・水素およびリチウム・イオンの両電池の出現で、実用化に向けた大きなステップを越えた。

それでも、ＥＶには多くの問題が山積している。トヨタが発表した「ＲＡＶ４ＬＥＶ」には、松下電器と共同で開発したニッケル・水素電池が搭載されている。

電池は一個一二ボルトで二四個を使い、全体重量が四五〇キロである。一回の充電での走行距離は市街地で二一五キロ、従来の鉛電池の七、八割増しである。最高時速一二五キロ、電池の寿命は六〜八年。

電気自動車は、市街地などを一定の速度で走るのには適しているが、信号での頻繁な停止・

発進や坂道が多いところなどでは、走行距離がかなり落ちてくる。加速性、登坂力が弱く、エアコンなどで電力を消費すれば、さらに走行距離が落ちる。何度も充電すると、しだいに電池の能力も低下して、やがて寿命が尽きる。

電池にもいろいろな種類があって、それぞれ一長一短がある。将来的には、高エネルギーが得られるリチウム・イオン電池に期待が集まっているが、まだ技術課題が多く、いまのところ、ニッケル・水素が主流である。

電気自動車には、安全性の問題もある。事故が起きたときに、搭乗者が感電しては大変である。そのため、キャビンと高圧電流部分とがしっかり絶縁されていて、たとえ衝突事故を起こしても安全であることが確認されなければならない。さらに、耐水性や危険な化学反応への対策も必要である。

次世代車の第一弾——ハイブリッド・カー

にわかに高まったHVへの注目

現実味のあるZEVとして、ハイブリッド・カー（HV）が開発され、日本国内では五種類の乗用車がすでに発売されている。ハイブリッド・カーにも電気自動車とほぼ同じ電池やモーターが搭載される形式が多いので、ハイブリッド電気自動車（ＨＥＶ）と呼ばれることも多い。つまり、電気自動車の開発がハイブリッド・カーの開発に直結しているのである。

ハイブリッドとは、「雑種」「混成」といった意味である。ガソリンエンジンと電池および電気モーターを組み合わせ、両者の長所を生かしつつ駆動することにより、市街地の走行では、燃費が二倍に引き上げられ、しかも排ガス量を大幅に削減することができる。コストは割高となるが、それでも電池だけで車一台分の値段ともいわれる電気自動車より、かなり安く抑えられる。それは、電気自動車専用電池の数分の一に小型化できるためで、商品化の現実性が高いとして脚光を浴びている。

先にも述べたように、ニッケル・水素やリチウム・イオン電池の開発で、電気自動車はかなり実用に近い水準にまできた。だが、価格もさることながら、ガソリン車に近い性能を得るには、電池のさらなる性能向上が必要であることもわかってきた。現段階よりもさらに水準を高めるには、技術的な飛躍が必要であり、まだかなりの時間がかかることが明らかとなった。そこで、電気自動車よりも電池に負担のかからないハイブリッド・カーのほうが現実的とみなされるようになったのである。

前述のように、カリフォルニア州は、純粋なＺＥＶに準ずる一定の基準を満たす低公害車としてＰ（パーシャル）ＺＥＶを認めることを決めた。さらに新たなカテゴリーとして、ＡＴ

（アドバンストテクノロジー＝先進技術）ーPZEVを設け、これにハイブリッド・カーやメタノール燃料電池自動車、天然ガス自動車などが含まれることになった。

ちなみに現在、PZEVに認定されているのは日産の「セントラCA」（ベースは日本車の「サニー」）のみで、AT－PZEVには本田の天然ガス車「シビック」GXが初めて認定された。トヨタの「プリウス」や本田の「インサイト」は排ガス対策面で不十分であるとして認定されていない。

そのため、これまではZEVとしての電気自動車の開発に力を入れてきたメーカーが、ハイブリッド・カーの開発にも熱心に取り組むようになったのである。

アメリカのPNGV計画によると、少なくともフェーズ1の段階である一九九八年までに、総額四〇〇億円の予算がハイブリッド・カーの開発に投入された。カリフォルニア州大気資源委員会（CARB）の試算によると、二〇〇五年時点における世界の電気自動車の普及台数は一一万五〇〇〇台にとどまるが、ハイブリッド・カーは六二万台にのぼるものとみられている。

これを受けて、旧〝ビッグ3〟はエネルギー省と契約し、一九九三年後半からハイブリッド・カーの開発を進めている。各社とも二種類ずつの合計六種類となっている。このほか、関連するバッテリー、フライホイール、燃料電池、改質器、内燃機関、ガスタービン、スターリングエンジンなどの各サブシステムも開発する。

こうした動きに、日本でもハイブリッド・カー開発が急務となった。

運輸省は一九九六年、次世代都市用超小型自動車研究会を発足させ、一九九九年までに二人乗りのハイブリッド・カーか、新たな電気自動車の開発を計画した。さらに、一九九七年からは、高効率クリーン・エネルギー自動車研究開発プロジェクトの一環とし、国内大手メーカーが参加してスタートする。燃費が既存のガソリン自動車の二倍以上、排気ガスは四分の一以下に減らすことなどの目標を掲げている。開発車種は乗用車、トラック、バスの三種類で、すでに試作車を完成させている。

シリーズ式とパラレル式

三九九ページの図に示したように、ハイブリッド・カーではいろいろな組み合わせが可能で、種類も多くなるが、電池を含む電気モーターと他の動力源とを直列にして組み合わせるシリーズ方式と、並列にするパラレル方式とに大別できる。

前者の場合、走行用には電気モーターだけを用いる。このとき、組み合わせる他の動力源は、主として電池を充電するための発電機としての役割を果たす。そのため、他の動力源は走行状態には関係なく、一定の最適条件で使われるので、燃費や排気ガスの排出が少なくなるという利点がある。そのかわり、モーターや電池は高い性能が要求され、車は駆動系などをそのまま使うことはできない。

後者の場合は、電気モーターと他の動力源の両方が走行用として使えるため、運転性能は現行の市販車とほとんど変わらない。しかも、電気モーターへの負荷が少なく、従来からの動力源や駆動系をほとんど変えることなくそのまま利用できる利点がある。しかし、走行状態に応じて動力源を切り換えなければならず、両者を同期させる変速機やクラッチの制御に高度な技術を要する。

最近では、車が減速したり、ブレーキをかけたりしたときに、最新の電車と同じく、エネルギーを回生して充電する利用技術が開発されている。

直列と並列のそれぞれに何種類もの方式があり、さらに用途や車種、排気量の大きさによっても違うため、まだ研究も実績も少なく、データも十分ではない現在では、どちらの方式が有利かは一概にはいえない。それだけに、各メーカーともいく種類かを並行して開発に取り組んでいる。

アウディが開発したハイブリッド・カー「デュオ」は、パラレル方式である。二九馬力の三相シンクロナス電気モーターと鉛電池を搭載し、直噴ディーゼル（排気量は一九〇〇cc、最高出力九〇馬力）と組み合わせている。

従来のディーゼル車に比べ、燃料代が半分となり、最高時速は一七〇キロ、わずか三・六リットルのガソリンで一〇〇キロを走行できるという低燃費を実現した。

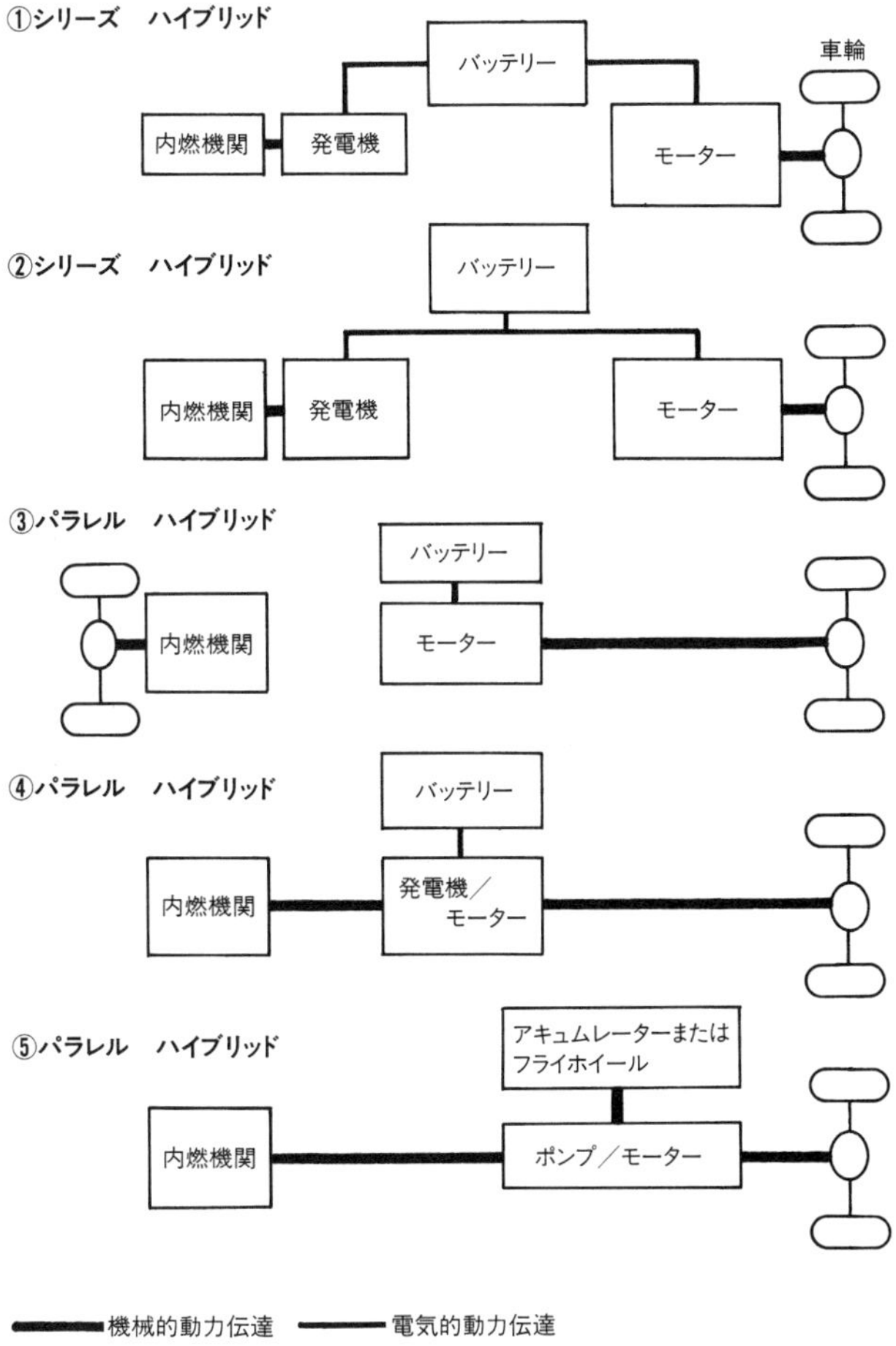
①シリーズ　ハイブリッド
車輪
バッテリー
内燃機関
発電機
モーター
②シリーズ　ハイブリッド
バッテリー
内燃機関
発電機
モーター
③パラレル　ハイブリッド
バッテリー
内燃機関
モーター
④パラレル　ハイブリッド
バッテリー
内燃機関
発電機／
モーター
⑤パラレル　ハイブリッド
アキュムレーターまたは
フライホイール
内燃機関
ポンプ／モーター
機械的動力伝達
電気的動力伝達

ハイブリッド・カーの形式

ＨＶに積極的なトヨタ

一九九七年十二月十日、トヨタはかねてから予告していたハイブリッド乗用車「プリウス」一五〇〇ccを、世界に先駆けて量産販売を開始し、大きな反響を呼んだ。この時、京都では世界から数十ヵ国が集まっての地球温暖化防止条約会議が開かれており、会期中を狙っての発売だった。

世界から集まってきている報道陣に対しても、トヨタが地球環境問題に力を入れていることのアピール効果を計算して、開発陣にハッパをかけて急がせ、この時期にまにあわせたのだった。

これまで、世界の自動車メーカーが開発してきたハイブリッド・カーは、いずれも電気自動車と同様、試作の域を出ていなかった。トヨタのこの大胆な決断の背景には、アメリカの旧〝ビッグ3〟やベンツ、フォルクスワーゲンなどを向こうにまわして、「二十一世紀に向けて環境および省エネルギーでもトヨタは世界をリードする」と豪語する奥田社長の積極経営の姿勢があらわれている。

既存の車と比べて、「プリウス」は細部では種種の弱点があるものの、評判は上々で、ガソリン車と比べて、さして違和感はないとの受けとめ方が多く、その完成度の高さに、他社は驚いている。

トヨタが開発したハイブリッド・カーはパラレルとシリーズの両方式を組み合わせたことに

トヨタ「プリウス」

よって、走行距離と走行性能の両方を高めたという。具体的には、エンジンの動力を車輪駆動用と発電用に分ける機構を採用している。全開の加速時、高速走行時にはガソリンと電池の両方を使い、燃焼効率が最適になるように制御され、かつ、つねに発電している状態のため、充電は必要はない。そして、発進や低速走行時は発電された電気を使い電池（モーター）のみで走る。

その結果、二酸化炭素は同排気量のガソリン車の半分に、窒素酸化物などの有害物質は一〇分の一に減らすことができた。燃費は一〇・一五モードで、既存ガソリン車の二倍に高めた。

トヨタで乗用車タイプのハイブリッド・カーの開発が本格化したのは、一九九五年三月からである。それまでに電気自動車や駆動システムの開発を担当していた技術者ら四人が集められ、「燃費効率を二倍に引き上げ、二酸化炭素の排出量を半分にする」ことを目標に研究が開始された。

一年半ほどして、技術的にほぼめどがついたところで、奥田社長が「とにかく短期間で量産に結びつけろ」とハッパをかけて開発を急がせ、スタッフも十数人に増やした。開発する車は、「カローラ」クラスの大衆乗用車とされた。そうでなければ、たんなる試作のための試作になってしまい、一般の関心を引きつけて普及させるにはいたらなくなるからだった。そのため、価格帯を当初想定していた二五〇万～三〇〇万円から抑えて、二一五万円とした。

「ガソリン車に比べて、せいぜい五〇万円高い程度に抑える戦略的な価格」を設定しているため、採算割れは避けられない。通常なら、同車の損益分岐点は五〇〇万円強といわれる。ここでは、それまでのコスト積み上げ方式による価格の設定はとらず、最終的には豊田章一郎会長、奥田社長らのトップレベルで決断したという。

開発担当者によれば、「昨日までガソリン車に乗っていた人がハイブリッド・カーに乗り換えても違和感や抵抗がないようにする」ことを条件にしていたという。

技術面での一番の課題はニッケル・水素電池の開発だった。電池の大きさは電気自動車よりはるかに小型にし、単位容積あたりの出力は逆に三倍に高めたという。同じく、小型化した高性能のモーターが開発された。

加えてむずかしかった技術は、大規模になった制御システムである。走行状態に応じて駆動源を切り換えたり、車のさまざまな部分をたえず最適条件に、しかも総合的にきめ細かくコントロールする必要があるため、制御システムの規模は既存のガソリン車の六、七倍にもなる。

この二、三年で、マイコンによる電子制御技術が飛躍的に進歩して、大規模な制御ができるようになったことで、ハイブリッド・カーが違和感のない仕上がりにできたという。

「プリウス」は高岡工場に設けられた専用ラインで量産され、当初は月産一〇〇〇台だったが、人気上々で、一九九八年六月からは二〇〇〇台に引き上げられた。さらに、二〇〇〇年七月からはアメリカへ年間一万三〇〇〇台、ヨーロッパへは九月から二〇〇〇台ペースでそれぞれ輸出されている。

たとえ、月産二〇〇〇台になっても赤字といわれる「プリウス」を、それでもトヨタが発売できるのは、トップ企業として、不況の時代にあってもきわめて高い利益率が維持できて、他メーカーを大きく引き離しているからだ。

日産、本田のHV

日産の開発担当者は語っていた。「トヨタが設定した二一五万円という価格は驚異です。仮に計画通りの月一〇〇〇台ペースで数年売ったとしても、採算はとれないのではないでしょうか。でも、消費者がどういう受け入れ方をするのか、売れ行きは大いに注目していきたい」

トヨタを追いかける他のメーカーは、「とてもトヨタのペースにはついてはいけない」と諦《あきら》め顔だ。

それでも、環境対策で企業のイメージダウンをおそれて、日産は、一九九八年中にはなんとかハイブリッド・カーの発売にこぎつけたいとしていたが、実際は二〇〇〇年三月にずれ込んで、ミニバンの「ティーノハイブリッド」を登場させることになる。ハイブリッドの方式は「プリウス」とほぼ同じだが、エンジンとモーター間のトルクを、日産が得意とするCVT（無断変速機）を介して伝えるところに特徴がある。ただし、車体は「プリウス」のように、新しく開発したものではなく、既存の量産車を流用しており、そのことで開発費を抑えて安上がりにしている。

すでに製品化しているこのベルト式CVTの利点は、動力の伝達効率が高く、燃費を二〇パーセント近く向上できる。しかも、走行状態に合わせてエンジンの出力、トルク（駆動力）を理想的にし、しかもなめらかに変換できる。

トヨタに追いつけと開発を急いだのが本田である。一九九八年、アルミボディによって軽量化された二人乗りのスポーツカー「インサイト」を発売し、翌年十二月からアメリカに輸出されているが、アルミの構造材を溶接した車体からして、にわかづくりの感は否《いな》めない。

このほか、日本、欧米各国のメーカーからハイブリッド・カーが次々と発表されたが、いずれも試作車である。

アメリカのPNGV計画では、旧〝ビッグ3〟がそれぞれシリーズ方式とパラレル方式の両タイプとも手がけているが、各社の方式は細かい点で異なっている。

米自動車産業はPNGVプロジェクトで盛んにハイブリッド車の開発に取り組んできたとはいえ、トヨタの「プリウス」が発売されてのちも、現実味のある試作車の発表はなされていなかった。

ところが、二〇〇〇年の一月から二月にかけて、旧〝ビッグ3〟はそろってPNGV計画に基づくコンセプト・カーを発表した。五人乗りで、同グループのいすゞ製一三〇〇ccのディーゼルエンジンを搭載した電気モーターとのハイブリッドである。前輪を電気モーターで、後輪をディーゼルエンジンで駆動するデュアルアクスルのパラレル方式で、燃費はPNGV計画が目標としているリッターあたり三四キロで、走行距離八〇〇キロ、「プリウス」や本田「インサイト」と比べてより低燃費となっている。

トヨタや本田と旧〝ビッグ3〟の違いをあげれば、前者はガソリンエンジンとモーターの組み合わせであるのに対して、後者は（直噴）ディーゼルを用い、また、車体の軽量化やエアロダイナミクス技術（空気抵抗が少ない）の点で優れているとみられているが、これはあくまでコンセプト・カーでしかなく、製品としての完成度については未知数である。

販売価格は、ユーザーからみて適当な範囲内におさまりうる段階ではないので設定できないとしている。フォードも旧クライスラーもやはり千数百ccクラスの直噴ディーゼルエンジンを搭載し、原型となった量産車の二万一〇〇〇ドルより七五〇〇ドル高としている。三社とも、二〇〇三年から二〇〇四年には生産開始としており、このように具体的な市場投入計画を発表したのは初めてだが、「プリウス」のように量産するか否かについては明言を避けている。

その意味では、トヨタや本田のハイブリッド・カーに対する取り組み姿勢は世界でも抜きん出ており、意欲的であるといえよう。

旧〝ビッグ3〟がそろってこの時期に、低燃費を強調してハイブリッド・カーの市場投入計画を発表したのは、PNGV計画の節目の年であったこともあるが、ちょうど、ガソリン価格が急上昇していたため時期を合わせたのである。

米国民は日本と違って代替エネルギー車の開発や低燃費車への関心がきわめて低い。しかし経済が好調な一九九〇年代はリッター三〇円くらいだったガソリン価格が、一九九九年に入ると急上昇しはじめ、このハイブリッド・カーの発表時は一・五倍の四五円にもなっていた。

ただ、ガソリン価格が高くなったといっても、日本の半分以下であり、それも一時的な値上がりだろうとみる向きが強く、この発表もあまり米国民を引き付けることはなかった。

アメリカでの一般的な見方では、ガソリン価格が四七円以上の水準が長期化する場合に初めて、低燃費車に対する関心も高まってくるとみられているからだ。

HVの燃費はガソリン車の半分以下

ところで、「プリウス」や「インサイト」が車体重量を極力軽くしたハイブリッド専用の小型乗用車であるのに対して、日産の「ティーノハイブリッド」はすでに量産発売されている一八〇〇ccのガソリン車をハイブリッド化したものであるが、それでも、燃費は同クラスのガソリン車の半分以下になったという。

乗用車と違ってミニバンやRV車などは車体重量が重いので、どうしても燃費が悪くなるが、ハイブリッド化によって低減できる絶対量は大きくなるため、それだけメリットがある。これは二酸化炭素排出の低減量に換算すると大きな値になるので、排ガス低減対策としては大いに役立つことになる。

このため、ダイムラー・クライスラーのハイブリッド・カーもまた、大型SUVのハイブリッド・カーを最初に開発して発売しようとしている。旧〝ビッグ3〟もその方針で、フォードは先のコンセプト・カーの発表から半年後の二〇〇〇年七月二十七日、初めてハイブリッド・カーの市場投入計画を明らかにした。

それによると、二〇〇五年までの向こう五年間でSUVの燃費を二五パーセント低減するというもので、中でも批判が多かった七〇〇〇〜八〇〇〇ccフルサイズがその主な対象となっている。

フォードがハイブリッド化を発表した一週間後、今度はGMがおくれてはならじとフルサイズのピックアップトラックのハイブリッド化を発表した。

これまで旧〝ビッグ3〟は企業平均燃費（CAFE）基準の改正に消極的で、ロビー活動を行って先延ばしを画策してきた。しかし、ここへきて、PNGV計画もかなり進展し、カリフォルニア規制も二、三年後に迫ってきたいま、そんな燃費向上政策に冷ややかだった姿勢を転換して、今度は本腰を入れて取り組んでいる環境重視の姿勢をアピールしようと発表したのである。これを機に旧〝ビッグ3〟の環境対策が加速するのではないかとみられている。

HVの量産化

一方、トヨタもこうした流れは十分に折り込みずみで、「プリウス」を市場投入してまもなく、技術部門を指揮していた和田明広副社長は「次はセダンとミニバンだ」と檄《げき》を飛ばした。そして二〇〇一年六月、人気車種のミニバン「エスティマ」のハイブリッド・カーを発売した。燃費はリッターあたり一八キロで、同クラスの4DWミニバンの約倍である。価格は三六〇万円で、ガソリン車の「エスティマ」（二四〇〇cc）より二五万円高に抑えており、プリウスの五〇万円高より割合においてもはるかに差を縮めていて、ハイブリッド化技術がかなり定着しつつあることをうかがわせる。

七月には、セダンの「クラウン」でもハイブリッド車が発売された。

エスティマの発表会で張富士夫トヨタ社長は「二〇〇五年にはハイブリッド・カーの生産を現在の約一〇倍の三〇万台に増やす計画である」と明言した。ということは、トヨタの生産する車の七、八台に一台はハイブリッド・カーになる計算である。

二〇〇一年五月初め、就任間もない小泉純一郎首相が七〇〇〇台の公用車を低公害車に切り

ホンダ「シビックハイブリッド」

替える方針を明らかにした直後、トヨタの奥田会長は、密《ひそ》かに社内の技術責任者に、「センチュリーをハイブリッド化できないか」と検討を指示したと伝えられる。

これらの例は、いかにトヨタがハイブリッド化に本腰を入れて取り組んでいるかを示しており、全車種に適用していく用意もあるといわれ、そうなってくれば、ますます量産効果で価格も急激に下がって、普及しやすくなることは間違いない。

トヨタから少しおくれて走る本田もまた、二〇〇一年十二月に、「インサイト」に続く新型「シビック」のハイブリッド・カーを発売した。同社としてはセダンで初の量産ハイブリッド・カー（一三〇〇cc）だが、燃費は「プリウス」をわずかに〇・五キロ上まわるリッターあたり二九・五キロである。注目される価格は「プリウス」と同様に、同クラスの「シビック」より五〇万円高となっているが、月間販売目標台数は半分の五〇〇台からのスタートとなっている。さらには、新型「CR—V」もハイブリッド化する予定である。

このようにハイブリッド・カーが次々と発売され、それも、小型、大型の別なく、ミニバン、SUV、ピックアップトラック、バスなど全車種にわたり適用されて、五、六年後には、街中をガソリン車と混在して走る姿が当たり前の時代になろう。それだけ、ガソリン車とハイブリッド車の間の垣根《かきね》が低くなったのである。

ここへきて、日、米、欧の各メーカーがこぞってハイブリッド・カーの発売や今後の計画を発表するのは、やはりカリフォルニア規制が目前に迫ってきたからだ。

エネルギーの有効利用

ところで、カリフォルニア州のZEVあるいはEZEVの要求に対し、ハイブリッド・カーに期待が集まっているのは、エネルギー効率のよさからくる低公害が着目されているからだが、排気ガスを出さず、ZEVとして期待されている電気自動車も、トータルで考えた場合、けっして無公害とはいいきれない。充電する電気をつくる発電所では、燃料として石油や天然ガスを使っている場合が多く、少なからず排気ガスを放出しているからだ。

それに、発電所から電気自動車に充電されるまでの過程での総合的なエネルギー効率も問題になってくる。

発電所内部や送電における効率、あるいは充電・放電効率、充電器やモーターの効率も含めて考えると、一〇・一五モード走行における電気自動車の総合効率は約二一パーセントといわれている。

ガソリンエンジン自体の熱効率は約三〇パーセントと高率だが、実際に車に搭載して使用される場合、加減速が多い都市部などでの低速走行時にはロスが大きくなり、効率も一〇パーセント程度に落ちてしまう。ガソリン車の平均効率は一四パーセントぐらいである。

そこで、高速走行のときはガソリンエンジン、低速走行のときは電池と、走行条件に応じて熱効率が高いほうに切り替えて使用する、あるいは、ガソリンエンジンを発電用に使うなど、つねに一定の負荷（回転数）で使用するようにすれば、エネルギー効率は高くなり、燃費は向上する。それだけ燃料の有効利用につながり、結果的に、地球上に放出される排気ガスの量は減少する。

とくに後者のシステムでは、ガソリンエンジンが発電した電力を直接電気モーターに供給するので、送電や充電ロスが少なくなり、約二五パーセントの熱効率を維持できるという。

HV普及のカギ

ハイブリッド・カーは無公害の電気自動車や燃料電池自動車へ移行するまでの過渡的な、たんなる〝つなぎ〟にすぎないとする見方がある。

ハイブリッド用のガソリンエンジンを、最近開発された直噴エンジンや直噴のディーゼルエンジンにしてさらに燃費を向上させ、電池もさらに小型・大容量化を進め、全体のシステムもさらに進化させていけば、実用性はきわめて高いからだ。既存のガソリン車と比べて、それほど構造が複雑になるわけでもなく、生産量が増えればコスト的にも十分採算が合うようになるという。ＧＤＩを開発した三菱やディーゼルエンジンに抵抗がない欧米メーカーはその路線を狙っている。

なにより、百年にわたって蓄積してきたガソリンエンジンの技術をそのまま生かすことができるし、従来のガソリンスタンドもそのまま使えるなど、インフラを新たにつくりなおす必要がなく、電気部分を付加するだけですむ。とくに既存の自動車メーカーからすれば、ガソリンエンジンやディーゼルエンジンが不必要となって、エレクトロニクス・メーカーや化学メーカーに儲《もう》けを〝横取り〟されるような電気自動車や燃料電池自動車より抵抗が少なく、開発姿勢や普及努力にも積極的に取り組むことができる。

現在の早急なハイブリッド・カー開発は、直面する〝カリフォルニア州規制〟をなんとかクリアしなければならないとする、企業のメンツをかけた競争の中から生まれてきている感が多分にある。そのため、ここ数年は、各社が競ってハイブリッド・カーを登場させているが、それにともなって技術水準も上がり、性能も向上していくに違いない。

ただし、ハイブリッド・カーが広く普及するかどうかも、電気自動車と同様、電池の性能向上とコストダウンにかかっているが、それも、ハイブリッド・カーの「エスティマ」の価格がガソリン車にかなり近づいているトヨタの現状からして、ハードルを超えたといえよう。

夢の燃料電池自動車

ベンツを猛追するトヨタ、本田

つい六、七年ほど前まで、実用化するには二、三十年はかかるとみられていたガソリン車にかわる代替エネルギー車の切り札、燃料電池自動車の実用車があと二、三年で登場しようとしている。

しのぎをけずる技術開発の動向を追いかけるジャーナリストのあいだでは、次のような認識がある。それまで取材にオープンで、開発担当者らが進展状況について気さくに答えてくれていたのが、あるときから、個別の取材にはまったく応じず、口を閉ざして情報をもらさなくなったとき、それは開発の終了段階が間近に迫ってきた証拠であるということだ。

まさしくいま、燃料電池自動車はその時期に入っている。この開発競争でどのメーカーが一番乗りして覇権《はけん》を握るか、その勝敗結果がもたらす影響がきわめて大きいだけに、一九九九年ごろから沈黙がはじまっている。情報が流されるのは、メーカー側が一方的に設定した発表時だけである。開発は確実に最終コーナーを曲がったのである。

先頭を走ってきたのが前評判の高いドイツのダイムラー・クライスラーであるが、これを日本のトヨタと本田が急激な追い上げで迫り、甲乙つけがたい状況である。少しおくれてGMやフォード、BMWもがんばっている。

だが、最終局面で予想外のことが起こるとすれば、スピード開発で過去に何度も出し抜いた経験を持つ本田がトップでゴールインするかもしれない。

燃料電池自動車とは、水素自動車のことでもある。

先に紹介した燃料電池自動車「ネカー」2は、開発したのがベンツだっただけに、世界中で大いに注目を集めた。「NECAR（ネカー）」とは、New Electric Car の略である。

ベンツは記者発表で、「革命的な自動車を紹介」として、「大気汚染物質排出ゼロ」「世界中でもっとも環境に親切な自家用車」と強調、さらに、「日常の条件下において作動する燃料電池を搭載した世界初の自動車」「開発は期待以上にハイスピード」とも述べた。

ベンツは、一九九一年からカナダのバッテリー・メーカーであるバラード・パワー・システム社と共同で研究に取り組んだ。そして、一九九四年に第一段階として「ネカー」1を発表した。このときベースになったのは、バン・タイプの「トランスポーター」MB180で、車内空間のほとんどは燃料電池など駆動装置で占められていた。そのため、運転手と助手は乗れても、それ以外はなにも積むことができない、たんなる〝移動する実験車〟にすぎなかった。

ところが、それから二年後の一九九六年に登場した「ネカー」2は、ひとまわり小さな六人乗りRV車をベースにしている。それも、屋根部にガス・タンクをおき、最後部座席の下に公称五〇キロワットの燃料電池システムと空気コンプレッサーを収納しているため、六人を乗せられ、最高時速一〇〇キロ以上で走ることができる。一回のガス補給での走行距離は、「ネカー」1の約二倍の二五〇キロ以上といわれた。

「『ネカー』2を見れば、わずか二年間にいちじるしい進歩があったことがわかります」とベンツ社自身が強調するように、問題だったシステム装置の出力あたりの重量が五分の一に小型化され、簡素化された。

ベンツでは、一九九七年五月に、水素を直接の燃料とする方式の定期路線用バスの燃料電池自動車も発表した。一般的な路線バスの一日の走行距離は一五〇キロ前後だが、この燃料電池バスの走行距離は二五〇キロで、十分に実用可能だとして、実際の試験運行を繰り返した。良好な結果を得て、二〇〇二年からドイツのシュツットガルトやイギリスのロンドンなどヨーロッパの一〇都市で合計三〇台を販売し、走行させる計画を進めている。人口密度の高い街中を走る路線バスの排気ガスは、大気汚染の大きな原因になるだけに、ベンツの試みは、燃料電池車の実用化に道を開くものとして注目されている。

燃料電池実用化への障害

燃料電池の原理自体は、すでに百五十年前から研究されている。理科の実験でもおなじみのように、水を電気分解すると酸素と水素が出る。この反応を逆にし、水素と酸素を結合させて水にするときに発生するエネルギーを、燃料として利用しようというのである。

水素は燃えても有害物質を出さず、水を残すだけなので、きわめてクリーンな燃料といえる。しかも、希薄燃焼が可能なため、熱効率も高く、エンジンの基本構造もガソリンエンジンとさほど変わらない。

いいことずくめにもかかわらず、これまで実用化されなかった理由は、水素には爆発の危険があり、取り扱いがむずかしいからである。また、水素は密度が薄いために、タンクを非常に大きくしなければならない。移動する自動車に大きな水素タンクを搭載していたのでは、効率の面からも不利である。

そこで、利用方法の一つとして、細かい粒の特殊な合金に高圧の水素を接触させ、固体化して吸収させる方式が開発された。この水素吸蔵合金に吸収された水素は、加熱することで放出される。

別の方法は、水素の沸点であるマイナス二五三度以下の超低温の液体状態で貯蔵して利用する方法である。しかし、超低温の水素をそのまま保つためには、断熱構造にしておく必要があり、コスト高となる。さらに、水素はもれやすく、異常燃焼しやすいなどの問題もあって、実用化の障害となっている。

発電機部分を燃料電池におきかえたという意味では、燃料電池自動車は直列型のハイブリッド・カーともいえる。ハイブリッド・カーは、いわば小型の自家発電所を搭載している電気自動車のようなものである。ところが、燃料電池車では、電気自動車のようにバッテリーに充電する必要はなく、ガソリン車のように燃料を補給すればよい。

燃料電池内では、水素と酸素の化合は低温で行われ、熱効率は五〇〜六〇パーセントもの高率であり、ガソリンエンジンの熱効率がせいぜい三〇パーセント前後であることからして、大幅に上まわっている。

水素吸蔵合金は水素を吸蔵するときには熱を発し、放出するときは熱を吸収する。この性質を利用して、後者は車内の冷房に利用し、燃料電池が発生する蒸気は暖房に利用する。一般の電気自動車のように、冷暖房のために電力を消費し、結果的に走行距離を短くしてしまうという弱点を克服することができる。

日本では、三十年近く前から武蔵工業大学が開発に取り組んでおり、一九九四年に日野自動車と共同で、液体水素を用いた直噴エンジンを搭載したトラック「武蔵9号」を完成させている。このほか、マツダが以前から熱心に取り組んでいたロータリーエンジンをベースにした水素エンジンを発表している。

いずれにしても、走行に必要な水素量を確保するのはかなり高くつくため、問題はいかにコストダウンが図れるかである。ベンツやクライスラーが取り組んでいる燃料電池は、こうした問題を解決しようとする試みでもある。

航空宇宙からの技術移転

「ヨーロッパ、アメリカ、極東を問わず、自動車分野の企業の中で、燃料電池の研究開発活動が当社のレベルに達している会社はどこにもない」

ベンツの研究開発担当重役ハルトムート・ボレイ教授は、そう自負した。燃料電池の研究でベンツが先んじている要因としてベンツグループ内の航空宇宙部門のドルニエ社の存在が大きい。電解質の種類によって燃料電池はいくつかのタイプがあるが、リン酸の電解液を使うリン酸型は、最近ではビルのコ・ジェネレーション用とか離島の発電用などに使われている。

高分子膜を使った自動車用の燃料電池は、もともと宇宙船の電力源として開発されたものである。宇宙ロケットには燃料や酸化剤として酸素や水素が搭載されており、利用しやすいからである。両者の化合によって生成された水は、宇宙飛行士の飲料水として利用できる。

ドルニエ社は早くから欧州宇宙機関（ESA）の宇宙飛行プログラムで、燃料電池の開発に参画《さんかく》してきた。この技術を移転し、自動車固有の研究開発に統合するという学際的協力によって実現したものである。

「十年早まった実用化」

一九九七年一月、北米国際自動車ショーでクライスラーとGMの部品事業部であるデルファイが共同で燃料電池自動車の開発を進めると発表した。彼らはベンツが進める燃料電池車の問題点を、次のように指摘している。

「現在、水素は実用的な燃料でないため、ガソリンを搭載した車から水素を処理する必要があると考えている。つまり、一般市場に水素を供給する補給スタンドがないからだ」

ベンツの方式では、たとえ燃料電池自動車が開発されても、水素をガソリンのように簡単に補給するためのインフラが急に整備できるわけではない。これでは、ユーザーにとって不便だし、経済的な見地からも問題があり、非現実的というわけだ。

それに対し、クライスラーが提案する燃料電池は、ガソリンスタンドで補給したガソリンから水素を抽出するというものである。いくつかの化学反応を経ることで、ガソリンから水素と水と二酸化炭素が生成される。二酸化炭素は排出までに完全に除去するという。

したがって、既存のインフラがそのまま利用でき、車に搭載するにも、ガソリンのほうが水素より容積が少なくてすむから有利で、経済性にも優れていると強調している。

クライスラーは二年以内に車両用のガソリン燃料処理装置をもつ燃料電池を実現し、試作モデルは、従来の推定より十年早く、五年以内に完成する可能性があると発表した。

このように、実用化が二十年以上先とみられていた燃料電池自動車の開発がかなり早められ、世界の有力メーカーが競い合うようになってきたこと自体が重要である。

一方ベンツは、一九九七年十月に幕張メッセで開催された東京モーターショーに燃料電池自動車「ネカー」3を参考出品した。「ネカー」2をさらに小型化させて、燃料電池を小型車のAクラスに搭載したもので、それまでの水素吸蔵合金にかわって、取り扱いも技術的にも比較的容易な液体燃料のメタノールを使っていた。

メタノールをリフォーマー（改質器）によって水蒸気改質することで生成された水素と、大気中の酸素が、燃料電池内で反応するときに発生する電気エネルギーで駆動して走行する。「ネカー」3では、これまで必要とした大きな水素タンクや電気エネルギーを蓄えるバッテリーが必要なく、リフォーマーをAクラスの後部に設置し、車上で直接水素を生成して燃料電池に直接供給できる。だが、燃料タンクと水タンクに後部のスペースがとられて、二人しか乗れないのが実状だった。

性能が向上した「ネカー」5

一年五ヵ月後の一九九九年三月、ダイムラー・クライスラーは五人乗りで最高時速一四五キロ、走行距離は四五〇キロを実現したAクラスの「ネカー」4を発表した。メタノール改質の「ネカー」3とは異なる形式であり、極低温シリンダーに格納した液体水素を搭載した燃料電池システムで、これらは車両のフロアパネル全体に組み込まれており、ガソリン車の駆動力にさらに近づいたという。

同年の年末には、「ネカー」3をさらに向上させた「ネカー」5を発表すると予告したが、

メルセデス・ベンツ「ネカー」3

翌年五月に延期にすることになった。ところが、実際に発表されたのはさらにおくれた十一月になったことから、メタノール改質の性能アップがむずかしくて、苦戦しているのではとのうわさが飛んだ。予告より一年おくれで「ネカー」5が登場した。

ベルリンのほぼ中央にあるポツダム広場に集まった二五〇人の報道陣を前に、「ネカー」5を披露したシュレンプ会長は、「われわれが進めてきたメタノール改質の方式がもっとも有望である」と自信満満の調子で語った。この披露に招待されたシュレーダー独首相も「ドイツ自動車産業の革新力の強さをここに実証してみせたことを誇りに思う」と語って、ドイツ政府としてもメタノール改質の方式をバックアップすることを表明し、シュレンプ会長と力強い握手を交わした。

最高時速が一五〇キロを実現した「ネカー」5の燃料電池には、この分野で断然リードしているカナダのベンチャー企業でベンツが二〇パーセント出資しているバラード社の「マーク900」が搭載されている。

マーク900はこれまでのマーク700型より出力が五〇パーセントも向上し、しかも、量産を念頭においたきわめてコンパクトなシステムにまとまっており、「ネカー」3の半分の容積になっている。だがそれでも、もう一段のコンパクト化が必要だという。それと同時に、三〇〇キログラムの軽量化がなされ、モーターや燃料電池の性能もアップされたことで、その分、走行性と加速性能が向上した。

これまで、メタノール改質の燃料電池自動車で未解決の問題の一つとされてきたことは、起動時に改質のための時間がかかって、車をスタートさせるのに三分から二十分も待たなければならなかった。

「ネカー」5では、後部座席の付近にセットしてあるニッケル・水素電池で、あらかじめ改質器をあたためておくことで、起動時間を大幅に短縮したが、それでも三分かかる。しかし、「実験レベルでは、一五度の外気温で一・五秒で、零度ならば四秒で起動した」と開発担当者は述べており、近いうちに解決する自信は十分にあると語る。燃料電池プロジェクト統括のフエルディナンド・パニックは「燃料電池はまだ開発段階だが、数年後の実用段階では、一回の充塡《じゅうてん》で五〇〇キロ以上を走り、あらゆる点で既存の内燃機関と同等レベルの性能に達するし、快適性や効率、対環境では上まわるものになる」と自信のほどを示した。

「ネカー」3の燃料電池システム

一九九七年、ベンツのエープナー副社長は「最初に発売したメーカーが燃料電池車の市場ルールを決定することになる。ベンツはどのメーカーよりも早く発売したい」と自信のほどを示すと同時に、先陣を切ることの重要性も強調した。

前年、ベンツは「燃料電池はもはやたんなる遊び半分の技術装置ではない」とし「十年から十二年後には量産が可能」と発表していたことからすると、かなり早まり、その熱の入れ方と開発の急進展がうかがえる。

トヨタの意気込み

一方、日本では、一九九六年十月、トヨタがRV車の「RAV4」に、水素吸蔵合金を使った燃料電池を搭載した燃料電池自動車を発表して注目を浴びた。

続いて、一九九七年十月東京モーターショー（幕張メッセ）でトヨタはベンツと同じく改質器を搭載した、メタノールによる燃料電池自動車を発表した。しかも、これには電気自動車やハイブリッド・カーと似てエネルギー回生用バッテリーが搭載されており、制動時にエネルギー回生をして燃費をよくしようとしている。

一九九九年十月の東京モーターショーでは、さらにコンパクト化と軽量化、そして性能を向上させた独自の陽子交換膜を用いた燃料電池システムを展示した。すでに実用化している「プリウス」でつちかったハイブリッド技術を取り入れて合体した点が注目された。

燃料電池自動車もまた、ハイブリッド・カーでのガソリンエンジンとバッテリーでモーターを動かすときの関係と同じである。だから、トヨタの開発責任者は「燃料電池においても、ハイブリッドのシステムは絶対に必要であり、その点で、プリウスを実用化しているトヨタは他社より有利である」と強調する。

ダイムラー・クライスラーやGM、フォード、本田など世界の有力自動車メーカーが一様に、燃料電池の開発でトップを走るバラード社から燃料電池システムの技術供給を受けているのに対して、トヨタは独自に開発する力を有していることを証明してみせた。

「燃料電池の開発でバラード社に対抗できる一番手はトヨタ」というのが業界関係者の一致した見方である。

そのトヨタの燃料電池に賭《か》ける意気込みは並々ならぬものがあって、アイシン精機などトヨタグループ各社を総動員した開発体制を敷いており、総勢三五〇人に達すると語る。

年間に費やす研究開発費は数百億円もの巨額にのぼり、代替エネルギー車の開発がいかに金のかかるかが想像できよう。だから、日本の自動車メーカーでは利益が突出しているトヨタと本田がこの分野で大きく先行できて、他社が出おくれているのも無理ないのである。

現在のところ、トヨタはメタノール改質と水素吸蔵合金それにガソリン改質の三タイプを開発しており、将来、どれが主流になっても対応できるようにそなえている。

ちなみに、メタノールは埋蔵量が石油よりも多い天然ガス、あるいは石炭や生物資源を原料とするので、石油にかわる代替エネルギーとして、資源的な制約が少ないのが利点である。

そんなトヨタは、この東京モーターショーにおいて、GMとのあいだで環境技術にかんする提携を行うと発表し、ハイブリッド・カーや燃料電池自動車を共同開発することで合意した。トヨタ側はすでに量産しているハイブリッド・カーの技術をGMに供与するもので、一見、後者が利する提携のように思えるが、別の思惑もあった。

実はGMが最近になって力を入れて進めている燃料電池自動車の方式は、これまでトヨタやダイムラー・クライスラーが発表してきたメタノールではなく、ガソリンを改質して水素を取り出す方式である。そんなGMとトヨタがなぜ燃料電池車の共同開発でも合意したのか。

GMもまた以前から燃料電池そのものやそれを搭載した車の開発を進めてきたが、それらはトヨタと同様に、メタノール改質式であったり、二〇〇〇年六月に試乗会を開いたときは、マイナス二五三度の液体水素をタンクに貯蔵する純水素を燃料とする試作車だった。シドニーオリンピックのマラソンで先導車を務めたのも後者の車だった。

ところが、二〇〇〇年八月、米ミシガン大学で行われた自動車コンファレンスで、GMはエクソンモービルと共同開発したガソリン改質器を披露し、同時に、一年半以内にこのシステムを搭載した燃料電池車の走行試験を実施する予定であると発表したのである。

GMのガソリン改質方式

ガソリンを燃料として水素を発生させる方式の燃料電池車が可能であることは以前からわかっていて、各社は可能性を追求する研究を進めてきた。だが、実用化するにはいくつかの難点があり、もっとも問題とされたのが改質に要する温度の高さだった。メタノールの改質に要する温度は約三〇〇度だが、ガソリンでは八〇〇度くらいになるので、それだけ扱うのが厄介になるし、周辺の装置も複雑になって効率も落ちるし、コストも高くなるデメリットがあった。

しかも、排気ガス対策とはなっても、メタノールや純水素を原料とする他の方式と比べて、ガソリンが燃料だけに代替エネルギー車ではなくなる。

それでもなぜ、ガソリンを燃料とするのか。

それにはいくつかの理由がある。その一つは、自動車向けのガソリンは全石油消費量の三分の一を占めており、これがなくなると石油産業は大打撃で、衰退につながりかねないからだ。

強い危機感をつのらせるアメリカの石油メジャーは政治力もあり、ガソリン改質の開発をあと押しして巻き返しを図ろうと、GMそしてアメリカ政府などにはたらきかけたのである。

燃料電池の燃料の本命がメタノールであるかのような空気が支配的になってきていた一九九七年の東京モーターショーには、トヨタとベンツがメタノール式の燃料電池車を展示発表することになっていた。その直前、石油メジャーは危機感を抱いて、米エネルギー省長官を動かして、先のPNGV計画で石油を燃料とする改質装置の技術がいかに進んでいるかをアピールする記者発表を強引に行わせるといった一幕があった。

こうした背景もあって、GMは急速にガソリン改質に傾斜するのだが、それに加えて、インフラの問題と、ガソリン車に匹敵《ひってき》するような燃料電池車がいつごろ開発され、何年ごろから量産され、主流となっていくのか、その時期の問題がからんでいた。

〝脱石油の切り札〟〝究極のエコ・カー〟と騒がれ、マスコミではたびたび取り上げられて話題を振りまいてはいる燃料電池車だが、実際には、真の実用化はまだまだ先の話である。カリフォルニア規制になんとかまにあわせてメンツを保とうと、先頭グループを形成する各社が、二〇〇三年から〇四年にかけて商品化すると言明している。

だが、各社ともコスト的にはとても採算に乗らないし、性能的にも十分ではないだろうから、その数はせいぜいが数百台から数千台どまりで、実際に普及そして量産化して、商品として成り立つのは二〇一〇年以降であるとみている。そのころともなるとようやく万の単位で生産する可能性も出てくるとしている。

ここで、現在時点において、有望と思われている燃料電池自動車の三つの方式について解説しておく必要があろう。

燃料自動車の三つの方式

一つ目は、トヨタやベンツ、GM、BMW、本田などがそろって最初に手をつけた車載のタンクなどに貯蔵した純水素（液体水素や水素吸蔵合金や水素ガスなど）を燃料として供給する方式である。二つ目はメタノール改質、三つ目はガソリン改質である。

この三つの研究開発が進展したことで、実用化が目前に迫ってきた現在、燃料電池車にかんしては次のような共通認識がある。

二十年後か三十年後かはわからないが、ともかく、純水素を搭載する方式は、改質器も必要がなくて駆動装置がもっともシンプルになり、しかも汚染がきわめて少なく、エネルギー効率も高いので、最終的な姿としてはこれが最適である。

しかし、いまよりも水素を高い密度でたくさん貯蔵できなければ走行距離や速度などの性能がガソリン車並みに得られないが、そのための技術開発にはかなりの時間がかかるとみられており、それを実現するのは二十年後、三十年後とする見方がある。となると、その間の、ガソリン車からの移行期間をなにでもって代替すればもっともスムーズで、しかも無駄な二重投資が最小限ですませられるかが焦点となっていて、論争が起こっている。

燃料電池以外では、ガソリンを使うとはいえ、「プリウス」などで実現しつつあるハイブリッド・カーが現実的であるとする見方や、石油より埋蔵量が多くて、当分は利用できる天然ガスを燃料とするCNG車が有望とする考え方もある。

燃料電池に絞ってみれば、先のメタノール改質は、現在の石油に依存するエネルギー体制からの脱皮ができて、改質温度も低く、かなり高い効率、性能を得られる段階にまで到達していて実現性は高い。もちろん、ガソリンと比べて有害物質の排出はきわめて少なくて環境に対する負担も少ない。

ところが、純水素の搭載もメタノール改質の方式もともに、現在のガソリンスタンドにかわる燃料供給のインフラを新たに整備しなければならず、多額の投資が必要となる。

メタノール改質を採用してインフラを整備すると、このあと純水素の方式に移行するとき、メタノールのスタンド設備などは不要となり、そのうえ、純水素の新たな設備をまたつくらなければならず、これでは二重投資になって非現実的というのだ。

その点では、ガソリン改質ならば、既存のガソリンスタンドが使えて、インフラの二重投資は起こらない。だから、ガソリン改質が現実的な選択であると、石油メジャーやGMは力説するのである。

業界標準の獲得競争

現在、ガソリン改質が現実的で有望な選択であると強力に主張しているのは石油メジャーとGMであり、これにトヨタや日産が賛同しつつある。

一方、メタノール改質が最良と主張しているのはダイムラー・クライスラーや米フォード、ドイツ政府である。ダイムラー・クライスラーの燃料電池プロジェクト部門のディレクター、ヨハネス・エブナーは、ガソリンと比べてメタノールの排ガスのクリーン度は高く、しかも、「石油の世界需要は二〇一〇年ごろから産出を上まわるため、石油代替を真剣に考えて、天然ガスや生物資源を原料とするメタノールを採用すべきである」と主張する。

いまのところ、この両者が世界を二分して、わが方式こそベストな選択と主張し合って譲らず、真っ向から対立しているが、これはデファクトスタンダード（事実上の業界標準）の獲得をめぐる戦いである。かつてのビデオディスクで演じられた、ベータ方式か、それともVHS方式に統一すべきかのデファクトスタンダードをめぐる熾烈《しれつ》な戦いと同じである。

企業、国家間への影響

たんにどちらの陣営が業界標準の獲得競争に勝利するかといった次元の問題だけではない。核となる燃料電池システムの特許も含めたキーテクノロジーを自動車メーカーが開発し量産するのか、それともバラード社など、異業種の企業なのか。それによって、これまでの自動車メーカーと燃料電池メーカーとの力関係が変わり、主従関係も異なってくる可能性がある。

それはコンピュータのように、かつては圧倒的な強みを発揮していたＩＢＭが、パソコンによるダウンサイジングの波をもろにかぶって、そのキーテクノロジーとなったＣＰＵやソフトの開発および生産の覇権をインテルやマイクロソフトに完全に握られてしまった。そうしたことが、ガソリン車から燃料電池車に転換するさいにも起こって、バラード社のような異業種から参入したメーカーが急に台頭してくる可能性も否定できない。

もちろん、現在の時点で、どちらかに性能を飛躍的に高める技術のブレークスルーが実現すると、情勢は一気に変化して、片方の流れへと向かう可能性もある。

トヨタがメタノールからガソリン改質へと乗り換えつつあるのは、インフラの二重投資を考慮しての判断もあるが、石油メジャーやＧＭの国際的政治力の大きさを念頭においたからであり、やがては米政府もこの方式をバックアップすると見込んでのことである。

政策決定では、つねにアメリカがどう動くか、それに〝右へならえ〟で自らの判断を下してきた日本だが、やはりガソリン改質に大きく傾きつつある。

二〇〇一年一月二十二日、資源エネルギー庁長官の私的研究会「燃料電池実用化戦略研究会」（座長・茅陽一）が発表した最終報告では「（ガソリン改質は）追加的な燃料インフラ整備コストも不要であるため国民経済的にも利点がある」と断じている。

この決定へと議論を方向づけしたのは業界リーダーのトヨタと日石三菱だったといわれてい

る。経済産業省もその方向である。石油をまったく産出しない日本と、産出国であるアメリカとは、エネルギー事情あるいはエネルギー安全保障の面はかなりおかれた条件が異なるはずだが、アメリカ追随《ついずい》の姿勢が目立つのは疑問の残るところであるが、その一方で、いつもの行動様式ともいえる。

どちらにしても、政府もトヨタも勝ち馬に乗ろうとの判断である。その一方、トヨタはメタノール改質や純水素の方式も並行して開発を進め、もし決定が逆転された場合にも備えて、すぐさま対応できるように、二股《ふたまた》をかけているのである。

売り上げに占めるアメリカ市場の割合が大きい本田もまた、両睨《りょうにら》みでの開発を進めている。

先行するトヨタ、本田、ベンツ

二〇〇〇年十一月一日、米カリフォルニア州のサクラメントで、各社の燃料電池自動車が一堂に集まっての走行実験がはじまった。実験は二〇〇三年にかけて行われるが、参加したのは、燃料電池自動車の官民プロジェクト「カリフォルニア・フューエルセル・パートナーシップ」に加わっている日、米、独、韓国の七社で、新たに加入したトヨタを除くダイムラー・クライスラー、フォルクスワーゲン、GM、フォード、本田技研、日産自動車、現代《ヒュンダイ》自動車などの試作車である。

初日のこの日は、一般公道を四時間のデモ走行することになっていたが、スタート直後に現代の車がトラブルを起こしてリタイヤした。そのあと、各社の車もトラブルが続出してリタイアが相次いだが、本田は四時間を無事完走した。

二〇〇一年三月三日、日本でも公道を走る初の実験が行われた。横浜市のみなとみらい地区の公道で経済産業省の外郭団体である石油産業活性化センターの合図でダイムラー・クライスラーの「ネカー」5とマツダの燃料電池車が静かにスタートした。「ネカー」5は加減速をたびたび繰り返しながら一・五キロを走り終えたが、マツダの試作車は電子制御システムのトラブルで走行を中止せざるを得なかった。

これまで各社は、燃料電池車の最高時速が一四〇キロに達したとか、一回の燃料供給で四〇〇〜五〇〇キロメートル走れると発表してきているが、公開の走行実験をみるかぎり、速度も出ず、おそるおそるの走りで、きわめてデリケートであって、おぼつかないものだった。

フォードと共同で開発しているそのマツダは、汚名《おめい》返上とばかり、六月十二日、やはり横浜で走行実験を公開し、最高時速は七〇キロが可能であるという。

七月十八日には、トヨタが国内の自動車評論家らを招いて、燃料電池車「FCHV―4」の試乗会を開いた。トヨタが社外の人間に燃料電池車を運転させるのはこれが初めてで、試乗した評論家からは、その仕上がり具合の高さにだれしもが驚きの声をあげていた。

本田もまた同月二十三日、栃木研究所に評論家らを招いて、燃料電池車「EVプラス」の試乗会を開いた。本田はすでに二年前に試乗会を開いており、前年十一月からアメリカの公道で走行実験を繰り返してきて、合計六〇〇〇キロを走ってきただけに、余裕の走りで、成熟してきているとの評価であった。

こうした走行実験から推察しても、燃料電池車開発の進捗《しんちょく》状況は、ハイブリッド・カーですでに量産車を発売している実績を持つトヨタと本田が先行しているとの評価もあり、これにダイムラー・クライスラーがぴたりとつけている。

燃料電池車の登場は、たんに自動車の動力源が変わるといった技術変化や自動車メーカー間の競争といった一産業内での問題だけではなく、世界の国々のエネルギー政策や覇権、エネルギー資源の問題、産業間の駆け引きなどもからむだけに、これからの数年は目が離せない日々となろう。

いま世界では、代替エネルギーとしての水素エネルギーの利用に向けた研究開発が、自動車だけにかぎらず、さまざまな分野で進められ、裾野《すその》を広げつつある。

石油にかわって水素を重要なエネルギーとする産業社会が燃料電池車をひとつの契機として到来する可能性も十分にある。

終章　自動車時代の文明史的転換

世界の車事情

ヨーロッパの玄関口、パリのド・ゴール空港に降り立ち、凱旋門《がいせんもん》前の中心街に向かうリムジン・バスの中から隣の車線や対向車線を走る車を見下ろしていると、大型車の数が極端に少ないことに気がつく。日本のように、街中を三〇〇〇ccクラスのオフロードRV車が頻繁《ひんぱん》に走っていることもほとんどない。

ヨーロッパ各国の主要都市や田園地帯を走っていても、個性的なデザインの車とすれ違い、思わず目を奪われることはあるが、やはり大型乗用車は少ない。背伸びしない、つつましやかな生活にマッチした車が多いことを知らされる。

大西洋を渡り、旧〝ビッグ3〟の本拠デトロイトの空港に降り立ち、ターミナル前の駐車場を見渡すと、ここでもかつてのような大型乗用車は影をひそめていることを知らされる。それに、日本のように車をかわいがるような風潮は感じられず、汚れたままの姿で、たんなる道具、人間の足がわりに使われている。

それでも、大都会ニューヨークへと足を踏み入れると、五番街あたりには、乗用車を二台つなげたかと思わせるほど大きなリムジンがよく目につく。この黒光りする車が、ビル街にはためく星条旗の下を悠然《ゆうぜん》と走り抜けていく光景は、いかにも自動車王国アメリカの自信を思わせるものがある。もっとも、こうした光景がいつまで続くだろうかとも思えてくる。

一方、南アジアのインドに目を転じると、光景が一変し、車はまったく違った顔を持ってくる。同国はつい数年前まで、長きにわたって外国の自動車メーカーを閉め出していた。そのため、黒ずんだ地味な色の国産乗用車「アンバサダー」が走っている。それも、日本では見かけることもないほど古い車が多い。

そんな世界のさまざまな車のある風景をながめてきたあと、日本に戻ってくると、世界のどの国よりも、新しく、ピカピカに光った車が多いことを改めて知らされる。

トヨタ変身の意味と背景

日本の自動車産業の現状をみると、この数年、トップ・メーカーであるトヨタの積極経営が目立っている。それも、全方位に向けての展開である。

これまでのトヨタは、新しい技術やこれまでにないコンセプトの車を発売するときも、公害対策や対米あるいは対中国進出などでも、いつも二番手か三番手につけ、石橋を叩いて安全を確かめてからでないと乗り出すことをしなかった。それが、九〇年代半ばになって、二十一世紀をにらんだ新機軸を、他社に先がけて立て続けに打ち出した。

一九九六年に掲げた「国内販売シェア四〇パーセント達成」の目標を突破し、毎月のように新型車を発表し、その総合力はきわ立っている。その後も手をゆるめる気配はなく、今日までほぼ同じペースで新車発表を続けている。トップ企業が持ちうる量産効果を生かして、利益率のよさでは他社から抜きん出ているが、これをさらに大きく引き離して、国内市場で磐石《ばんじゃく》の体制をつくり上げつつ、国際市場でのメガコンペティションに向かう足腰も強くしていく戦略だ。あとに続く国内メーカーは、追いかけるのに必死で、息切れが目立っている。資金力、人材、総合力で対応することができず、大きく引き離されている。

また、「エコ・プロジェクト」キャンペーンのテレビCMを盛んに流し、新聞の全面広告をたびたび打って、大々的に展開したりしている。これは、従来からなされていた、たんなる企業イメージを高めるための宣伝ではない。

世界の趨勢《すうせい》からして、自動車メーカーとして自らを今後とも存続、発展させていくためには、待ったなしに迫られている地球環境対策、省エネルギー、代替エネルギー車への転換などを、よりスピードアップして推進していかなければ、メガコンペティションを勝ち抜いていくことはできない。それにもかかわらず、日本国民はヨーロッパの国々と比べて危機意識が希薄《きはく》である。

つねにあと追いだったトヨタが新たな時代に適応し、先頭に躍《おど》り出ようとするなら、まずは消費者の意識を啓蒙《けいもう》しておかなければならない。そうしておかないと、拒否反応にあって空《から》まわりするおそれがある。そうした意味も含んだキャンペーンであると思う。

と同時に、環境対策や代替エネルギー車の開発では巨額の投資が必要となるが、国内他社は、トヨタの余裕資金に比べてあまりに格差があって汲々《きゅうきゅう》としているため、追随《ついずい》できない。それを十分に計算しながらのCMであり、新しい時代の要請である環境対策において取り組む姿勢の違いをきわ立たせ、ここで一気に引き離しつつある。

それは、自動車が二十一世紀において大きく方向を修正せざるを得ない、その助走段階にあることを教えている。その具体的なあらわれの一つが、先のハイブリッド・カー「プリウス」を量産販売したことである。たとえ一〇〇〇台を量産しても赤字であることを承知していながら、それでもあえて発売することで、環境対策においてトヨタが世界から一歩抜け出るという決断を首脳陣が行い、ハードルを実際に越えてみせたことである。

その上に立って、プラットフォームを共通化させた低燃費の世界戦略車「ヴィッツ」を自信を持って世界各国に投入し、「世界のトヨタ」の存在感を見せつけている。

日産の改革

一方、経営破綻《はたん》をかろうじて免《まぬか》れた日産は、一九九九年三月、ルノーの資本参加とともに資金的テコ入れを受け、再建請負人のカルロス・ゴーンを最高執行責任者として迎え入れた。

提携から七ヵ月後、ゴーンは日産社内の意見を吸い上げつつ、大リストラ策となる「日産リバイバルプラン」を策定して発表した。主力の村山工場をはじめとする国内五工場——車両組み立て工場三ヵ所とパワートレイン工場二ヵ所のラインの閉鎖や、グループ全体の一四パーセントにあたる二万一〇〇〇人の人員削減、関係会社の株式の大部分を売却し、取引先もほぼ半分にするもので、内外の予想を超える思い切った内容だった。

ゴーンが問題としたのはつぎのような実態だった。

トップ・メーカーであるトヨタを追随することに終始して、身の丈を超えるほど多くの車種をそろえたために、設備も人員も過剰となって採算を悪化させた。そのうえ、技術偏重でブランド軽視は否《いな》めず、つくり手側の一方的な押しつけばかりが目立っていた。

官僚化した縦割り組織にともなう各部門のセクショナリズムもあって硬直化し、大企業病に陥《おちい》って、日本的な年功序列と終身雇用の慣行から抜け出ることができずにいた。

また、時代が変わりつつあっても、日本的経営の慣行でもある系列取引や株の持ち合いなどをそのまま引きずっていた。グローバルな時代に重要な海外展開では、一九八〇年代初めから進めた施策がすべて拙《つたな》く、その後の業績の足を引っ張って赤字を累積させてきた。

ゴーンは歴代トップと違って、こうした日産の現実と、これまで赤字のたれ流しと先送りしてきた体質を隠すことなく開示して、社員に危機意識を持たせて、改革のモチベーションを高める方策を打ち出した。

ゴーンはリバイバルプランの断行によって、一年半後の二〇〇一年三月末までに黒字化すると宣言して、もし実現しなければ自ら退陣するとの決断を公言した。

それから一年半後、日産はV字回復して、大方の予想を裏切り、黒字決算を実現させた。好業績に大きく寄与したのは、資産売却や人員削減の効果もあるが、それより、〝コストキラー〟と異名をとるゴーンが推し進めた部品メーカーや下請けへの一律三割のコストダウン要求の効果が絶大で、利益率の向上に結びついた。

リバイバルプラン発表から二周年を迎えた二〇〇一年十月、九月連結中間決算の状況を発表したが、利益は二三〇〇億円で、上半期としては過去最高を記録した。

ゴーンは誇らしげに語った。「計画を上まわる勢いで有利子負債を（一四九〇億円）減らしている」として、負債残高は七〇〇〇億円まで引き下げるとの公約達成を二〇〇二年度上半期に前倒しする見通しである。

これまでの「日産は復活した」からさらに前進する「日産は走っている」と言われたいとも述べた。

しかし、上半期の世界販売台数は一二九万台で、前年同期の四パーセント減となっており、新車の投入はひところより増えつつも、めぼしいヒット車に恵まれていない結果でもある。その意味では、二〇〇二年二月に予定している世界戦略車の新型「マーチ」やスズキから供給を受けて初めての発売となる軽自動車の売れ行きが注目される。

その一方で、筆頭株主のルノーへは「互いに資本参加し合っていなければバランスがとれた関係構築ができない」として、出資する考えを明らかにした。

勢いのあったルノーも、最近は低迷しており、両社の関係を、対等な立場とするためにも、好業績を受けて、日産が出資比率で一五パーセントの出資を決めた。

こうした日産の荒療治に基づくV字回復について、トヨタ会長の奥田は、「もう少し長い目でみないと、成果については判断を下せない」としている。

当面する赤字脱却をなにより第一としたため、なりふりかまわずの一連のリストラや、日本的慣行を無視した強引なコスト削減要求や系列取引の崩壊は歪《ひず》みを生んで、数年後にその反動があらわれると指摘する。

ともあれ、日産は復活をとげたが、それにしても、海外展開の失敗、労働組合との確執で低迷の要因をつくった石原俊社長の退陣から十数年、その間、久米豊、辻義文、塙義一と三代の社長が続いた。だが、問題の所在はわかっていながらも、日本的しがらみで身動きがとれず、決断もなし得ずにずるずる事態を悪化させていく日本人トップに対して、グローバル化した時代の経営とはどうあるべきか、剛腕《ごうわん》のゴーンは手本を見せたのである。

もともと技術ではルノーをかなり上まわるといわれながら、その底力を日産の歴代社長は有効に生かし切れなかったことをゴーンの改革は如実《にょじつ》に見せつけている。

自動車産業の新たなステージ

それにしても、自動車業界を取り巻く情勢は大きく変わってきた。地球温暖化、大気汚染などの環境対策、資源枯渇《こかつ》対策に与えられた時間的猶予《ゆうよ》も少なくなってきた。こうした現実に対し、自動車業界がなんらかの手を打つ必要があることは明らかであろう。

大気汚染の大きな要因の一つは、自動車からの排気ガスである。地球環境に対して有効な対策が打てるタイムリミットは、地球温暖化防止条約会議の京都議定書で定められた二〇一二年までに達成すべき二酸化炭素ほかの規制値も念頭におくと、二〇〇五年から二〇一〇年となる。代替エネルギー車はインフラも含めて二〇一〇年から二〇一五年ごろには完成させておく必要があろう。

しかも、世界の自動車産業は、メガコンペティションの時代に入り、サバイバル・ゲームを勝ち抜くためにも、排ガスの大幅低減、燃費の向上、代替エネルギー車の開発などが急務となってきた。

アメリカの国をあげてのPNGVプロジェクトなど、欧米では、二十一世紀をにらんだ先進的な取り組みが行われていた。それに対し、日本はすべての面で欧米のあと追いであり、自らの理念に基づく政策や方策はなにも打ち出していない。日本政府や同業他社と歩調を合わせていたのでは、世界のメガコンペティションから取り残されてしまうだろう。

そうした危機感のもとに、日本国内での次元を超えて、技術面でも事業展開でも先頭に躍り出ようと一気に勝負に出たというのが、トヨタ変身の意味と背景である。

ヨーロッパの高級車メーカーであるベンツもまた、自らのアイデンティティを否定するかのように、小型車あるいはミニカー（エコロジー・カー）の量産に乗り出して世界を驚かせている。のみならず、次世代の燃料電池自動車の開発でも世界の先頭に立っている。

さらに、業界の先陣を切ってクライスラーとの大型合併を実現させ、三菱など各国のメーカーを傘下におさめて、世界戦略を推《お》し進めつつある。

トヨタとベンツの変身はともに共通した時代認識のもとに決断が行われたものであり、二十一世紀が新たなる自動車の世紀でもあることを踏まえつつ、世界の自動車産業が変身せざるを得ないことを教えている。

自動車王国の方向転換

そうした目で世界を見渡すとき、トヨタやベンツの方向転換、そして中堅メーカーでありながらも、精いっぱい背伸びして次世代の代替エネルギー車の開発に巨額の資金を注ぎ込む本田などと同じくする動きが、各国政府あるいはユーザー側の各所で見受けられる。

一九九三年九月、アメリカのクリントン大統領は、五〇パーセントに近づいてきた輸入石油に依存する体質からの脱却を目指して、自動車の燃料消費量を三分の一に減らす政策を発表した。その背景の一つは、一九九一年の湾岸戦争で石油輸入に対する危機感を抱いたからである。一九九二年十月には、アメリカにとって初めてのエネルギー法を成立させ、石油依存からの脱却を目指すことを宣言した。石油の輸入停止によるエネルギー危機は、国家安全保障の根幹を脅《おびや》かすことになるからだ。

自国で産出する豊富な石油に支えられて、もっぱら大型車を大量生産してきた自動車王国アメリカが、九〇年代に入り、いよいよもって方向転換を余儀なくされたのである。

先進国の中でも、とりわけアメリカは化石燃料の価格が安く、日本やヨーロッパ諸国の約三分の一であった。そのことが、石油依存体質をつくり出してしまった。排出する二酸化炭素の量は、日本やヨーロッパ諸国の一・五倍から二・五倍となっている。

アメリカは安価な石油を大量に使うことで、世界最高の生産（GDP）と生活水準を維持し、繁栄を持続させてきた。そのことを知りつくしている歴代大統領は、国家財政がいかに巨額の赤字を抱え込もうとも、石油税だけはけっして上げようとはしなかった。

九〇年代に入り、クリントン政権が石油税に手をつけようとして議会の猛反対にあったが、さすがのアメリカにも、そうせざるを得ない時代がやってきたのである。

さらにアメリカでは、一九九〇年、大気浄化法が改正されてきびしくなり、また、車からの排気ガス公害に悩むカリフォルニア州が世界に先がけて、メーカーに対して一定量の無公害車（ZEV）の販売を義務づける大気汚染防止規制の実施を進めている。

チャタヌーガの奇跡

アメリカでは、ゼロ・エミッション社会を目指して取り組む地域コミュニティや自治体の動きも活発化してきた。中でも、もっとも成功した例としてしばしば引き合いに出されるのが、テネシー州にある人口一五万三〇〇〇人のチャタヌーガ市である。

『ゼロエミッションと日本経済』（三橋規宏著、岩波新書）でも紹介されているが、南部有数の工業都市として早くから発展してきたチャタヌーガ市は、六〇年代に入ると、それまでの工業化によるツケがまわってきて、「全米最悪の公害都市」という汚名を与えられた。

大気汚染があまりにもひどく、風のない日は、車は昼中でもヘッドランプをつけずに走ることができないし、市中を歩く女性のナイロン・ストッキングが酸性雨でほころびるといわれるほどになった。

七〇年代に入り、このままでは次の世代の子供たちまでも健康がむしばまれると危機感を強めた市民、地域コミュニティ、市議会、大学、国立研究所などが、一体となって公害追放、美しい町を取り戻す運動をはじめた。公害発生企業の追放、排ガス規制、産業廃棄物の再資源化、ゴミの分別処理、さらには、市の中心街からの車の排除を決めて実行に移していったのである。四半世紀の努力が実り、街はすっかりきれいになって、大気は昔の状態に戻り、一九九四年、チャタヌーガ市は北米でもっとも住みやすい一六都市の一つに選ばれるまでに回復した。一九九六年には、同市で国連大学主催の第二回ゼロ・エミッション世界会議が開かれた。

国連から「環境と経済発展を両立させた街」として表彰され、環境に配慮した街づくりのモデル都市ともされた。

チャタヌーガ市は、自動車公害をなくすためだけでも、次のような方策を実施している。

市民が大気汚染のひどい街の中心部を避け、住まいをしだいに郊外へと移していったため、ダウンタウンはますます荒廃《こうはい》していったが、それを機に、環境に配慮した再開発に着手した。その中で、自動車による大気汚染を防ごうと、市の中心部に通勤するサラリーマンなどのマイカー乗り入れを抑えるため、電気バスによる市内循環をはじめた。たとえば、郊外から市中に乗り入れるハイウェーの三ヵ所のインターチェンジにそれぞれ大きな駐車場を建設した。郊外から市中に通勤する人は、車をこの駐車場にとめ、無料の電気バスに乗り換えて職場近くの停留場で降りる。電気バスの運営費は、駐車場の料金でまかなわれる。

いかにもアメリカらしく、電気バスに乗り換えるか否かは、ドライバーの自主的な判断にまかされている。工場やオフィスへ、あるいは買い物で多くの荷物を運んだりするときは、郊外から市中へとそのまま車を乗り入れるが、サラリーマンなどの多くは電気バスに乗り換えている。そのため、かつてのような街中の交通渋滞がなくなり、おのずと空気がきれいになった。

ところで、チャタヌーガ市が循環用の電気バスを購入しようと、旧〝ビッグ3〟などの全米の企業にあたったが、当時、実用になるものは見当たらなかった。そのため、市が電気バス専門の製造会社を自らつくってしまったのである。車体は既存の自動車メーカーで生産されたものを改造しているが、こうして製造された電気バスが一九九六年には一二台導入された。二〇〇〇年までにはバスの全台数の半分にあたる三〇台にまで増やし、やがてはすべてを電気バスに転換する。

チャタヌーガ市の電気バス（製造）管理会社の従業員数は三五名と少ないが、それでも、アメリカの各州の一三都市でも販売されて、合計四〇台近くが運行されている。これは、GMなどの電気バス生産台数を上まわる数字である。

問題は、電気バスのコストが従来のディーゼル・バスに比べて二、三倍にもなることだ。さらに、バッテリーが重く、充電に時間がかかることも欠点である。それでも、今後、各都市からの注文がさらに増えてくれば、コストもディーゼル並みに下げられ、バッテリーの進歩にともない、性能も向上していくだろう。

四半世紀にわたる取り組みの結果、見違えるようになった街に、市民は誇りを抱くとともに、以前と比べて、環境に対する意識もきわめて高くなった。アメリカでは荒廃していく工業都市が多いだけに、「チャタヌーガの奇跡」と呼ばれて、アメリカの都市再生のシンボル的な存在となっている。

屋久島《やくしま》の取り組み

こうした取り組みは、ささやかながら、日本でもはじまっている。農業と観光で成り立つ屋久島では、環境保全を優先する町づくりが進められている。

一九九三年十二月、縄文杉《じょうもんすぎ》などを含む針葉樹の植生をもつ屋久島が、世界遺産に登録された。それを契機に、島をあげて自然保護に取り組むようになった。恵まれた自然を残すことが島民の誇りであると同時に、重要な観光資源ともなるからだ。

環境先進地域を目指す「屋久島憲章」が議会で可決され、今後、島が進むべき方向を明確に打ち出している。ゼロ・エミッションを目指す再資源化や化石燃料追放の計画もある。

電力の七割をまかなう水力発電に加えて、民家では、太陽光発電や風力発電を取り入れている。一九九五年十一月、環境庁の援助を受けて、島に電気自動車五台が試験的に導入された。

自動車による大気汚染が全国一といわれた東京都板橋区でも、そうした不名誉を返上するため、「エコポリス」づくりを目標に掲げて、電気バスの導入を積極的に進めている。いまや、メタノール車や天然ガス車などを含めて、低公害車の普及では全国一となっている。

このほか、かつては八幡製鉄所など公害を発生する工場を数多く抱えてきた北九州市などの工業都市でも、街の環境をよくしてイメージ・チェンジを図ろうとする取り組みをはじめている。その成果は、企業や市民がどれだけ積極的に運動に取り組むかにかかっている。

日本独自の方針を打ち出すとき

世界でもっとも環境問題に対する意識が高いのはドイツである。ドイツの地方には、チリひとつ落ちていないきれいな街がいくつもあって、観光客がとまどうほどである。

車の安全にかんしてはもちろん、廃棄物や廃車のリサイクル率も高く、ことに地球温暖化につながる二酸化炭素の排出規制にかんしては、意識の高いEU諸国の中でも、リーダー的存在となっている。

EUは一九九〇年から二〇一〇年にかけて二酸化炭素の排出量を一五パーセント削減する目標を立てているが、ドイツはそれを大きく上まわる目標を掲げ、一九八九年から二〇〇五年までに二五パーセントを削減するとしている。このための法的規制を一〇〇以上もつくって、対策を急いでいる。

それに対し、日本とアメリカは削減目標を決められず、ヨーロッパ各国から非難を浴びた。日本政府は二〇〇〇年以降の一人あたりの排出量を一九九〇年レベルに安定化させると表明はしたが、一九九五年時点ですでに八・三パーセント上まわっている。これを一九九〇年の水準に逆戻りさせるためには、相当の覚悟をもって取り組む必要がある。

一九九七年十二月一日から、京都で開かれた地球温暖化防止条約会議の開催国である日本政府は、当初、産業界とともに削減目標を打ち出すのに難色を示していた。

ドイツの環境相は、日経産業新聞のインタビューに応えて、次のように述べている。

「一九九四、九五の両年、旧東独地域は年率六〜七パーセントの経済成長をとげたが、この間も二酸化炭素の排出量を下げることに成功した。経済成長は必ずしも二酸化炭素の増加につながらないということを日本は理解してほしい」

「日本は議長国として明確な立場を打ち出すべきだ。議長国が立場を明確にすることはその他の参加国にとっても重要な意味を持つ。アメリカの態度をみてからとか、アメリカの方針にしたがうということはやめるべきだ」

日本は、エネルギー多量消費型の典型であるアメリカの出方を待って、右へならえで削減目標を打ち出したいとしていたが、会議を直前に控えてやむなく、独自に一九九〇年比で二・五パーセント減を示した。

しかし、会議では、ヨーロッパ諸国からの強い主張に押しきられて、次のような削減目標が決まった。二〇一二年をめどに一九九〇年比で、日本が六パーセント、アメリカ七パーセント、欧州連合（EU）八パーセントである。

これに対して、二〇〇一年一月、米大統領に就任したブッシュは、アメリカにとって不利益を被《こうむ》るとして、京都議定書からの離脱を表明して批判を浴びている。

かなりきびしい目標となっているためだが、自動車業界をはじめとする産業界は、今後、かなりの研究開発投資を強いられることになる。そのため、業績の悪い企業にとっては負担がより過大となって経営を圧迫するため、好調な企業との格差がより開いて、脱落していくことも予想される。

有効な手だては法規制

日本は石油危機後、政府あげての省エネ政策の推進によって、経済は成長してもエネルギー消費は横ばいとなっていた。夜の繁華街のネオンが消え、テレビの深夜放送が短くなり、職場では昼休みに蛍光灯を消した。ガソリンスタンドは休日を休業にした。

ところが、原油価格が大幅に下がった一九八六年ごろから風向きが変わり、やがて、エネルギー消費は再び上昇しはじめた。世の中全体がバブル景気に酔いしれて、省エネ意識などどこかに吹き飛んでしまった。

バブルは崩壊したが、エネルギー多量消費型の生活スタイルは、その後も定着したままである。大排気量のRV車や大型車、それに大型冷蔵庫などの家電もそのままに残った。クーラーが急速に普及し、一家に何台も取り付けられるまでになった。そのうえ、二十四時間営業のコンビニ店が急増し、スイッチを入れっぱなしの自動販売機が全国津々浦々にまで広がって、二〇〇万台にも達している。浪費型社会に逆戻りするのは、実に簡単である。便利なほうが心地よいからだ。

石油危機以来、十数年にわたって進められてきた産業界の取り組み、たとえば工場設備の省エネ化などがほぼ一巡したことで、一九九二年に民生・運輸部門からの二酸化炭素排出量がトップに躍り出て、全体の四割を超えた。

こうした状況に、産業界自らが広く世論に訴えて、国民的な意識の高まりをつくり出していく必要があると指摘する声もある。しかし、地球環境問題にしろ、エネルギー問題にしろ、現実問題となると、なかなか実現はむずかしい。結局のところ、もっとも有効な対策は法的規制である。それは、これまでの自動車産業の歴史が証明している。

六〇年代半ば、ラルフ・ネーダーが自動車の欠陥問題を取り上げて、〝ビッグ3〟を告発した。これをジャーナリズムが盛んに取り上げ、社会問題化したことで、国民が関心を持つようになり、やがてアメリカ政府が世論に押される格好で、一九六六年、安全性にかんするハイウェー交通安全局設置法を制定することになった。それを契機に、自動車メーカーは安全対策に多くの開発費をつぎ込むようになった。

一九九〇年代の日本における安全対策もしかりである。

ハイウェー交通安全局設置法が制定された少しあと、大気汚染に悩むカリフォルニア州などを先頭に、アメリカで排気ガスによる有害物質をそれまでの一〇分の一に制限するマスキー法が制定された。この規制は、アメリカだけにとどまらず、ヨーロッパや日本も追随することになって、対策技術の開発をめぐって世界の自動車メーカーがしのぎをけずることになった。

その当時の受けとめ方としては、メーカーの存続も危ぶまれるきびしい規制だとの反発もあったが、約十年の歳月を要して各メーカーともに規制値をクリアする技術を開発あるいは導入して決着がついた。

七〇年代に起こった石油危機にともなって、アメリカなどは燃費向上を義務づける燃費規制が制定され、これも数年後に達成された。そして、九〇年代に入って、カリフォルニア州が制定した大気汚染防止規制によって、各メーカーともそのクリアに全力を傾注して、電気自動車やハイブリッド・カー、天然ガス自動車などの低公害車が生まれ、代替燃料に関連した技術の研究開発が一気に加速している。

こうした過去の例からしても、法律が制定されることによって自動車メーカーは対策に本腰を入れて真剣に取り組むようになる。逆にいえば、コスト競争があまりにも熾烈《しれつ》なため、規制がなければ、あえて開発費をつぎ込むことはないというのが、利潤を追求する企業経営者の基本姿勢にほかならない。

しかし、ただやみくもに法規制をしても、実効は期待できない。マスキー法制定の経過にもみられたように、法律を制定するタイミング（適用の時期と実現するまでの猶予期間）と目標とする規制値の水準をどう決めるか、それによって、メーカーの開発投資の負担額がどの程度となり、過大すぎるものにならないか、その見きわめがむずかしい問題となる。

二酸化炭素削減対策では、ヨーロッパが率先して高い目標を設定した。そのため、ヨーロッパのメーカーだけに大きな負担がかかった。

その反面、対策の結果として燃費を向上させれば、それだけ国際競争力がつくことになる。そのあたりのかねあいがむずかしいところである。

ZEVの売れ行きは？

では、世界に先がけてカリフォルニア州が販売を義務づけたZEVの売れ行きはどうなっているか。一九九六年十二月、鳴り物入りで先陣を切ったのが、GMの電気自動車「EV1」である。ところが、半年が過ぎた時点での販売は、約二〇〇台でしかなかった。そのため、一ヵ月のリース料を二五パーセント引き下げて三九〇ドルにしたが、販売が上向く気配はない。

売れない原因は明らかである。リース料もさることながら、車としての基本性能が使用条件を満たしていないからだ。宣伝では、最良の条件のとき一回の充電で走行距離が二〇〇キロといわれているが、実際には一〇〇〜一三〇キロ程度である。これでは、通勤の往復に八〇キロ以上走るのが当たり前のアメリカでは使えない。そのくせ、充電には約四時間もかかるのだから、およそ実用性に欠ける。いくら環境によいといっても、これでは普及しそうにない。購入するのは、官公庁かよほどの物好きに限られるのが現実である。

炭素税は是か非か

一九九七年六月に発表した「環境白書」で、環境庁は、日本政府が二酸化炭素の削減を明確にし、炭素税を導入すべきだと主張している。炭素税とは、排出する二酸化炭素の量に応じて税を課すもので、すでにヨーロッパ九ヵ国が導入している。環境対策に力を入れるスウェーデンでは、二酸化炭素一トンあたり約二万円の炭素税を課している。

こうした状況からしても、「環境白書」は、二〇〇〇年の排出量を一九九〇年の水準に抑制すべきであるとする国際公約を達成するためにも、二酸化炭素一トンあたり三〇〇〇円程度の炭素税を課して、これによって得た税収を削減のための技術導入の補助金にまわすべきだとしている。

炭素税の導入は、そうでもしなければ二酸化炭素の削減は実現できないという考え方だ。これに対し、一九九七年六月、産業界寄りの立場をとる通産省は、「現状が増税する環境にあるとは思えない」と否定的な見解を明らかにした。同様に運輸省も、「排出量削減の基本政策より低燃費化。炭素税は消費者の負担増だけの結果になりかねない」と、批判的である。

一九九七年四月、政府は、二〇〇〇年までにエネルギー消費の伸びをゼロにするための総合省エネルギー対策案をまとめた。その中で自動車関係としては、低燃費車、低公害車の普及を促進するため、自動車取得税を減免する法改正、あるいは都市部へのマイカー乗り入れ規制などが提案されている。

しかし、二酸化炭素削減の方策として日本が炭素税を導入した場合、日本は国際競争力をかなり失うのではないかとする見方もある。日本の産業は他国と比べて省エネルギー化がかなり進んでおり、よりいっそうの削減は、欧米先進国より負担が大きいとみられているからだ。主要先進国の一人あたりの二酸化炭素排出量を比べると、原子力発電の比率が高いフランスは日本より少ないが、ドイツは約三五パーセント、カナダは七〇パーセントも多く、アメリカにいたっては二倍以上である。

今後は、低公害車であるか、あるいは、燃費や排気量によって自動車税の負担の程度がより大きく違ってくる制度などが導入される。さらに石油価格の上昇によってガソリン代がかさむようになるため、消費者がより小型で低燃費の車へとシフトしていくものとみられている。

要はやる気

これまで、実現にはかなり長い時間と技術のブレークスルーが必要であるとされてきた次世代技術が、次々と開発されつつある。そんな自動車産業の実状を踏まえつつ、現在、求められているガソリンエンジンの有害物質の排出を大幅に抑え、燃費も向上させる技術の開発、さらに進んで、実用性のある代替エネルギー車を開発することは、従来からメーカー側が主張してきたほどむずかしくはないようである。

少なくとも、基礎研究は別として、トヨタは次世代車といわれていたハイブリッド・カーを、本格的に取り組んでからわずか二年半で、曲がりなりにも量産にまでこぎつけた。立ちはだかる次世代技術の壁の高さや各要素技術の水準にも左右されるが、メーカーがいかに危機意識をもって、研究開発に取り組み、どれだけ資金や人材も投入するか……要はやる気の問題であり、経営者の決断の問題であることを、トヨタのハイブリッド・カーやベンツの燃料電池自動車が教えている。

だから、ガソリン自動車の衰退が、ただちに、現在の自動車メーカーあるいは自動車そのものののもの危機につながることはない。次世代技術を自らのものとし、あるいは取り込んで生き延び、発展していくことだろう。

ガソリン自動車時代の終焉《しゅうえん》

一九九七年十一月、アメリカでは、クリントン大統領の指名したエネルギー専門委員会が、連邦政府に対してエネルギー研究をより活発化させるために、向こう五年間で一〇億ドル規模の予算を投入すべきであると勧告した。石油の枯渇《こかつ》に対処するためである。四年前にやはりクリントンが打ち出した「輸入石油に依存する体質からの脱却」を、より積極的に推し進めようとするものである。

最近の世界の石油需要は年率二パーセント以上の伸びを示してきた。一九八五年以降、ラテンアメリカにおける石油消費量は三〇パーセント増、アフリカが五〇パーセント増、経済発展が著《いちじる》しいアジアにおいても五〇パーセント増である。米エネルギー情報局の予想では、世界の石油需要は二〇二〇年までに六〇パーセントも増加するとしている。

この間に、思い切った省エネルギー化が世界的に行われ、さらに、その技術開発や代替燃料（天然ガスを含む）の利用法も開発されて、再生可能なエネルギー（太陽光や風力による発電）も広く利用される方向へとスムーズに移行しなければ、OPEC加盟国が生産する石油への依存率が急激に高まることになる。二〇〇〇年には約三〇パーセント、二〇一〇年には約五〇パーセントにまでも上昇する。

石油価格の相場は完全にOPECに握られ、いつでも石油危機が起こる可能性がある。それも、第一次石油危機のときと違って、石油生産が一方的な下降線をたどるため、先へいくほど状況はよりきびしくなる。

クリントン前大統領がPNGV計画を進め、エネルギー研究に一〇億ドルを投入すると勧告したのも、石油の需給は国家の安全保障の問題に直結するからだ。

過去の例からしても、石油危機の再来は、経済的な問題だけでなく、政治問題、人種問題、南北問題、軍事的緊張に発展して世界が不安定になる可能性が十分にある。

また、地球温暖化防止条約会議でもみられたように、地球温暖化対策、排ガス規制をめぐっては、ヨーロッパ諸国がきびしい姿勢を打ち出した。

発展途上にあるアジア諸国は、先進諸国が主張する規制そのものに反発した。これまで、長年にわたって二酸化炭素などを無制限に排出して、地球温暖化の張本人であるはずの先進国が、ここにいたって、世界の国を一様に規制して抑え込みを図ろうとしている。結果として、これから発展しようとしているアジアの経済にブレーキをかけようとするのは不公平で、自分勝手な言いぐさだというものだ。

自動車百年の歴史においても、蒸気、電気、ガソリンなど、どの燃料が主役となるか、競い合った時代もあった。さらには、二度の世界大戦、石油危機もあり、自動車メーカーの過当競争、浪費そのものをつくり出すような車も続々と登場した。

これまで、世界の自動車産業はさまざまな試練に直面して、何度かターニングポイントを経験してきたが、ガソリン車そのものの存在が危うくなるほどの局面はなかった。

「自動車産業を変える歴史的合併」とまでいわれたベンツとクライスラーの大合併を皮切りに世界的再編の時代に入ったが、もはや、そうした次元さえも超えるほどの大きな波が押し寄せてきている。

巨大企業の誕生

本書をまとめる作業をとおして、過去半世紀における、日、米、独の自動車産業のさまざまな局面を振り返ってみてきたが、あえて一言つけ加えれば、規模の利益を目指す巨大企業の誕生が、これからの時代の切り札になるといえるのであろうか。「世界の自動車産業が五大グループくらいに収斂《しゅうれん》してしまう」ことが、本当に消費者にとって利益をもたらすのだろうか。

たしかに、信頼される車をつくってきた名門のロールス・ロイスやローバー、ポルシェなどが単独では生き残れず、安全を売りものにしてきたボルボの乗用車部門もフォードの軍門に降《くだ》った。中堅メーカーが、特化したかたちで車づくりをして利益をあげて、存続していくことは不可能に近い時代となった。

たとえば、ロールス・ロイス車は最高級で信頼性が高いといわれるだけに、かえって排ガス対策や安全技術、さらに最近は飛躍的に比重が高まってきているエレクトロニクス技術などには人一倍、力を入れて装備を充実しなければならない。

しかし、その売上高や生産台数からして、これらの技術開発につぎ込める投資額が制約されるためにおくれをとり、その結果として、性能が悪く、排ガスをまき散らしたりするならば、もはやその車は最高級とはいえない。

こうしたことが、中堅メーカーでも起こってきて存続できなくなった。

だが、考えてみれば、現在、自動車メーカーにとって至上命題で、膨大な研究開発投資をしている環境対策の技術や次世代車の開発などは、きわめて重要であるし、二十一世紀には避けてとおることのできない、解決すべき技術課題であり、備えるべきことである。

しかしながら、そうした現実から一歩引き下がって、消費者の側からあえて述べれば、当面するそれら重要な技術課題も、従来からの車の概念や本質、目的そのものではない。

あまりにもあたりまえのことだが、文明史的課題ともいえる環境を守り、あるいは省エネルギー、代替エネルギーの問題にも対策をとる行動も含めて、人々に愛され、親しまれて、気に入られる車がメーカーからつくり出されるべきことが本質であり、出発点である。

衝撃を与えたベンツとクライスラーという巨大企業同士の合併の狙いは、環境対策や次世代自動車の研究開発投資が大きく膨《ふく》らんで企業の経営を圧迫する時代となったため、両社が一つになることで二重投資が避けられ、より巨額の資金を有効に活用することで競争力を高めようとしている。

それだけでなく、生産する車の品ぞろえができ、あらゆる種類が用意される。世界の市場を念頭においたワールド・カーの生産も可能となり、プラットフォームは共通化されて、一車種あたりの生産台数が飛躍的に多くなる量産効果で、規模の経済が働き、利益は巨額となる。

そんなイメージが描かれている。

だが、これらはすべてメーカー側の論理であり、生き残りのための方策であって、果たしてそれによって、自動車メーカーの経営はすべてがよい方向へと向かい、体質は強化されるのであろうか。もっとも重要な問題は、合併による企業規模の巨大化によって、消費者に気に入られ、より売れるいい車が生み出されるかどうかということであろう。

メガコンペティションとは総力戦を意味する。総力戦に突入するとき、まず自陣のどこがウイークポイントかを点検して、これを補強するために合併なり、資本提携を行ってグループ化を図り、戦略的な技術協力関係を結んで体制をととのえる。

だが、三百六十度を補強しようとして多くを身につけすぎると、これは大艦巨砲主義に陥《おちい》り、鈍重で小まわりがきかなくなる。

より巨大化した自動車メーカーはグローバルな広がりを持っていて、国境を越えるほど大がかりとなるだけに、企画や調整にかなりの時間や手間がかかる。さらには、小まわりやフレキシビリティーが失われる。量ばかりが重要視され、共通化が基本となる組織では、技術者の創造的個性が失われるほうに働きがちで、どうしても多様性が犠牲にされがちである。

大合併の不協和音

たとえば、変化の激しい現在において、売り上げで他を引き離している世界最大のGMは、もっとも企業体質の改善がおくれ、利益ではフォードに抜かれ、台数でも迫られてきた。しかも、アメリカ市場では売れ筋上位の中にGMの車は一台も入っていないし、世界の自動車を先導するような車をつくりえていない。さらには、規模の経済がもっとも得られるはずのワールド・カーでも、ことごとく失敗している。

企業合併の功罪では、先にも紹介したが、企業風土がかなり異なる日産とプリンスとの失敗した合併例がある。

ベンツとクライスラーの例もそうだが、両社の技術陣はともに誇りがあり、冷遇されたほうはかならず意欲をなくす。アメリカは日本と違って転職にさほど抵抗のない国である。優秀な専門技術の研究者、技術者はさっさと辞めて、他企業へと移っていく。フォード二世のもとで、くさってしまったアイアコッカやスパーリックがクライスラーに移ったように。あるいは、プリンスの技術者が不満をつのらせ、いつしか一線から遠ざかるケースが目立ったように。

ベンツとクライスラーの合併から三年、ダイムラーが主導権を握ったことで案の定、クライスラー側の重役陣は櫛《くし》の歯が欠けるようにつぎつぎと去り、中でも副社長クラスが五人も辞めた。実力社長といわれたイートンも合併時には「三年間は共同CEOを務める」と宣言していたが、わずか一年半後の二〇〇〇年三月に退陣した。旧ベンツ会長で、現在のダイムラー・クライスラー会長である剛腕のシュレンプに支配されて、かつてのクライスラー的経営は否定され、意欲を失ってしまった。

アメリカ市場の二〇〇〇年の新車販売は史上最高だったが、下半期、クライスラー部門は約二〇〇〇億円もの営業赤字に転落した。その結果、二〇〇一年上半期の北米におけるダイムラー・クライスラーの生産台数は、前年同期と比べて一八パーセント（約五〇万台）減、乗用車にいたっては二一パーセント減にまで落ち込んだ。

一九九〇年代はじめまで、アイアコッカが陣頭指揮で身を切るようなリストラを進めて構造改革を行ってきたが、一九九四年からの好景気が訪れると、それも忘れて、目先の利益を追う安易な拡大主義に走ったため、景気が下降局面に入ると、そのツケが一挙にまわってきたのである。

このため、二〇〇一年一月、再建に向けた大リストラ策が発表され、向こう三年間で全従業員の二〇パーセントにあたる二六〇〇人を削減し、アメリカ内の六工場閉鎖を含む生産の縮小を行う。リストラ策を発表したクライスラー部門のツェッチェ社長は記者会見の席上、苦渋《くじゅう》の表情で語った。「多くの従業員に多大の苦痛を与えるが、競争力を強化するためであり、よりスリムになる必要がある」と。

合併当初の一年は、資材の共同購入などで効果を上げたが、開発方針や生産体制をめぐっては両社の考え方がぶつかりあった。たとえば、燃料電池車の開発では、旧クライスラー陣が進めていたガソリン改質の方式はあとまわしにされ、旧ベンツが進めてきたメタノール改質がそのまま継続されて主導権を握ることとなり、前者の研究者らが次々と退職していった。

プラットフォームや部品の共通化も進まず、旧クライスラーの幹部クラスが退職していって混乱をきたし、コスト削減に結びつかなかった。結局、旧クライスラー側が割を食ったかたちとなった。

再建には年月を要するとみられているが、ベンツとクライスラー両社が相補い合って相乗効果を上げ、ヨーロッパと北米で売り上げを伸ばしていくとの、当初のもくろみは少なくともいまのところ完全に外れ、むしろ逆効果となった。

欧米のジャーナリズムは「ダイムラーが旧クライスラーを売却か」といった見出しで両社の不協和音を報じている。

この失態によって株価は大幅にダウンし、株主利益に損害を与えたとして、剛腕で鳴らしたシュレンプは責任を問われ、一時は会長の地位も危ういのではないかとうわさされた。

結局、今回の合併では、巨大化することでより大きな市場支配を狙おうとする両社の経営トップの野望ばかりが透けてみえるようで、そこには消費者本位の姿勢が欠けているといえよう。

量を求め、力の論理を最重視する巨大メーカーから、人々に愛され、気に入られる車が生み出されてきただろうか。少なくとも、自動車百年の歴史を振り返るとき、現代に近づいてくるほどそうではなかったといえる。

両社は果たして、過去にあった合併例の失敗を乗り越えるようなノウハウを創造しえるのだろうか。

ある程度、予想されたことが起こったのは事実であり、その代償は大きいが、それでも、核となるべきベンツの車づくりは確固として存在していて揺らぐことはなく、ユーザーからの絶大な信頼を得ていることもまた事実である。しかも、燃料電池車「ネカー」などにみられるように、一連の先進的技術の開発も世界のトップを走り、意欲的に進められていることからして、この大合併や三菱、現代《ヒュンダイ》との資本提携にともなうしばらくの調整期間を経て、再び勢いを増すことが予想される。その兆候として、経営方針をめぐって対立していた旧クライスラーの経営陣が一掃されたことで、北米事業も旧ベンツの考え方に基づくリストラがやりやすくなり、悪化していた業績にも歯止めがかかって、二〇〇一年半ばからは回復の兆《きざ》しがみえつつある。

消費者優先の開発

自動車産業が、そして自動車そのものが大きくカーブを切ろうとしている一九九〇年代後半から二〇〇〇年代初め、動きはきわめて速く、しかも激しい。そればかりか、商品戦略、開発体制、生産体制、グローバル展開、環境対策および次世代技術の開発と、質的に異なるさまざまな面において大きな変革が要求され、それも他社との競争において俊敏《しゅんびん》さが求められている。

それだけに、組織は将来の方向を的確に見据え、戦略的で機動性が発揮できる、無駄のない、官僚化や硬直化を排したあらゆる面でリーンな（ゼイ肉をそぎ落とした）体制でなければならないはずだ。さらには、消費者の好みや志向を敏感にキャッチし、今後のあるべき姿を先取りして、提案していけるようなしなやかな感性も要求される。

もちろん、さまざまな研究開発、新車開発が進められ、競争に伍《ご》していけるだけの巨額の資金を確保できる売上高、企業規模でなければならないだろうが。

国や人種によって好みが違うとしても、国境が取り払われ、グローバルな時代になってきただけに、一国で売れ、気に入られた車は、またたくまに世界へと広がっていく可能性もまた高くなっている。

車社会が成熟し、車が輸送手段として、実用性、機能性がもっとも重要視され、そのうえ、安価であるならばよしとするアメリカの消費者には、巨大化したメーカーから生み出される、画一化された大味な車でも気に入られるのかもしれない。

しかし、少なくとも日本ではそうした車はさほど受け入れられることはないだろう。

世界的再編の不可避が叫ばれて、自動車メーカーの合併や資本提携が進んだが、そこには、過去において巨大メーカーが陥った同じ落とし穴が隠されている。

独立してわが道をいく本田

こうした二十一世紀における〝規模の経済〟を求めて、われ先に合従連衡《がっしょうれんこう》に走る世界の自動車メーカーを尻目に、「独立独歩でわが道をいく」と宣言して突き進んでいるメーカーがある。いうまでもなく、いまや国際企業に成長した日本の本田、いや〝世界の本田〟である。

巨大化こそが生き延びる道であるとして突っ走る世界の主要メーカーを向こうにまわして、あえて、それとは異なる孤高《ここう》の道を歩もうとする本田の路線は、明らかに一つの賭けであり、自動車業界の共通認識に対する挑戦でもある。

それだけに、五年後、十年後に、本田の賭けが凶と出るか、それとも吉と出て、GMやフォード、ダイムラー・クライスラーなど五大グループ（トヨタグループは例外）の巨大化路線がすべて失敗であったとなって、解体あるいは再々編が起こるのか、きわめて興味深いところである。

このため、本書を締めくくるにあたり、本田にかんして少し詳しく取り上げる必要がある。

たしかにこの数年、本田に対しては、GM、フォード、ダイムラー・クライスラーなどから、資本提携の熱烈なラブコールが続いたが、前社長の川本信彦《かわもとのぶひこ》も現社長の吉野浩行《よしのひろゆき》もともに、従来どおりの路線を歩むだけとして、方針転換をすることはなかった。

もともと、創業者の本田《ほんだ》宗一郎《そういちろう》は強烈な個性を前面に出して、モノづくりに徹底的にこだわるわが道をいく姿勢を貫き、安易に和を求めたり、日本的な〝右へならえ〟を嫌ったが、その精神がいまも引き継がれている。かなりの企業規模になったのちも、政界や財界活動、さらには業界団体の日本自動車工業会においても、一定の距離を取り続けた異端児《いたんじ》的なところがあるのも事実である。

ほぼ同規模の三菱やそれより大きかった日産が欧米メーカーの傘下に入り、めぼしいメーカーで独立して残るは本田くらいだけにその去就《きよしゆう》が注目され、ことあるごとに吉野社長に対して質問が飛ぶ。

「これからも本田は独立性を貫くのか」

これに対する吉野の答えはこうである。

「二人三脚で走るよりも、一人で走ったほうが速い」「スモール・イズ・ビューティフル」「たえず、ユーザーが望む車を開発して市場に投入し続けていけば、会社は着実に発展していく。図体がでかくなると、どうしても小まわりが利かなくなるし、動きものろくなりがちだ。いまくらいの規模がちょうどいい。問題はスピード、柔軟性、高効率だ」

最近の一連の合併について、あるいは、これに対するアンチテーゼとしての本田独自の車づくりの精神を披露する。

「やっぱりモノづくりにこだわりたい。米フォード・モーターやゼネラル・モーターズのトップは財務畑出身の人が多く、金融サービス事業の強化に余念がないが、本田はハードというか、技術を軸にやっていく」「個人を組織の駒《こま》と考えるのではなく、個人の知恵、発想力を大事にしたい。現場では今、生産改革を進めているが、コンピューターや情報技術（ＩＴ）を駆《く》使《し》する以上に、個々の技術者にアイデアを出してもらい、生産効率の高いラインを構築した。米国には業績が傾くと、すぐレイオフするメーカーもある。しかしそれではいい人材は育たない。人間尊重は二十一世紀に引き継ぐ本田の大事な経営理念だ」「この数年、自動車業界には合従連衡の嵐が吹いた。しかし、成功した例があるだろうか。独ＢＭＷと（同社が買収し、その後売却した）英ローバーや（九九年合併した）ダイムラーを見ていると、やっぱりＭ＆Ａ（企業の合併・買収）は大変なんだなと痛感する。本田は余ったおカネもないし、特に足りない部分もない。今のままがちょうどいいんじゃない」（「日経産業新聞」平成十三年一月四日付）

　本田が合併や資本提携に否定的な理由の一つは、一九八九年に英ローバー社とのあいだで資本参加を含む長期提携に調印して、株を持ち合い、主導権を握ろうとしたが、舵取《かじと》りでさんざん苦労させられて結果的には一九九四年に手放さざるを得なかった。これにより、ヨーロッパ進出の経営戦略に誤算が生じて、いまだにその後遺症を引きずる苦い体験が過去にあったからだ。

本田の弱点

それでは、本田は今後とも、このモンロー主義を貫くのであろうか。

この間、専門家や自動車業界内では、まことしやかに語られている説がある。「自動車メーカーは年産が四〇〇万台を超えないと二十一世紀には生き残れない」

業績の悪化が直接的な要因とはいえ、三菱も日産も、それぞれ年産一六〇万〜一七〇万台から二百数十万台クラスであったが、もはや独立しては生き延びることはできないと判断し、合併や資本提携に走ったわけだが、その判断は果たして妥当だったのか。

工場の規模や部品の購入体制も含めて自動車の量産体制をみていくとき、一つのプラットフォームによって年産二〇万〜三〇万台を生産できれば、十分に量産効果は得られるとの見方がある。たとえ、それ以上の生産台数になっても、さほどの量産効果は得られない。このため、こうした車種を五、六車種持っていて、合計百数十万台規模の生産会社であれば、十分に四〇〇万台以上の巨大メーカーに太刀打《たちう》ちできるし、経営も安定するというものだ。

企業規模が必要以上に大きくなれば、それにともなうマイナス面も多々起こってくる。その典型的な例が、先にも述べた世界最大のメーカーであるＧＭの遅々《ちち》として進まない体質改善だ。そのうえに、次々と資本提携を進めたため、さらに巨大グループとなっている。

むしろ、時代のトレンドに基づくユーザーの好みに素早く俊敏に対応できて、ヒット車を生む適正規模のメーカーのほうが、無駄がなく、効率の高い経営ができて、着実に発展していくというものである。その例がまさに本田であると。

とはいえ、本田の内実をみるとき、弱点ものぞかせている。もともと車種が少なく、「アコード」「シビック」「オデッセイ」の三車種で全売り上げの七四パーセントを稼ぎ出している。そのことは、それぞれ三車種の生産台数が多くて、量産効果による高い収益性を確保していることを意味する。だが、その反面、一車種でもモデルチェンジでユーザーの不評を買えば、その打撃は経営面にもろに響いてくることも意味している。

それに、本田は海外販売が七割を占めていて依存度が高く、それだけ、為替差損で業績が大きく左右されやすい脆弱《ぜいじゃく》な体質を持っている。また、ローバー社の買収失敗で、世界三大市場の一つ、ヨーロッパでの経営戦略がつまずき、赤字が続いてウイークポイントとなっている。さらには、若者向けの車をつくる本田だが、従業員の平均年齢はトヨタより〇・八歳高く、国内自動車一一社の平均よりも一歳高いのが現状だ。

また、国内市場では、若者に圧倒的な人気を誇る本田を意識したトヨタが、この牙城《がじょう》を切り崩そうと、Ｆ１への参戦や若者向けの車を開発するなどして攻勢をかけてきている。

こうしたさまざまな問題や不安定要因を抱えつつ、独立路線で綱渡りする本田の現状に、川本は「本田の体力では、わずかなハンドル操作ミスが死を招く」と語り、ある役員は「われわれは勝ち組のボーダーライン企業」といいつつ、気を引き締める。

とはいえ、新車開発や生産体制の面だけでなく、次世代の代替エネルギー車、燃料電池自動車やハイブリッド・カーをはじめとする最先端技術の研究開発のすべてに取り組まなければ二十一世紀のレースでは脱落することになる。これらの研究開発費は莫大な額となるだけに、企業規模の小さい本田にとっては負担がきわめて重く、経営を圧迫し続けているが、吉野は「やせ我慢であろうが、とにかく、突っ走るしかないだろう」と答える。

技術力では定評があり、これら一連の次世代技術の開発では世界をリードしている本田だが、いくら技術が優《すぐ》れていても、いまきわどい段階にきている燃料電池自動車のデファクトスタンダード（事実上の業界標準）の決定では、孤立《こりつ》していては生き残る道はない。

具体的には、燃料電池自動車の燃料の供給インフラを決めるさいの駆け引きでは、石油メジャーや大国アメリカの力が強いだけに、そうした点になると、本田は無力に近い。

GMと技術協力を

このため、二〇〇〇年十二月、これまでの独立路線をやや修正して、世界最大のグループであり、アメリカを背景とした国際的政治力ではナンバーワンのGMとのあいだでエンジンの相互供給や環境、安全面での協力関係を構築することになった。

本田は「シビック」などに搭載している超低排ガスエンジンを一〇万台規模でGMに供給す

ある一方、ＧＭグループ傘下のいすゞなどから低公害ディーゼルエンジンの供給を受ける予定である。

吉野はＧＭとの協力内容を発表した。

「ＧＭは世界最大の自動車メーカーで、業界の大きなトレンドに影響する力がある。（中略）燃料電池そのものは独自開発するが、インフラなどでＧＭと議論する余地がある。衝突安全性や廃車リサイクルなどの研究も協力関係に入っている」

ただし、経営の独立性についてはきっぱりといい切った。

「資本関係を持つ可能性はまったくない。ＧＭとはそういう話はしていないし、海外の自動車メーカーが資本参加することはない」「考え方が合致して互いにメリットがあれば話し合いの機会はオープンであり、それぞれのメーカーに学ぶべきことはあるが、現在は具体的な話はない」

吉野の姿勢は、「あくまで本田は他社との資本提携はせず、経営の独立性は貫く。しかし、社会や業界から孤立化したいと考えているわけじゃない。今後は競争する一方で、必要に応じて協調していく場面もある」。

これが当面の本田の経営方針であるが、燃料電池自動車などの次世代車の実用化が現実化してくる段階では、独立路線が一つの試練を迎えるであろう。

しかし、合従連衡による巨大グループの形成が必然として突っ走った六大グループを向こうにまわして、世界で孤立の道を歩む本田の社内は、それだけに、危機意識が強く、従業員には緊張感に基づくモチベーションの高まりがあって、それが、生産性の向上や研究開発の士気を高めていることも事実である。

本田イズムがどこまで世界に通用するのか、規模を質で補うモノづくりの壮大な実験として大いに注目していきたい。

旧〝ビッグ3〟の地盤沈下《じばんちんか》

これまで本書では、横一線に並んだ日、米、独、三ヵ国の主要自動車メーカーの質的変化と国際展開について論じてきたが、最後に、旧〝ビッグ3〟の地盤沈下について指摘しておかなければならない。

旧〝ビッグ3〟のアメリカ市場における二〇〇〇年の乗用車および小型トラックの販売は史上最高で、売上高においてもGM、フォードのブランドはともに史上最高を記録した。だが、乗用車のシェアをみると、三社ともに低下し、翌二〇〇一年上半期はさらに低下して三社の合計で三・九パーセント減となっている。五年前と比べると、三社の合計で一一・一パーセント減で五一・一パーセントのシェアとなり、過去最低を記録した。

その一方、日、韓、欧のブランドはいずれも上昇していて、中でもトヨタ、起亜、本田が一から二パーセント上昇していて、明暗が分かれた。

これらの数字も、旧〝ビッグ3〟の車が日本車の三倍もの大幅なインセンティブ（値引き販売）によって達成した台数だけに、問題は深刻である。

本国アメリカでの旧〝ビッグ3〟の車の人気が年ごとに低下してきていることを端的に示しており、それも長期低落傾向にあって歯止めがかからない状態である。とくに一九九八年からは、旧〝ビッグ3〟が得意でドル箱としてきたSUVやミニバン市場に、トヨタと本田が参入してきたため、その侵食が著しくなり、それ以降、めぼしきヒット車がほとんど出ていない。

人気が高かったフォードのSUVも、ファイアストーンのタイヤ破損問題が発生した「エクスプローラー」だけでなく、他の車種もトラブルやリコールがつぎつぎと発生して、信用を大きく落とし、販売の低下を招いている。このため、利益や生産性でGMを抜いて旧〝ビッグ3〟の優等生だったフォードが、再び逆戻りして、低迷している。

旧〝ビッグ3〟の車の人気が急落している大きな理由は、一九九四年から七年間続いた異例に長い好景気によって新車販売が好調だったため、この間、構造改革を怠《おこた》り、効率化や性能向上の努力をしてこなかったツケがまわってきたとジャーナリストは指摘する。加えて、旧〝ビッグ3〟の車と日本車との魅力度の格差が確実に広がってきている。

すでに減価償却を終えたプラットフォームや旧来からのエンジンを用いて、ボディだけ新しくして新型車とするような車づくりをしたことで、研究開発費の節約ができて、粗利益が大きくなり、業績を押し上げたのである。たとえば旧クライスラーのミニバンやSUVでは、一台売ると約一二〇万円もの粗利益が得られる仕組みになっていた。

すでに戦後半世紀にわたる〝ビッグ3〟の車づくりを検証してきたが、好況になるとまたも悪い癖が出て、手っ取り早くて儲《もう》けが大きい手抜きの新車開発を進めたのである。

その一方で、三社は好業績で得た資金を使って、派手な合併や資本提携に走り、図体だけはでかくしたが、地道な努力の積み重ねが必要なモノづくりの精神を脇におき忘れて、肝心の本体自身は地盤沈下していたのである。このため、GMやフォード、ダイムラー・クライスラーはともに株主からの批判が従来になく高まっており、GM買収のうわさが飛ぶほどになっている。

トヨタがアメリカで第三位に

この間、日本ではバブル崩壊後の不況の時期であっても、たゆみない改革を進めたため、日本車はアメリカ市場での競争力をより高めることになってシェアの拡大につながった。GMのワゴナー社長も日本車のシェア拡大については「競争力があるからだ」と素直に認めている。

この傾向は、ITバブルの崩壊で、アメリカの景気が急後退してきた二〇〇一年以後には、よりいっそう顕著となるため、旧〝ビッグ3〟の今後はさらにきびしい経営状況に追い込まれることは必至である。この年の上半期におけるGMの新車販売のシェアは過去最低の二八パーセントだが、米調査機関の多くは二五パーセントまで下がる可能性があるとしている。

一九八〇年代に〝ビッグ3〟は日本製小型車の攻勢にあって苦境に追い込まれたが、そのときはミニバンやSUVに活路を見い出してドル箱とし、切り抜けることができたものの、今度はそれがない。低公害車である次世代のハイブリッド・カーや燃料電池自動車の開発でも、トヨタや本田におくれをとっており、よりきびしい状態に追い込まれつつある。

こうした中で、トヨタと本田の伸長が目立つ。中でもトヨタは二〇〇一年八月、旧〝ビッグ3〟の一角であるクライスラーにシェアであとわずか〇・四パーセントに肉薄して、アメリカ市場で初の第三位に浮上しようとしている。

カナダを含む北米での二〇〇〇年のトヨタの販売台数は一七七万台となり、初めて日本国内の販売台数（一七六万台）を上まわった。しかも、過去十年間で三倍に増やしており、旧〝ビッグ3〟の低迷を横目にしながら、これからも伸びていくことは必至で、二〇〇三年に二〇〇万台販売する中期計画の達成は間近である。

こうした販売の伸びを受けて、なにかをきっかけとして、かつてのような日本車批判が吹き出すことも考えられ、トヨタの首脳らは神経を使っている。従来のような日米摩擦を避ける意味からも、より現地生産を増やすため、北米第五工場の建設はもちろん視野に入っている。

とはいえ、日本車の進出で日米自動車摩擦が激しかった一九八〇年代前半までとは様変わりしている。主要な日本車メーカーが現地生産をはじめて十数年がたち、認知されて、根を下ろしてきたからである。二〇〇一年からは、米自動車工業会（AAM）会長に米国トヨタ副社長のプレスが就任しているほどである。

アメリカに本社を移す日

すでに一九七〇年代から本田の「シビック」や「アコード」はアメリカ人に評判が高かったが、いまや前者は、アメリカの若者が欲しがる人気ナンバーワンの車となっており、モデルチェンジ後も引き続いてその地位を確保している。

「シビック」のような小型車や小型SUVは〝ジェネレーションY〟と呼ばれる十六歳（アメリカでは十六歳で免許が取得できる）から二十二歳の若い世代を主要なターゲットとしており、現在、彼らは新たな市場をつくり出している。それとともに、彼らは今後、年齢を増すとともに、上のクラスの車を買い求めることになるが、現在、「シビック」が人気ナンバーワンであるということは、日本車の将来がきわめて有望であることを意味している。

一九七〇年代から八〇年代にかけては、米国民の内に、アメリカ市場を侵食する日本車を嫌い、自動車王国をかたちづくってきた米国車に対する愛国心にも似た消費行動があって、凋落《ちょうらく》する米自動車産業を支えてきた。

ところが、最近の若い世代は、物心ついたときから米国で生産された日本車が存在していて、最初から抵抗なく購入する。こうした傾向は、日本車に対する偏見を持つ世代がますます高齢化して少なくなるにしたがい、より強まるため、これからはますます性能と信頼性、価格といった車そのものの評価で売れ行きが決まってくることになる。

それだけに、アメリカにおける日本車の伸長はとどまるところがないであろう。

さらにもう一つ指摘しておく必要がある。予測によると、アメリカの人口は二〇五〇年には四億人に達するといわれているが、日本は逆に少子化によって次第に減少し、ヨーロッパも同様である。となると、先進国の自動車市場としてはアメリカがますます重要になってくる。

このため、すでに世界各国で現地生産をし、グローバル化を果たしている世界企業としてのトヨタや本田は、日本に本社をおいて、日本国内を中心とする組織や生産形態、研究開発体制では不都合が生じてくる。トヨタの北米生産が日本国内生産を上まわった二〇〇〇年は象徴的な年であって、今後も世界企業としてますます発展していくためには、アメリカを主体とする事業構造に転換していかなければならない。

アメリカでの販売依存度が高い本田は、本社をアメリカに移すといったうわさがしばしば流されるが、グローバル化した現在、もはや日本車メーカーはそうした時代に突入したのである。

ともあれ、石油の上に乗ってあたかも当然のごとく発展してきた百年にわたるガソリン自動車全盛の時代に赤信号がともり、黄昏《たそがれ》の時代へと入ってきた。石油の上に両足をおいた姿勢から、片足を代替エネルギーに移そうとしているのが二〇〇一年の状況である。やがて、二〇一〇年代から二〇二〇年代には軸足も移すことになる。

二十世紀末、自動車メーカーは百年に一度の大転換期に突入した。果たして自動車産業は、新たなかたちでの盛衰ドラマが演じられるのであろうか。

人間とともに百年を超えて発展し、数十億という人々から愛されてきた自動車をつくり出してきた自動車産業は、世界のリーディング・インダストリーであるがゆえに、文明の変化とけっして無縁ではいられない。

そんな文明史的転換の予兆が、九〇年代からの自動車産業のさまざまな新しい動きの中に読み取れるのである。

主要参考文献一覧

『決断―私の履歴書』(豊田英二　一九八五　日本経済新聞社)
『トヨタ生産方式―脱規模の経営をめざして』(大野耐一　一九七八　ダイヤモンド社)
『豊田喜一郎』(尾崎正久　一九五五　自研社)
『創造限りなく―トヨタ自動車50年史』(トヨタ自動車編　一九八七　トヨタ自動車)
『トヨタ自動車』(熊木啓作　一九五九　展望社)
『GM』(山崎清　一九六九　中公新書)
『GM―輸出会社と経営戦略』(井上昭一　一九九一　関西大学出版部)
『GMとともに―世界最大企業の経営哲学と成長戦略』(A・P・スローンJr.　田中融二・狩野貞子他訳　一九六七　ダイヤモンド社)
『GMの決断―ロジャー・スミス会長、夢に賭ける』(アルバート・リー　風間禎三郎訳　一九八九　ダイヤモンド社)
『フォード―自動車王国を築いた一族』上・下(ロバート・レイシー　小菅正夫訳　一九八九　新潮社)
『フォードその栄光と悲劇』(チャールズ・E・ソレンセン　高橋達男訳　一九六八　産業能率短期大学)
『フォードの海外戦略』上・下(マイラ・ウイルキンズ　フランク・E・ヒル　岩崎玄訳　一九六九　小川出版)
世界企業7『クライスラー』(下川浩一　一九七四　東洋経済新報社)

『アイアコッカ―わが闘魂の経営』（リー・アイアコッカ　徳岡孝夫訳　一九八五　ダイヤモンド社）
『競争の戦略―GMとフォード・栄光の足跡』（A・D・チャンドラー　内田忠・風間禎三郎訳　一九七〇　ダイヤモンド社）
『Made in America―アメリカ再生のための米日欧産業比較』（マイケル・L・ダートウゾス他　依田直也訳　一九九〇　草思社）
『覇者の驕り―自動車・男たちの産業史』上・下（デイビッド・ハルバースタム　高橋伯夫訳　一九八七　日本放送出版協会）
『アメリカの自動車―マスプロとスタイリングの葛藤』（三輪晴治　一九六八　日本経済新聞社）
『苦悩するアメリカの産業』（金田重喜編著　一九九三　創風社）
『産業発展と産業組織の変化』（谷浦妙子編　一九九四　アジア経済研究所）
『第二次日米自動車戦争―貿易摩擦と国際政治の現実』（小谷豪治郎　一九八二　日本工業新聞社）
『ドイツ自動車100年』（ルボラン特別編集　一九八六　立風書房）
『メルセデス・ベンツ』（ルイス・W・スタインヴェーデル　池田英三訳　サンケイ新聞社）
『メルセデス・ベンツに乗るということ』（赤池学　金谷年展　一九九四　TBSブリタニカ）
『フォルクスワーゲン』（岡崎宏司　一九八四　新潮社）
『ワーゲンストーリー』（J・スロニガー　高齋正訳　一九八四　グランプリ出版）
『ドイツ技術史の散歩』（種田明　一九九三　同文館）
『ポルシェの生涯―その苦悩と栄光』（フェリー・ポルシェ　ジョン・ベントリー　大沢茂・斉藤太治男訳　一九八〇　南雲堂）

『ボルボ』(西尾忠久 一九六八 誠文堂新光社)
『自動車産業21世紀へのシナリオ―成長型システムからバランス型システムへの転換』(藤本隆宏 武石彰 一九九四 生産性出版)
『世界自動車産業の興亡』(下川浩一 一九九二 講談社)
『リーン生産方式が、世界の自動車産業をこう変える』(ジェームズ・P・ウォマック他 沢田博訳 一九九〇 経済界)
『マン・マシンの昭和伝説―航空機から自動車へ』上・下(前間孝則 一九九三 講談社)
『どんなスピードでも自動車は危険だ』(ラルフ・ネーダー 河本英三訳 一九六九 ダイヤモンド社)
『死を招く欠陥車―ユーザーのための対策』(ラルフ・ネーダー他 青井寛訳 一九七一 講談社)
『トヨタ自動車グループの実態』(アイアールシー編 一九九六 アイアールシー)
『自動車への愛』(W・ザックス 土合文夫・福本義憲訳 一九九五 藤原書店)
『ドキュメント日米自動車協議』(日本経済新聞社編 一九九五 日本経済新聞社)
『2000年の中国自動車産業』(渡辺真純 一九九六 蒼蒼社)
『アジア自動車産業1995/1996』(フォーイン編 一九九六 フォーイン)
『カーデザインの心得』(青木孝章 一九九一 山海堂)
『クルマの時代とかたち』(河岡徳彦 一九九五 オーム社)
『ゼロエミッションと日本経済』(三橋規宏 一九九七 岩波書店)
『VICSってなに?―カーナビの新しい世界』(坂田竜松 一九九六 日刊工業新聞社)
『ITS―21世紀、車と道路はこう変わる』(イメージ工学研究所 一九九六 朝日新聞社)

『環境を考えたクルマ社会』（交通と環境を考える会編　一九九五　技報堂出版）
『西ドイツ・死者半減―第2次交通戦争の処方箋』（NHK取材班　一九九〇　日本放送出版協会）
『日本・死者急増―第2次交通戦争の構造』（NHK取材班　一九九〇　日本放送出版協会）
日本自動車研究所　技術調査報告書第26号『エネルギー使用合理化システム開発調査―ハイブリッド電気自動車開発調査』（日本自動車研究所　一九九七）
『日本と欧州・米国におけるハイブリッドEV（電気自動車）研究開発の現状と研究協力の可能性』（日本貿易振興会機械技術部　一九九七）
朝日百科　歴史を読みなおす二十四『自動車が走った―技術と日本人』（中岡哲郎編　前間孝則他　一九九五　朝日新聞社）
『マッカーサー回想記』上・下（ダグラス・マッカーサー　津島一夫訳　一九五八　朝日新聞社）
『マッカーサーの日本』（カール・マイダンス　シェリー・スミス・マイダンス　石井信平訳　一九九五　講談社）
『オールドカーのある風景』（師岡宏次　一九八三　二玄社）

本作品は一九九八年十月、小社より刊行された『トヨタvsベンツ』を改題し、大幅に加筆・修正し、文庫化したものです。

前間孝則―1946年、佐賀県に生まれる。法政大学を中退。石川島播磨重工の航空宇宙事業本部技術開発事業部でジェットエンジンの設計に20年間従事する。1988年、同社を退社。著書には『富嶽』上・下『マン・マシンの昭和伝説』上・下『亜細亜《アジア》新幹線』(以上、講談社文庫)、『最後の国産旅客機ＹＳ-11の悲劇』(講談社＋α新書)、『ＹＳ-11』上・下『戦艦大和誕生』上・下(以上、講談社＋α文庫)などがある。

講談社＋α文庫 トヨタvs.ベンツvs.ホンダ
――世界自動車戦争の構図
前《まえ》間《ま》孝則《たかのり》

2002年1月20日第1刷発行

発行者――野間佐和子
発行所――株式会社 講談社
東京都文京区音羽2-12-21 〒112-8001
電話 出版部(03)5395-3722
販売部(03)5395-5817
業務部(03)5395-3615
デザイン――鈴木成一デザイン室
カバー印刷――凸版印刷株式会社
印刷――慶昌堂印刷株式会社
製本――株式会社国宝社

落丁本・乱丁本は小社書籍業務部あてにお送りください。
送料は小社負担にてお取り替えします。
なお、この本の内容についてのお問い合わせは
生活文化第二出版部あてにお願いいたします。
Printed in Japan ISBN4-06-256583-8 (生活文化二)
定価はカバーに表示してあります。